# DNA-Sequenzierung

In der Reihe „Labor im Fokus"
sind außerdem erschienen:

**In situ-Hybridisierung** von A. R. Leitch, T. Schwarzacher, D. Jackson und I. J. Leitch

**Kultur tierischer Zellen** von S. J. Morgan und D. C. Darling

**PCR** von C. R. Newton und A. Graham

**Gentechnische Methoden** von D. S. T. Nicholl

**Genisolierung** von E. Meese und A. Menzel

**Transgene Tiere** von J. Schenkel

**Transgene Pflanzen** von H.-H. Steinbiß

**Kultur von Mikroorganismen** von S. Isaac und D. Jennings

**Nucleinsäure-Blotting** von D. C. Darling und P. M. Brickell

**Antikörper-Techniken** von E. Liddell und I. Weeks

**Patch-Clamp-Technik** von M. Numberger und A. Draguhn

**Elektrophorese von Nucleinsäuren** von R. Martin

**Genomanalyse** von S. B. Primrose

*Weitere Titel in Vorbereitung.*

Luke Alphey

# DNA-Sequenzierung

Aus dem Englischen
übersetzt von Kurt Beginnen

Spektrum Akademischer Verlag Heidelberg · Berlin

Originaltitel: DNA-Sequencing
Aus dem Englischen übersetzt von Kurt Beginnen

Englische Originalausgabe bei bios Scientific Publishers


Die Deutsche Bibliothek – CIP-Einheitsaufnahme

**Alphey, Luke:**
DNA-Sequenzierung / Luke Alphey.
Aus dem Engl. übers. von Kurt Beginnen.
– Heidelberg; Berlin : Spektrum, Akad. Verl., 1998
(Reihe Labor im Fokus)
Einheitssacht.: DNA-Sequencing <dt.>
ISBN 3-8274-0395-2



Lektorat: Ursula Loos, Sabine Loss (Ass.)
Redaktion: Julia Karow
Produktion: Katrin Frohberg
Umschlaggestaltung: Zembsch' Werkstatt, München
Druck und Verarbeitung: Franz Spiegel Buch GmbH, Ulm

# Inhalt

# Abkürzungen

| | |
|---|---|
| BLAST | *Basic Local Aligment Search Tool (*Programm zum Sequenzvergleich mit einer Datenbank) |
| BSA | Rinderserumalbumin (*bovine serum albumin*) |
| CASP | kritische Beurteilung von Strukturvorhersagen (*critical assessment of structure prediction*) |
| CCD | ladungsgekoppeltes Gerät (*charge-coupled device*) |
| cDNA | komplementäre DNA |
| DDBJ | DNA-Datenbank von Japan |
| DDGE | denaturierende Gelelektrophorese für Doppelstränge |
| ddNTP | 2' , 3'-Didesoxynucleotid |
| DMSO | Dimethylsulfoxid |
| DNA | Desoxyribonucleinsäure |
| DDT | Dithiothreitol |
| EBI | *European Bioinformatics Institute* |
| EDTA | Ethylendiamintetraessigsäure |
| EMBL | *European Molecular Biology Laboratory* |
| EPD | *Eukaryotic Promoter Database* (Datenbank für eukaryotische Promotoren) |
| EST | exprimierte sequenzmarkierte Stelle (*expressed sequence tag*) |
| ExoIII | Exonuclease III |

| | |
|---|---|
| ftp | Dateiübertragungsprotokoll (*file transfer protocol*) |
| GCG | *Genetics Computing Group* |
| HPLC | hochauflösende Flüssigkeitschromatographie (*high-performance liquid chromatography*) |
| HSSP | aufgrund von Homologien gefundene Proteinstrukturen (*homology-derived structures of proteins*) |
| IUB | *International Union of Biochemistry* |
| IUPAC | *International Union of Pure and Applied Chemistry* |
| MCS | Mehrfachklonierungsstelle |
| 5-MeC | 5-Methylcytosin |
| mRNA | Boten-RNA (*messenger RNA*) |
| NCBI | *National Center for Biotechnology Information* |
| NMR | Kernspinresonanz (*nuclear magnetic resonance*) |
| NP-40 | Nonidet P-40 |
| OMIM | *Online Mendelian Inheritance in Man* |
| ORF | offenes Leseraster (*open reading frame*) |
| PC | Personal-Computer |
| PCR | Polymerasekettenreaktion (*polymerase chain reaction*) |
| PDB | Proteindatenbank |
| PEG | Polyethylenglycol |
| PNK | Polynucleotidkinase |
| REBASE | *Restriction Enzyme Database* (Datenbank für Restriktionsenzyme) |

| | |
|---|---|
| RFLP | Restriktionsfragment-Längenpolymorphismus |
| RNA | Ribonucleinsäure |
| RT-PCR | Reverse Transkriptase-Polymerasekettenreaktion |
| SCOP | Klassifizierung von Proteinstrukturen (*structural classification of protein*) |
| SRS | *Sequence Retrieval System* (Sequenzbezugssystem) |
| SSCP | Einzelstrang-Konformationspolymorphismus (*single-strand conformation polymorphism*) |
| STS | sequenzmarkierte Stelle (*sequence tagged site*) |
| TBE | Tris-Borat-EDTA |
| TE | Tris-EDTA |
| TEMED | N,N,N',N'-Tetramethylethylendiamin |
| TES | 2-[Tris(hydroxymethyl)methylamino]-1-ethan-sulfonsäure |
| TREMBL | *Translated European Molecular Biology Laboratory* |
| TTE | Tris-Taurin-EDTA |

# Vorwort

Seit die heute üblichen Methoden vor 20 Jahren eingeführt wurden, bildet die DNA-Sequenzierung das Kernstück der modernen Molekularbiologie. Die Sequenzdatenbanken sind exponentiell angewachsen und nehmen weiterhin zu – mit Verdopplungszeiten von etwa 22 bis zu 9 Monaten. Von der Molekulargenetik bis zur molekularen Taxonomie hat diese Technologie völlig neue Forschungsgebiete erschlossen. Durch die Möglichkeit, ganze Genome zu sequenzieren, eröffnen sich zusätzlich neue aufregende Perspektiven.

Dieses Buch soll ein praktischer Führer sein – insbesondere für strategische Fragen. Es soll die vorhandenen Möglichkeiten und ihre jeweiligen Vorzüge erläutern, um dem Leser die Entscheidung zu erleichtern, welche für seine Bedürfnisse am besten geeignet ist. Im Buch wird der gesamte Vorgang der Sequenzierung beschrieben: von der Planungsphase über die Datensammlung bis zu dem Stadium, in dem man aus diesen Daten nützliche biologische Informationen gewinnt.

Das Buch richtet sich vor allem an Neulinge auf dem Gebiet der Sequenzierung. Ich hoffe jedoch, daß auch „alte Hasen" daraus Nutzen ziehen können und es als Informationsquelle für bekannte Techniken und als Nachschlagewerk für weniger gängige Verfahren schätzen werden. Der erste Teil beschreibt ausführlich die grundlegenden Methoden, einschließlich der manuellen und automatischen Sequenzierung sowie der diversen Fallstricke, in denen man sich in der Praxis verheddern kann. Welche Ausrüstung erforderlich ist, wird ebenfalls mitsamt ihrer jeweiligen Vor- und Nachteile besprochen.

Teil 2 geht ausführlich auf die wesentlichen Anwendungsmöglichkeiten der DNA-Sequenzierung ein: Bestätigungssequenzierung, mit der ein bestimmtes Konstrukt oder eine bestimmte Mutante überprüft wird; die Sequenzierung von PCR-Produkten; Strategien, wie man große Fragmente uncharakterisierter DNA sequenziert. Teil 3 befaßt sich mit der Bioinformatik, der Analyse von Sequenzdaten mit dem Ziel, sinnvolle und nützliche Informationen daraus zu gewinnen. Diesen Teil hat Dr. Andy Brass beigesteuert, Professor für Bioinformatik an der Universität von Manchester, England. Dabei geht es um Sequenzanalysen: vom Überprüfen und Zusammenstellen der Rohdaten bis zur Suche nach Homologien und Voraussagen zur Struktur.

Luke Alphey

# Danksagung

Zuallererst möchte ich Andy Brass danken, daß er den Bioinformatikteil zu diesem Buch beigesteuert hat. Jane Hewitt hat die meisten Gele für Tabelle 8.1 und Lawrence Hall die Daten für Abbildung 7.2 zur Verfügung gestellt. Eaton Publishing (Abbildung 7.4), die VCH-Verlagsgesellschaft mbH (Abbildung 7.6) und PE-Applied Biosystems (Abbildungen 10.3–10.6 sowie 10.8) haben alle großzügigerweise erlaubt, Material wiederzugeben, für das sie das Copyright besitzen. Ich danke außerdem Jane Hewitt, Lawrence Hall und Nina Nicholls für ihre kritische Durchsicht des Manuskripts. Zu guter Letzt möchte ich N. N. und B. B. für ihre ausdauernde Ermutigung und Unterstützung danken.

### Sicherheitshinweise

Einige der in diesem Buch empfohlenen Reagenzien sind gefährliche Chemikalien oder radioaktiv. Wir machen darauf aufmerksam, daß diese Reagenzien und die dafür erforderlichen Geräte, wie etwa die Elektrophoresegeräte, mit Vorsicht gehandhabt und die Sicherheitsempfehlungen des Herstellers genau befolgt werden sollten. Der Abfall, wozu auch Restchemikalien und radioaktives Material zählen, muß gemäß den lokalen, nationalen und sonstigen gültigen Bestimmungen entsorgt werden. Die beschriebenen Verfahren können unter Umständen auch noch weiteren Regelungen unterliegen, etwa solchen, die die Eindämmung und den Umgang mit genetisch modifizierten Mikroorganismen betreffen. Im Buch wurde sehr genau darauf geachtet, daß die experimentellen Einzelheiten korrekt sind und sicheres Arbeiten gewährleisten. Der Autor übernimmt jedoch keinerlei Verantwortung für wie auch immer entstandene Verluste oder Verletzungen.

Viele der in diesem Buch genannten Verfahren sind durch Patente oder andere Rechte geschützt. Der Leser wird hiermit darauf hingewiesen, daß mit dem Kauf dieses Buches keinerlei Lizenz oder Berechtigung zur Praktizierung dieser Verfahren verbunden ist.

# 1. Was ist DNA-Sequenzierung?

## 1.1 Einführung

Durch DNA-Sequenzierung entschlüsselt man die Nucleotidsequenz eines bestimmten Desoxyribonucleinsäure-(DNA-)Moleküls oder eines Teiles von ihm. Dieses Verfahren ist das Kernstück der molekularbiologischen Revolution. Die Entwicklung der DNA-Sequenzierungsverfahren liegt noch gar nicht so lange zurück. Die Veröffentlichungen, in denen die modernen Methoden zum ersten Mal beschrieben wurden, stammen aus dem Jahre 1977 [1,2]. In den letzten 20 Jahren hat sich die Geschwindigkeit, mit der neue Sequenzen entschlüsselt werden, rasch vergrößert – mit steigender Tendenz, so daß in wenigen Jahren die gesamte Sequenz des menschlichen Genoms (etwa $3\times10^9$ Basenpaare) bekannt sein wird, und darüber hinaus die Genomsequenzen einer beträchtlichen Anzahl anderer Organismen, die für die Medizin, die Landwirtschaft oder die Wissenschaft von Bedeutung sind.

Warum man die Sequenz eines DNA-Moleküls wissen will, hat vor allem folgende Gründe:

- Man möchte seine Funktion vorhersagen;
- man möchte das Molekül gezielter verändern können.

Dieses Buch will zeigen, wie man DNA-Sequenzen erhält und sie analysiert, und dafür einige wichtige Gründe nennen. In den Kapiteln zwei bis acht werden die gängigen Sequenzierungsverfahren beschrieben und die jeweiligen Vor- und Nachteile eines jeden Ansatzes besonders herausgestrichen. In den Kapiteln neun bis elf werden die wichtigsten Anwendungsmöglichkeiten dieser Verfahren beschrieben; die sich daran anschließenden Kapitel widmen sich der Analyse der Sequenzdaten mit Hilfe des Computers.

Bevor wir die Prinzipien der DNA-Sequenzierung kennenlernen, müssen wir uns erst einmal die Struktur eines DNA-Moleküls vor Augen führen.

## 1.2 Die Struktur der Nucleinsäure

Die DNA hat normalerweise die Konformation einer Doppelhelix (Abbildung 1.1). Diese besteht aus zwei DNA-Strängen, die antiparallel zueinander verlaufen. Jeder dieser beiden Stränge entspricht einer Kette von Basen, die jeweils kovalent miteinander verknüpft sind. Jede Base wiederum ist an eine Desoxyribose gekoppelt, ein Zuckermolekül. Diese Zuckermoleküle sind über eine Phosphatgruppe miteinander verbunden. Die sich wiederholende DNA-Grundeinheit umfaßt daher eine Base, einen Zucker und eine Phosphatgruppe. Sie wird auch als Nucleotid bezeichnet (Abbildungen 1.2–1.5).

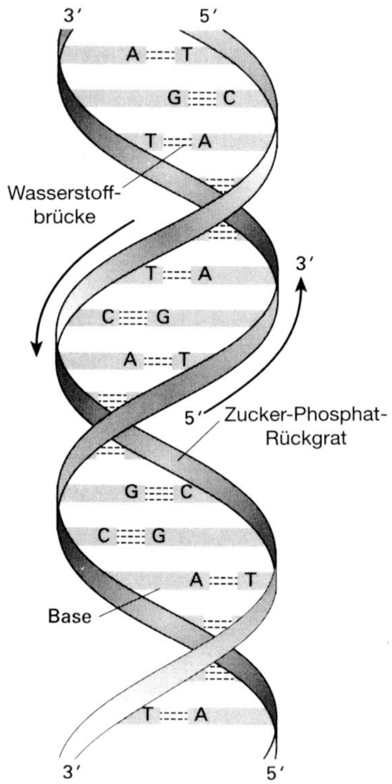


**1.1** Die DNA-Doppelhelix. Wiedergabe mit freundlicher Genehmigung von Williams et al. (1993) Genetic Engineering, BIOS Scientific Publishers Ltd.

Abbildung 1.6 zeigt den Aufbau eines DNA-Abschnitts mit vier Nucleotiden; dargestellt ist lediglich ein Strang. Wichtig ist, wie die Kohlenstoffatome im Desoxyribose (Zucker)-Anteil des Moleküls gezählt werden. Zur Unterscheidung von den Atomen der Basen befindet sich hinter diesen Zahlen ein Strich (beispielsweise 5' oder 3'). Die 5'- und 3'-Kohlenstoffatome benachbarter Zucker sind über Phosphatgruppen aneinander-

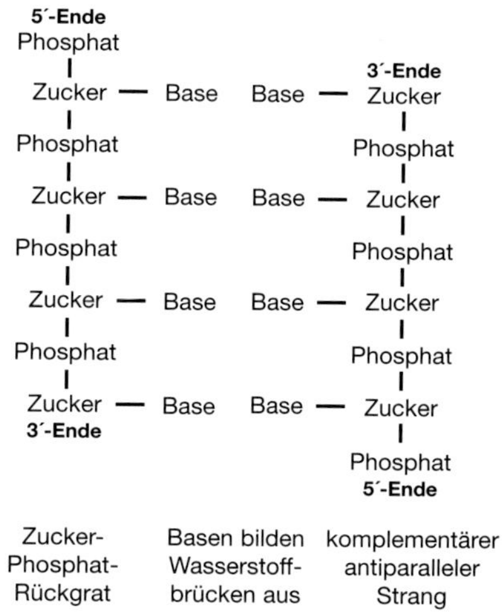


**1.2** Elemente einer DNA-Helix. Ein einzelner Nucleinsäurestrang besteht aus einem Zucker-Phosphat-Rückgrat, an dem die Basen angebracht sind; diese internen Bindungen sind allesamt kovalent. Der andere Strang verläuft antiparallel. Die beiden Stränge werden über Wasserstoffbrücken zusammengehalten, die sich zwischen den komplementären Basen bilden.

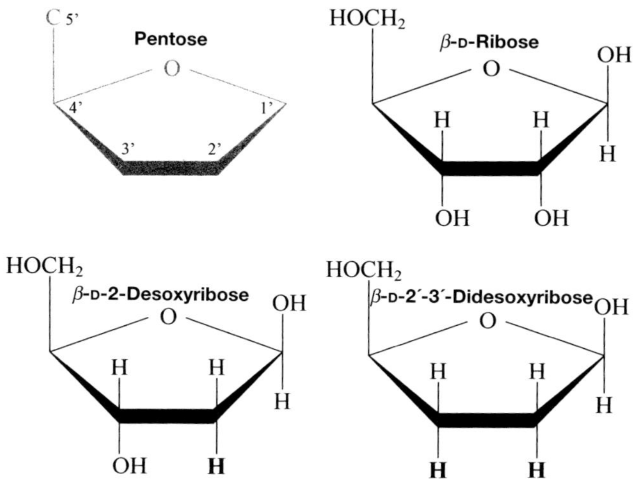


**1.3** Zuckerstrukturen von rNTPs, dNTPs und ddNTPs. Im Zucker-Phosphat-Rückgrat einer RNA befindet sich ein Zucker mit fünf Kohlenstoffatomen, die Ribose, das der DNA enthält dagegen eine 2'-Desoxyribose. Wenn man eine DNA mit der Methode des Kettenabbruchs (Kapitel 3) sequenziert, arbeitet man mit ddNTPs; sie enthalten das synthetische Analogon 2',3'-Didesoxyribose. Die Kohlenstoffatome werden normalerweise so durchnumeriert, wie es beim Grundgerüst eines Zuckers mit fünf Kohlenstoffatomen (Pentose) zu sehen ist. Die Kohlenstoffatome im Zuckerteil der Nucleotide werden mit 1', 2' usw. bezeichnet, um sie besser von den Atomen der Base unterscheiden zu können.

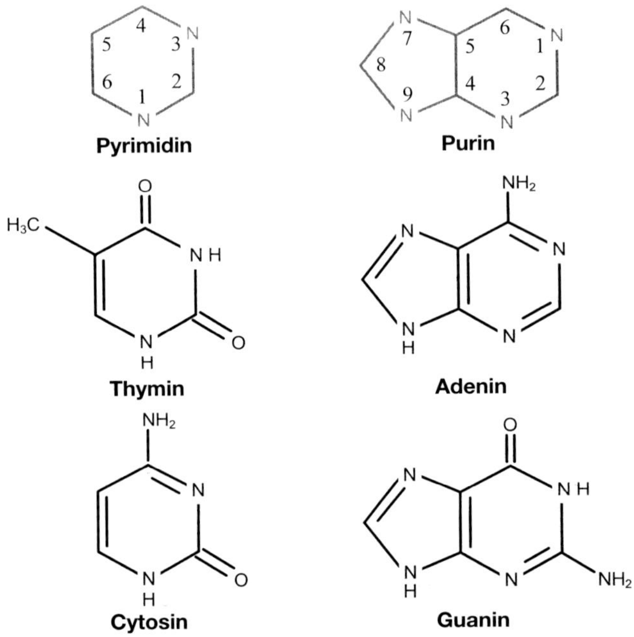


**1.4** Die Struktur der DNA-Basen. Thymin und Cytosin sind Pyrimidine, Adenin und Guanin Purine. Die Zeichnung zeigt, wie die Atome im Ring jeweils numeriert werden. Pyrimidine sind über $N_1$ mit dem Zucker gekoppelt, Purine über $N_9$.

Nucleosid = Base + Zucker

| | Base | Nucleosid |
|---|---|---|
| A | Adenin | Adenosin |
| C | Cytosin | Cytidin |
| G | Guanin | Guanosin |
| T | Thymin | Thymidin |
| U | Uracil | Uridin |

Nucleotid = Base + Zucker + Phosphat

| | |
|---|---|
| ATP | Adenosintriphosphat |
| dATP | Desoxyadenosintriphosphat |
| ddATP | Didesoxyadenosintriphosphat |
| dGTP | Desoxyguanosintriphosphat |
| dNTP | Desoxynucleosidtriphosphat |
| ddNTP | Didesoxynucleosidtriphosphat |

**1.5** Nomenklatur der Nucleinsäurevorstufen. Meist ist es übersichtlicher, die Abkürzungen A, C, G und T zu benutzen, als den Namen voll auszuschreiben. dNTP und ddNTP können jede Base enthalten; sie werden oft zur Bezeichnung äquimolarer Mischungen aller vier (Di-)Desoxynucleosidtriphosphate verwendet.

gekoppelt; daher besitzt jeder kovalent verknüpfte DNA-Strang ein 5'- und ein 3'-Ende (Abbildung 1.6). In einem linearen Doppelstrangmolekül ist das 5'-Ende des einen Stranges komplementär zum 3'-Ende des anderen Stranges.

Die beiden Stränge der Doppelhelix werden über Wasserstoffbrücken nichtkovalent zusammengehalten. Diese Brücken bilden sich zwischen den komplementären Basen aus: Adenin (A) paart sich mit Thymin (T), und Guanin (G) mit Cytosin (C) (Abbildung 1.7).

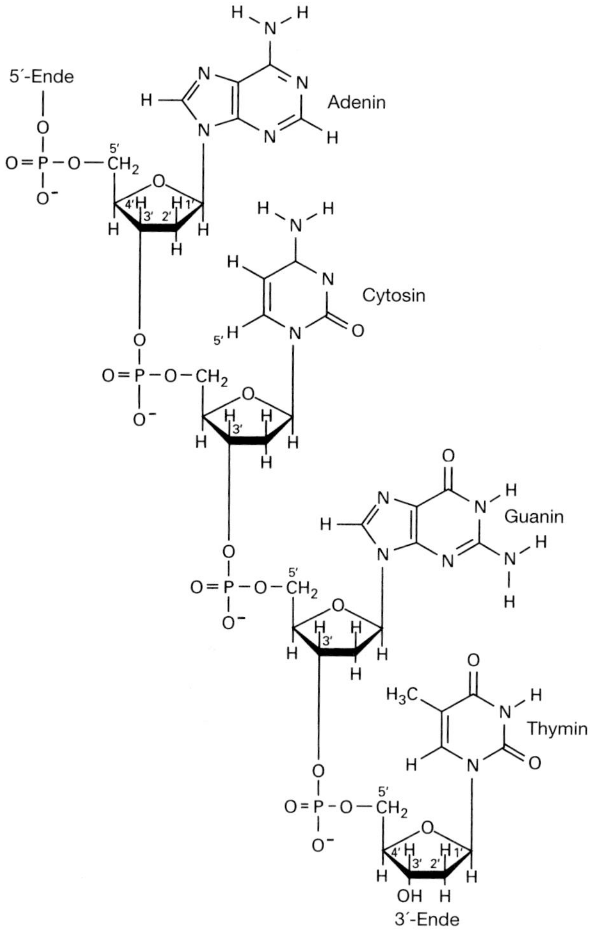


**1.6** Einzelsträngiges DNA-Molekül von vier Nucleotiden Länge. (Aus: Newton und Graham (1994) PCR. Spektrum Akademischer Verlag.)

Die verwandte Nucleinsäure RNA (Ribonucleinsäure) unterscheidet sich von der DNA in zweifacher Hinsicht: Der Zucker im Zucker-Phosphat-Rückgrat ist eine Ribose statt einer Desoxyribose (Abbildung 1.3), und anstelle von Thymin (T) findet man Uracil (U).

## 1.3 DNA-Sequenzierung

Noch bevor man DNA sequenzieren konnte, wurden Verfahren zur RNA-Sequenzierung entwickelt; mittlerweile wird RNA allerdings kaum noch

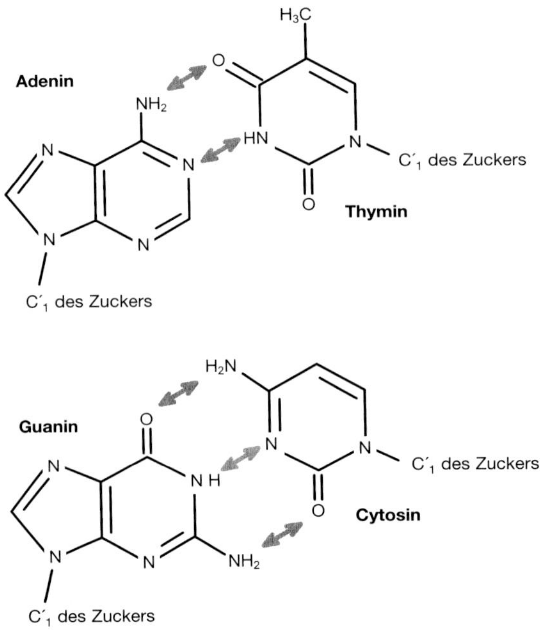


**1.7** Basenpaarung in der DNA. Adenin (A) paart mit seiner komplementären Base Thymin (T) und Guanin (G) mit Cytosin (C). In der RNA ersetzt Uracil (U) Thymin. Bemerkenswerterweise ist der Abstand zwischen den glykosidischen Bindungen und den Zuckern bei allen Basenpaaren gleich: Er beträgt 10,85Å.

direkt entschlüsselt. Statt dessen synthetisiert man eine komplementäre DNA-Kopie (cDNA), sequenziert diese und leitet dann daraus die ursprüngliche RNA-Sequenz ab.

Bei der DNA-Sequenzierung bestimmt man die Basenfolge eines ganzen DNA-Moleküls oder eines Teiles davon. Statt von einem „etwa vier Basen langen DNA-Fragment" (Abbildung 1.6) kann man daher nach der Sequenzierung von einem „DNA-Fragment mit der Sequenz ACGT" sprechen (Abbildung 1.8). Natürlich sind die meisten biologisch interessanten DNA-Moleküle beträchtlich länger!

Genau wie bei der binär – das heißt durch die Aufeinanderfolge von Einsen und Nullen – verschlüsselten Information eines Computers liegt der Informationsgehalt einer DNA in der Anordnung der Basen A, C, G, T (Abbildung 1.9). Das Ziel der DNA-Sequenzierung besteht darin, in einem bestimmten DNA-Molekül die Abfolge oder Sequenz dieser Basen zu ermitteln. Doch genauso, wie man nicht automatisch weiß, was ein Computerprogramm kann, wenn man seinen binären Code kennt, sagt die DNA-Sequenz eines Genes nicht unbedingt etwas über seine Funktion aus. In beiden Fällen benötigen wir normalerweise noch eine Menge weiterer Informationen über das entsprechende biologische oder elektronische System, das die Information interpretiert.

Da die DNA aus nur vier verschiedenen Basen besteht, die kovalent miteinander zu einer linearen unverzweigten Sequenz verbunden sind, kann man das in der Abbildung 1.6 gezeigte Molekül vereinfacht folgendermaßen darstellen:

5´-ACGT-3´

Man hat sich darauf geeinigt, DNA-Sequenzen immer von 5´ nach 3´ wiederzugeben, so daß man oft einfach

ACGT

schreibt. Da A immer mit T, und G mit C paart, wissen wir, wenn es sich um eine doppelsträngige DNA handelt, daß der Doppelstrang folgendermaßen aussehen muß:

5´-ACGT-3´
3´-TGCA-5´

Man beachte die entgegengesetzte Polarität des komplementären Stranges. In diesem Beispiel ist die Sequenz in beiden Strängen sogar identisch; das muß aber nicht so sein.

**1.8** Übliche Schreibweise für DNA-Sequenzen.

Derzeit sind zwei Arten der Sequenzierung gebräuchlich: die „Kettenabbruch"-Methode und die Methode des „chemischen Abbaus". Beide werden auch nach ihren Erfindern als „Sanger"- beziehungsweise „Maxam-Gilbert"-Methode bezeichnet. Der Kettenabbruch basiert auf der enzymatischen Synthese markierter DNA; dabei beendet man mit Hilfe bestimmter modifizierter Nucleotide, sogenannter Didesoxynucleotide, die Verlängerung des Stranges. Der chemische Abbau beruht dagegen auf dem basenspezifischen chemischen Abbau eines DNA-Moleküls, das an einem Ende markiert ist. Es gibt zwar spezielle Anwendungsbereiche, in denen man mit dem chemischen Abbau arbeitet, heutzutage werden jedoch DNA-Sequenzen überwiegend mit Hilfe der Didesoxykettenabbruchmethode entschlüsselt.

Bei beiden Verfahren entsteht ein Satz von DNA-Molekülen, deren Länge jeweils dem Abstand eines festgelegten Punktes von einer bestimmten Base entspricht. Die Sequenzinformation erhält man, indem man die relative Länge dieser Moleküle bestimmt. Bei beiden Methoden müssen daher markierte DNA-Moleküle, die sich in der Länge nur in einem einzigen Nucleotid unterscheiden, genau aufgetrennt werden. Wenn man in einer einzigen Reaktion 500 Basen sequenziert, muß man

wenn A = 0, C = 1, G = 2, T = 3 ist,

| | | | | | | |
|---|---|---|---|---|---|---|
| dann | 5´ | **A** | **C** | **G** | **T** | 3´ |
| ist: | | **0** | **1** | **2** | **3** | |
| oder binär: | | 00 | 01 | 10 | 11 | |

selbst eine Basenpaarung kann man in dieser Art wiedergeben – die Summe von Base und komplementärer Base ist immer 3:

| | | | | | | |
|---|---|---|---|---|---|---|
| Strang: | 5´ | **A** | **C** | **G** | **T** | 3´ |
| | | **0** | **1** | **2** | **3** | |
| | | 00 | 01 | 10 | 11 | |
| komplementärer Strang: | | 11 | 10 | 01 | 00 | |
| | | **3** | **2** | **1** | **0** | |
| | 3´ | **T** | **G** | **C** | **A** | 5´ |

**1.9** In der DNA ist die Information digital gespeichert.

Moleküle mit 499 Basen exakt von Molekülen mit 500 Basen trennen – dies entspricht einem Längenunterschied von nur 0,2 Prozent. Dafür benötigt man eine hochauflösende denaturierende Gelelektrophorese. Deren Auflösungsvermögen ist oft der limitierende Faktor, wenn es darum geht, wieviel Sequenzinformation man in einer einzigen Reaktion erhalten kann.

Wenn man die gesamte Struktur eines DNA-Moleküls beschreiben will, ist die Basenfolge nur ein Aspekt. *In vivo* werden beispielsweise einige Basen modifiziert, etwa methyliert. Die Methylierungsmuster unterscheiden sich dabei von Organismus zu Organismus. Im größten Teil der genomischen DNA des Menschen sind es die Dinucleotide CpG, die methyliert werden. Etwa zwei Prozent des Genoms bleiben dagegen unmethyliert: die sogenannten GC-reichen Bereiche („CpG-Inseln"). An ihnen sind die Molekularbiologen besonders interessiert, denn sie zeigen an, wo sich die 5'-Enden der Gene befinden. Die Fruchtfliege *Drosophila melanogaster* scheint dagegen ihre DNA überhaupt nicht zu methylieren. Bei den Prokaryoten hängt die DNA-Methylierung mit den „Restriktionssystemen" zusammen, die dazu beitragen, daß ihre genetische Information, das „Genom", vor einer Kontamination mit Fremd-DNA geschützt wird. Einige Basenveränderungen kann man mit Hilfe der momentanen Sequenzierungsverfahren identifizieren, andere kann man mit anderen sequenzspezifischen Methoden wie etwa einer Behandlung mit einer Restriktionsendonuclease nachweisen (Abschnitt 9.4).

Auch RNA-Moleküle können modifizierte Basen sowie verschiedene andere Sequenzen enthalten, die nicht direkt zum DNA-Molekül komplementär sind, von dem sie kopiert wurden: beispielsweise den poly(A)-Schwanz, den man in reifen eukaryotischen mRNAs findet. Neben der

Primärstruktur, der Nucleotidsequenz, kann auch die Sekundärstruktur eines RNA-Moleküls für seine Funktion wichtig sein. Der Zustand minimaler Energie wird von einer Nucleinsäure dann erreicht, wenn zwischen den komplementären Basen die maximale Anzahl von Wasserstoffbrükken (Basenpaarung) ausgebildet ist. Bei einem einzelsträngigen Molekül bedeutet das, daß zueinander komplementäre Bereiche „Haarnadelstrukturen" ausbilden, bei denen auf einem doppelsträngigen Stamm eine einzelsträngige Schlaufe sitzt. Diese Strukturen beeinflussen oft die Bindung von Proteinen – etwa bei der Regulation der Translation. Auch die Basenpaarung zwischen verschiedenen Molekülen spielt eine entscheidende Rolle, etwa bei der Erkennung von Codon und Anticodon während der Proteinsynthese. Die DNA ist überwiegend doppelsträngig; bei der DNA-Sequenzierung werden jedoch viele Probleme durch die Ausbildung von Sekundärstrukturen einzelsträngiger DNA-Bereiche verursacht (siehe Abschnitte 8.2 und 8.3).

Neben den Restriktionsendonucleasen zeigen auch viele andere nucleinsäurebindende Proteine zumindest eine gewisse Sequenzspezifität. Dazu gehören die Transkriptions- und die Translationsmaschinerie, die für die Interpretation der in der DNA codierten Information für den Aufbau der Proteine verantwortlich sind. Die Elemente dieser Systeme bestehen selbst aus Proteinen und RNA-Molekülen, die von der DNA codiert werden. Letztlich geht es bei der Genomsequenzierung und -analyse darum, zu verstehen, wie es dieses unglaublich komplexe, sich selbst regulierende und reproduzierende System schafft, einen lebenden Organismus zu beschreiben und zu codieren.

## 1.4 Literatur


1. Maxam, A. M.; Gilbert, W. *A New Method for Sequencing DNA*. In: *Proc. Natl. Acad. Sci. USA* 74 (1977) S. 560–564.
2. Sanger, F.; Nicklen, S.; Coulson, A. R. *DNA Sequencing with Chain-Terminating Inhibitors*. In: *Proc. Natl. Acad. Sci. USA* 74 (1977) S. 5463–5467.

# 2. Die Technik des chemischen Abbaus (Maxam-Gilbert-Methode)

## 2.1 Die Methode

Beim chemischen Abbau erzeugt man durch eine basenspezifische chemische Spaltung eines endmarkierten DNA-Moleküls eine Folge markierter Moleküle, die alle an einer bestimmten Base enden [1,2]. Nach einer hochauflösenden denaturierenden Gelelektrophorese (Kapitel 6) und dem in der Regel autoradiographischen Nachweis der markierten Fragmente kann man wie bei der Kettenabbruchmethode die Sequenz der ursprünglichen DNA von einer Sequenz-„Leiter" ablesen (Kapitel 3).

**Tabelle 2.1: Basenspezifische Reaktionen für die Technik des chemischen Abbaus**

| Reagenz | betroffene Base(n) |
|---|---|
| Dimethylsulfat pH 8,0 | G |
| Piperidinformiat pH 2,0 | A+G |
| Hydrazin | C+T |
| Hydrazin + 1,5 M NaCl | C |
| heiße Natronlauge (90°C; 1,2 M NaOH) | A>C |

Diese Reagenzien modifizieren bei einer Reaktion mit DNA bestimmte Basen. Heißes Piperidin (1M in Wasser, 90°C) spaltet anschließend das Zucker-Phosphat-Rückgrat der DNA nur da, wo eine Base modifiziert wurde. Heiße Natronlauge (A>C) spaltet bevorzugt bei A sowie weniger häufig bei C. Darüber hinaus gibt es weitere basenspezifische Reaktionen [3].

Die basenspezifische Spaltung erfolgt mit Hilfe von Reagenzien, die eine oder mehrere bestimmte Basen (beispielsweise G, G+A, C+T oder C) so verändern, daß das Zucker-Phosphat-Rückgrat bei einer anschließenden Behandlung mit heißem Piperidin an den modifizierten Stellen gespalten wird (Tabelle 2.1).

Die basenspezifischen Reaktionen sind so angelegt, daß nur ein kleiner Teil der jeweils empfindlichen Basen verändert wird. Dadurch entsteht bei der Spaltung an den modifizierten Stellen eine Reihe von endmarkierten

man markiert die Substrat-DNA nur an einem Ende

man führt basenspezifische Modifikationsreaktionen durch

die Reaktionsbedingungen werden so gewählt, daß nur ein kleiner Teil der jeweiligen Basen modifiziert wird

**G (A+G) C (C+T) (A>C)**

etwa eine G-spezifische Reaktion

$^{32}$P-CGACTAGAGGCT...

↓ Dimethylsulfat bei pH 8,0 — methyliert $N_7$ vom Guanin

$^{32}$P-C$^{Me}$GACTAGAGGCT...
$^{32}$P-CGACTA$^{Me}$GAGGCT...
$^{32}$P-CGACTAGA$^{Me}$GGCT...
$^{32}$P-CGACTAGAG$^{Me}$GCT...

Mischung partiell methylierter DNA-Moleküle

↓ 1M Piperidin in Wasser bei 90 °C — durch heißes Piperidin wird das Zucker-Phosphat-Rückgrat nur am modifizierten Guanin hydrolysiert

$^{32}$P-C
$^{32}$P-CGACTA
$^{32}$P-CGACTAGA
$^{32}$P-CGACTAGAG

↓ man trennt die Fragmente mit einer hochauflösenden Gelelektrophorese auf (Kapitel 6)

die Sequenz-„Leiter" wird autoradiographisch sichtbar gemacht

**2.1** Schema einer DNA-Sequenzierung mit der Methode des chemischen Abbaus. Vergleiche mit der Technik des Kettenabbruchs (Abbildung 3.4).

Molekülen, die ein bis mehrere hundert Nucleotide lang sind (Abbildung 2.1).

Im Vergleich zur Kettenabbruchmethode hat der chemische Abbau eine Reihe von Vor- und Nachteilen.

Als Vorteile sind zu nennen:

- Man kann die Sequenz innerhalb einer unbekannten DNA-Basenfolge allein mit Hilfe der Restriktionskarte entschlüsseln.
- Man kann die Sequenz bis ganz in die Nähe – innerhalb von zwei bis drei Basen – einer markierten Stelle ermitteln.
- Die Sequenz stammt vom ursprünglichen DNA-Molekül und nicht von einer enzymatisch hergestellten Kopie.

Nachteilig gegenüber dem Kettenabbruch ist:

- Die Sequenzen, die man erhält, sind normalerweise kürzer.

- Die Reaktionen verlaufen im allgemeinen langsamer und sind weniger zuverlässig.
- Die Reaktionen erfordern verschiedene gefährliche Chemikalien.

In den meisten Fällen überwiegen die Nachteile. Daher setzt man den chemischen Abbau nur dann ein, wenn es darauf ankommt, daß das ursprüngliche DNA-Molekül und nicht eine enzymatisch erstellte Kopie sequenziert wird. Das gilt für Untersuchungen der DNA-Sekundärstruktur ebenso wie für die Interaktion von Proteinen mit der DNA. Gelegentlich arbeitet man mit den chemischen Abbaureaktionen, um aus einem DNA-Fragment, dessen Sequenz man kennt, eine Reihe von Größenmarkern zu erstellen, mit deren Hilfe man dann die Größe anderer DNA-Moleküle präzise bestimmen kann.

## 2.2 Literatur


1. Maxam, A. M.; Gilbert, W. *A New Method for Sequencing DNA.* In: *Proc. Natl. Acad. Sci. USA* 74 (1977) S. 560–564.
2. Maxam, A. M.; Gilbert, W. *Sequencing End-Labelled DNA with Base-Specific Cleavages.* In: *Methods Enzymol.* 65 (1980) S. 499–560.
3. Ambrose, B. J. B.; Pless, R. C. *DNA Sequencing: Chemical Methods.* In: *Methods Enzymol.* 152 (1987) S. 522–538.

# 3.
# Die Technik des Kettenabbruchs (Sanger-/Didesoxy-Methode)

## 3.1 Einführung

Heutzutage wird die DNA in der überwiegenden Zahl der Fälle mit Hilfe der Kettenabbruchmethode (Sanger- oder Didesoxy-Methode) sequenziert. Das Verfahren ist zwar in den 20 Jahren seit der Erstveröffentlichung [1] häufig geringfügig modifiziert und verbessert worden, am Prinzip hat sich jedoch nichts geändert: Bei der Kettenabruchmethode wird ein DNA-Strang mit einer DNA-Polymerase verlängert (Abbildung 3.1).

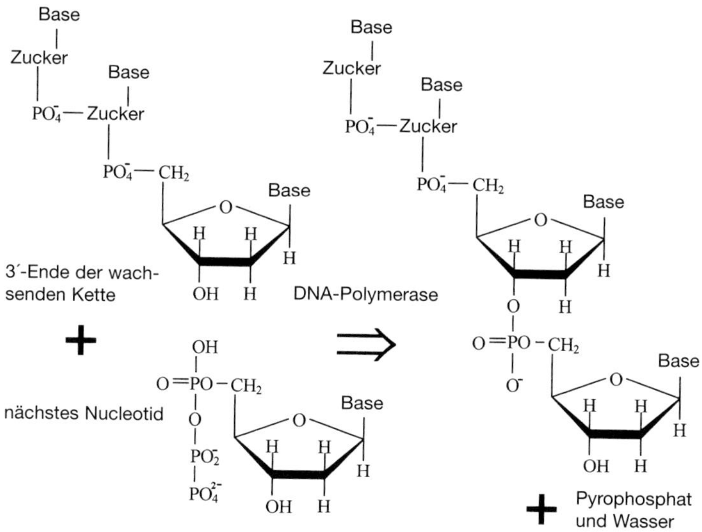


3.1 Verlängerung eines DNA-Stranges. Zur Verlängerung der DNA wird am 3'-Ende jeweils ein Nucleotid an den 3'-Kohlenstoff des Zuckers angehängt. Diese Kondensationsreaktion wird von einer DNA-Polymerase katalysiert; darüber hinaus benötigt man einen komplementären Matrizenstrang (nicht dargestellt).

In der Reaktion sind sämtliche Reagenzien enthalten, die man für eine DNA-Synthese *in vitro* benötigt – einschließlich einer DNA-Polymerase und eines 2', 3'-Didesoxynucleotids (ddNTP, Abbildungen 1.3 und 1.5). DNA-Polymerasen können ddNTPs genauso wie dNTPs über ihre 5'-Phosphatgruppen in eine wachsende DNA-Kette einbauen. Den ddNTPs fehlen allerdings die 3'-OH-Gruppen, die für die Ausbildung von Phosphodiesterbrücken und die Kettenverlängerung erforderlich sind. Daher endet die Kette genau an der Stelle, an der das ddNTP eingebaut wird (Abbildung 3.2). Man führt mit jeder Matrize vier Reaktionen durch, die sich nur darin unterscheiden, welches der vier ddNTPs im Ansatz enthalten ist. Das Verhältnis von dNTP zu ddNTP wird dabei sorgfältig gewählt, so daß die entstehenden markierten Stränge eine Abfolge von Molekülen bilden, die bis zu mehrere tausend Basen lang sind und alle an einer bestimmten Base enden. Alle Moleküle werden mit einer hochauflösenden denaturierenden Gelelektrophorese der Größe nach aufgetrennt. Dabei entsteht ein Bandenmuster, das wie eine Leiter aussieht und von dem man die DNA-Sequenz ablesen kann (Abbildung 6.1).

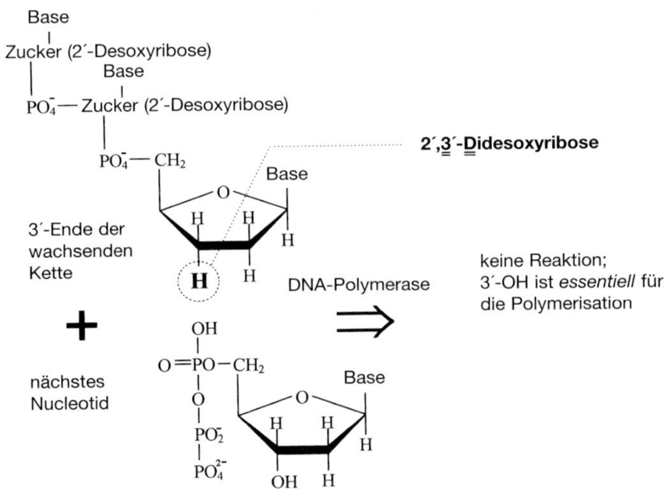


**3.2** Kettenabbruch. Damit ein Strang verlängert werden kann, muß sich an seinem terminalen Zucker ein 3'-OH befinden (Abbildung 3.1). Da einem 2',3'-Didesoxynucleotid dieses 3'-OH fehlt (Abbildung 1.3), bricht bei seinem Einbau die Kettenverlängerung ab.

Dieses Verfahren ist in Abbildung 3.3 skizziert. Die wichtigsten Reaktionskomponenten findet man in Tabelle 3.1. Sie werden in den folgenden Kapiteln einzeln besprochen; jede einzelne von ihnen bestimmt mit, wie gut die Sequenzdaten im Endeffekt sind.

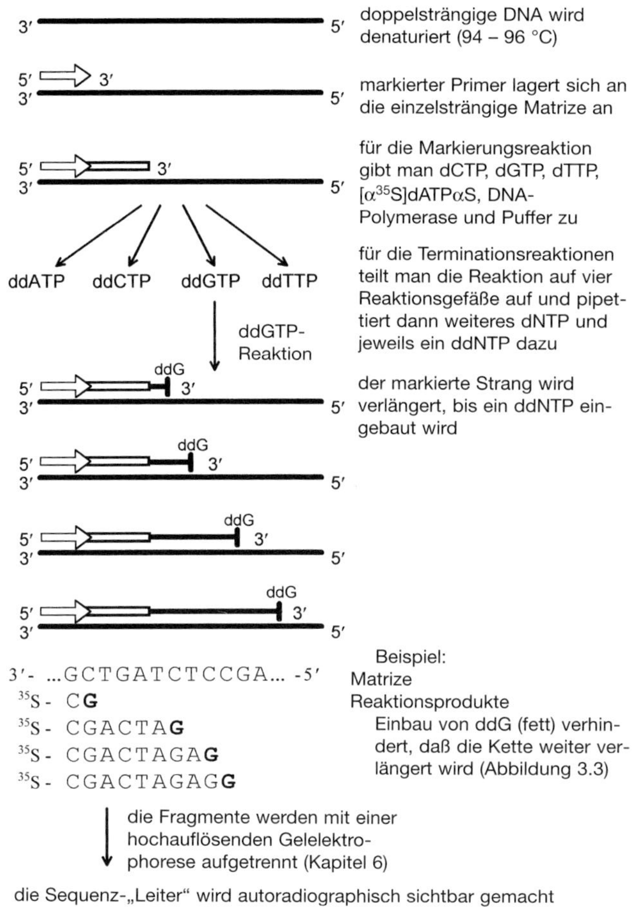


**3.3** Schema einer DNA-Sequenzierung unter Verwendung der Kettenabbruchmethode. Vergleiche mit der zyklischen Sequenzierung (Abbildung 3.4) und der Technik des chemischen Abbaus (Abbildung 2.1).

**Tabelle 3.1: Die wichtigsten Komponenten bei der Methode des Kettenabbruchs**

| Komponente | wird besprochen in |
|---|---|
| Primer | Abschnitt 4.2 |
| DNA-Polymerase | Abschnitt 4.3 |
| Markierung | Abschnitt 4.4 |
| dNTPs und ddNTPs | Abschnitt 4.5 und 4.6 |
| Matrizen-DNA | Kapitel 5 |
| Elektrophoresesystem | Kapitel 6 |

**Protokoll 3.1:** Manuelle Sequenzierung – die Anlagerungsreaktion

**Material**

Für alle Methoden:

- Matrizen-DNA
- Primer
- 5-facher Anlagerungspuffer: 200 mM Tris-HCl pH 7,5; 100 mM $MgCl_2$; 250 mM NaCl

Methode B (doppelsträngige Matrize):

- NaOH (z.B. 5 M)
- EDTA (z.B. 0,5 M)
- 3 M Natriumacetat pH 4,5–5,5
- Ethanol

Methode C (doppelsträngige Matrize):

- NaOH (frische 1 M Lösung)
- *entweder* HCl (1 M) *oder* TES-Puffer: 560 mM TES (2-[Tris(hydroxymethyl)methylamino]-1-ethansulfonsäure), 240 mM HCl

**Methode**

Einzelsträngige Matrizen sequenziert man mit Methode A, doppelsträngige mit Methode B oder C. Matrizen, die bereits mit dem Primer hybridisiert wurden, kann man bei –20°C über Nacht lagern oder direkt sequenzieren (Protokoll 3.2).

*A. Einzelstrangmatrize*

1. Folgende Komponenten werden in ein Eppendorfgefäß pipettiert:

- 1 μg einzelsträngige Matrizen-DNA (Abschnitt 5.1 und Protokoll 5)
- 0,5–5 pmol Primer
- 2 μl 5-facher Anlagerungspuffer

und mit destilliertem Wasser auf 10 μl aufgefüllt.

2. Die Gefäße werden in einen Becher mit etwa 1 l Wasser gestellt, der auf 65–70°C vorgeheizt wurde. Anschließend wird er aus der Hitze genommen und man läßt ihn innerhalb von 15–30 min auf unter 30°C abkühlen. Damit ist die Anlagerungsreaktion abgeschlossen.

*B. Doppelstrangmatrize*

1. Man denaturiert die DNA, indem man folgende Komponenten in der angegebenen Reihenfolge in ein Eppendorfgefäß pipettiert:

- doppelsträngige Matrizen-DNA (etwa 0,5–1 μg/kb Länge; etwa 3–5 μg bei einem durchschnittlichen Plasmid) in 20–50 μl TE (10 mM Tris-HCl pH 8,0; 1 mM EDTA) oder Wasser
- NaOH (Endkonzentration: 200 mM)
- EDTA (Endkonzentration: 0,2 mM)

2. Man neutralisiert die Lösung und präzipitiert, indem man folgende Komponenten in der angegebenen Reihenfolge zugibt:

- 0,1 Vol. 3 M Natriumacetat pH 4,5–5,5
- 3 Vol. Ethanol

Zur Ausfällung beläßt man diese Lösung für mindestens 15 min bei 0 bis –90°C. Anschließend wird sie 5 min lang in einer Tischzentrifuge bei 12 000 g zentrifugiert. Der Überstand wird abgenommen und verworfen. Dann spült man das Präzipitat mit 70 % Ethanol und läßt es an der Luft trocknen. Es ist nicht nötig abzuwarten, bis es vollständig trocken ist.

3. Die Matrize wird resuspendiert und mit dem Primer durch Zugabe folgender Komponenten hybridisiert:

- 0,5–5 pmol Primer (z.B. 1 μl 0,5–5 μM)
- 2 μl 5-facher Anlagerungspuffer

mit destilliertem Wasser auf 10 μl auffüllen.

Diese Reagenzien kann man miteinander mischen und dann zusammen zur präzipitierten DNA geben. Kurz vortexen, um die DNA zu resuspendieren, und dann 15–30 min bei 37°C inkubieren.

*C. Doppelstrangmatrize*
Bei diesem Verfahren muß die Natronlauge vollständig neutralisiert werden. Man muß genau ermitteln, wieviel TES-Puffer oder HCl man benötigt, und das Volumen in Schritt 2 entsprechend anpassen. Es muß genau pipettiert werden.

1. Die DNA wird denaturiert, indem man folgende Reagenzien in der angegebenen Reihenfolge in ein Eppendorfgefäß pipettiert:

- doppelsträngige Matrizen-DNA (etwa 0,5–1 $\mu$g/kb Länge) in 6 $\mu$l TE oder Wasser
- 1 $\mu$l 0,5–5 $\mu$M Primer
- 1 $\mu$l frisch hergestellte 1 M NaOH

und 10 min bei 68°C inkubiert.

2. Man nimmt das Röhrchen aus dem Wasserbad und neutralisiert sofort durch Zugabe von 1–2 $\mu$l TES-Puffer oder 1 M HCl (siehe oben). Anschließend wird der Ansatz 10 min bei Raumtemperatur inkubiert und kurz abzentrifugiert, um das Kondensat zu sammeln.

**Protokoll 3.2:** Manuelle Sequenzierung – die Sequenzierungsreaktionen

**Material**

- Matrizen-DNA mit angelagertem Primer (Protokoll 3.1)
- Heizblock oder Wasserbad
- entweder dNTP-Ansatz zur Sequenzierung mit dGTP: 1,5 $\mu$M dCTP; 1,5 $\mu$M dGTP; 1,5 $\mu$M dTTP
- oder dNTP-Ansatz zur Sequenzierung mit dITP: 1,5 $\mu$M dCTP; 3 $\mu$M dITP; 1,5 $\mu$M dTTP
- 100 mM Dithiothreitol (DTT)
- [$\alpha$-$^{35}$S]dATP$\alpha$S (10–50 TBq mmol$^{-1}$,370 MBq ml$^{-1}$)
- Sequenase® oder T7-DNA-Polymerase (7 000 U ml$^{-1}$)
- (fakultativ) Pyrophosphatase (Sequenzierungsqualität; Amersham/USB)

- Verdünnungspuffer für die Polymerase: 10 mM Tris-HCl pH 7,5; 5 mM DTT; 500 $\mu$g $ml^{-1}$ Rinderserumalbumin (BSA)
- *entweder* Terminationsansatz zur Sequenzierung mit dGTP: 50 mM NaCl; 80 $\mu$M von jedem dNTP; 8 $\mu$M eines bestimmten ddNTP
- *oder* Terminationsansatz zur Sequenzierung mit dITP: 50 mM NaCl; jeweils 80 $\mu$M von dATP, dCTP, dITP und dTTP sowie 8 $\mu$M eines bestimmten ddNTP; nur der ddGTP-Ansatz enthält: 50 mM NaCl, 160 $\mu$M dITP, jeweils 80 $\mu$M dATP, dCTP und dTTP sowie 1,6 $\mu$M ddGTP
- Stopplösung: 95 % Formamid; 20 $\mu$M EDTA pH 8,0; 0,05 % Bromphenolblau; 0,05 % Xylencyanol FF

## Methode

*A. Die Markierungsreaktion*

1. Falls die mit dem Primer hybridisierte Matrizen-DNA gefroren ist, taut man sie auf und legt sie auf Eis. Dann pipettiert man folgendes zusammen:

- 10 $\mu$l Matrizen-DNA aus der Anlagerungsreaktion
- 2 $\mu$l dNTP-Ansatz
- 1 $\mu$l 100 mM DTT
- 0,1–0,5 $\mu$l [$\alpha$-$^{35}$S]dATP$\alpha$S
- 2 $\mu$l DNA-Polymerase, 10-fach in eiskaltem Verdünnungspuffer verdünnt
- (fakultativ) 0,05 $\mu$l Pyrophosphatase

Die Reaktion beginnt, wenn die Polymerase hinzugefügt wird; das sollte daher erst dann geschehen, wenn alles für die Terminationsreaktionen vorbereitet ist. Das Mischen beim Pipettieren sollte so erfolgen, daß sich keine Blasen bilden. Verdünnt ist die Polymerase nur etwa 30 min lang stabil. Die Pyrophosphatase, die empfohlen wird, wenn man mit dITP arbeitet, kann vorher zur Polymerase gegeben werden.

2. Man nimmt den Reaktionsansatz vom Eis und inkubiert ihn 2–5 min bei Raumtemperatur. Führt man die Markierungsreaktion unterhalb der Raumtemperatur durch, während sich das Röhrchen langsam erwärmt, reduziert man die Sequenzierungsartefakte in der Nähe des Primers auf ein Minimum.

*B. Die Terminationsreaktionen*

1. Bevor man mit der Markierungsreaktion beginnt, bereitet man eine Mikrotiterplatte vor: Man beschriftet vier Reihen mit jeweils „A", „C", „G" und „T" und stellt die Platte auf Eis. Dann pipettiert man 2,5 $\mu$l ddATP-Terminationsansatz in die mit „A" beschriftete Reihe; 2,5 $\mu$l ddCTP-Ansatz in die „C"-Reihe usw. und beläßt die Reaktion zunächst auf Eis.
2. Gegen Ende der Markierungsreaktion erwärmt man die Mikrotiterplatte für mindestens 1 min auf 37–45°C.
3. Direkt im Anschluß an die Markierungsreaktion pipettiert man jeweils 3,5 $\mu$l von ihr in einen der „A"-, „C"-, „G"- und „T"-Ansätze. Man mischt beim Pipettieren, ohne Blasen zu erzeugen und inkubiert 3–5 min bei 37–45°C.
4. Man gibt 4 $\mu$l Stopplösung dazu und lagert den Ansatz bei –20°C, bis man ihn auf das Sequenziergel aufträgt. Die Reaktionen sind eine Woche lang stabil.

Die Protokolle 3.1 und 3.2 sind typisch für die manuelle Sequenzierung mit $^{35}$S. Protokoll 3.1 enthält zwei alternative Verfahren für doppelsträngige DNA-Matrizen [2–4]. In beiden wird die Matrize mit Alkali denaturiert. Beim Verfahren B wird die Matrize dann ausgefällt und in Gegenwart des Primers resuspendiert. Im Verfahren C wird das Alkali durch Zugabe von Säure, HCl oder TES, neutralisiert. In Protokoll 3.2 benutzt man entweder nur die dGTP- oder nur die dITP-Mischungen für das gesamte Verfahren (Abschnitte 4.6 und 8.3).

Entscheidend für durchgängig gelungene Sequenzierungen sind eine sorgfältige Vorbereitung und gute Reagenzien. Sind die Sequenzierungsreaktionen erst einmal gestartet, steht der Experimentator unter einem gewissen Zeitdruck. Es ist daher wichtig, alles zur Hand zu haben: Die Reagenzien sollten bereits auf die einzelnen Gefäße verteilt und auf die richtige Temperatur gebracht sein. Ich selber starte die Reaktionen auf einer Mikrotiterplatte (Greiner Labortechnik, Kat.Nr. 653180) in Zehnergruppen. In die Vertiefungen dieser kleinen Mikrotiterplatten passen etwa 15 $\mu$l; ihr flacher Boden erlaubt einen guten thermischen Kontakt mit dem Heizblock. Durch Anfeuchten des Heizblocks kann man diesen Kontakt noch weiter verbessern. Mit einer Mikrotiterplatte kann man viel schneller pipettieren. Für die Anlagerungsreaktionen verwendet man allerdings besser keine Mikrotiterplatte, weil das Volumen sonst durch die Verdunstung verringert werden könnte.

Bei einer Zehnergruppe angelagerter Matrizen starte ich die Markierungsreaktionen alle 20–30 Sekunden. Diese Zeit benötigt man etwa, um die abgeschlossene Markierungsreaktion auf die vier Terminationsmischungen zu verteilen. Stopplösung zuzugeben, dauert ebenso lange, so daß sämtliche Matrizen in jedem Stadium etwa gleich lang inkubiert werden.

## 3.2 Zyklische Sequenzierung

Von jedem Komplex aus Primer und Matrize kann nur ein einziges markiertes DNA-Molekül synthetisiert werden; das ist eine der Beschränkungen, die die Standardkettenabbruchmethode mit sich bringt. Ihre Empfindlichkeit wird daher durch die Molarität der DNA-Matrize begrenzt, die man in der Reaktion einsetzen kann. Das wird dann ein Problem, wenn man große DNA-Matrizen (Abschnitt 5.5) oder gereinigte DNA-Frag-

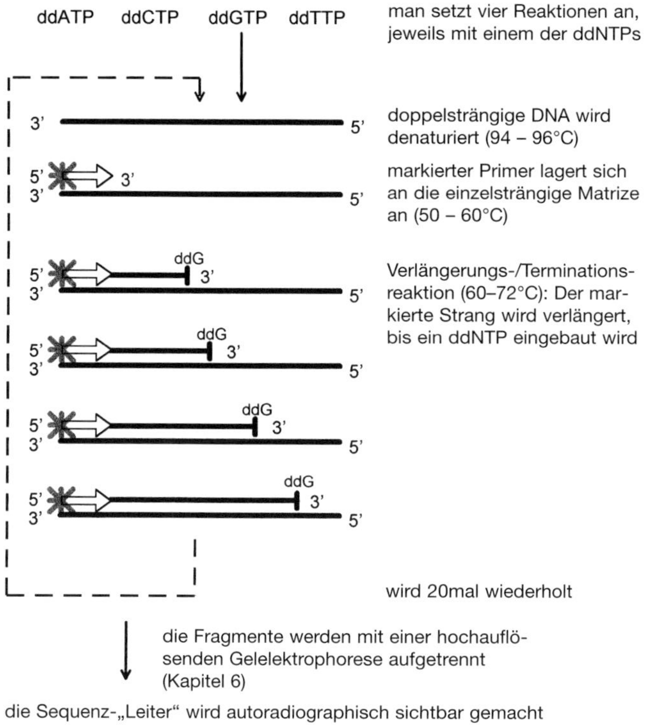


**3.4** Schema einer zyklischen Sequenzierung. Vergleiche mit der manuellen Sequenzierung (Abbildung 3.3) und der Technik des chemischen Abbaus (Abbildung 2.1).

mente, etwa Produkte der Polymerasekettenreaktion (PCR), sequenziert (Abschnitt 5.4). Um diese Schwierigkeit zu überwinden, denaturiert man nach Abschluß der Sequenzierungsreaktionen die DNA-Matrize und wiederholt die Reaktionen [5–10] (Abbildung 3.4). Im Prinzip kann man dieses Vorgehen sooft wiederholen, bis eines der Reagenzien aufgebraucht ist. Den Prozeß der Denaturierung wiederholt man am einfachsten, indem man zyklisch heizt: Beim Aufheizen der Reaktionsmischung auf 94–96°C wird die Matrize denaturiert; kühlt man die Lösung dann wieder auf eine Temperatur unterhalb der Schmelztemperatur des Primers ab, kann sich dieser an die Matrize binden und die Sequenzierungsreaktion von neuem beginnen.

T7-DNA-Polymerase – das Enzym der Wahl, wenn man manuell sequenziert (Abschnitt 4.3) – wird im Gegensatz zu den thermostabilen Polymerasen, die man für die PCR benutzt, bei 94°C schnell inaktiviert. Mit einer thermostabilen Polymerase und einem Thermocycler, einer PCR-Maschine, kann man die Sequenzierungsreaktionen immer wieder an derselben Matrize in einem automatisch ablaufenden Zyklus wiederholen, der ein weiteres Eingreifen des Experimentators überflüssig macht. In jedem Zyklus lagert sich der Primer an die Matrize an, und es kommt zu den normalen Didesoxyreaktionen; anschließend denaturiert man die neu synthetisierte doppelsträngige DNA, indem man die Temperatur erhöht, und die Reaktion wiederholt sich. Auf diese Weise kann man die Menge an markiertem Material in der Reaktion linear vervielfältigen und benötigt weniger Matrizen-DNA.

Lange Zeit waren die Resultate der zyklischen Sequenzierung viel unbeständiger und unzuverlässiger als bei der konventionellen Sequenzierung; die Methode ist jedoch in den letzten Jahren erheblich verbessert worden. Heutzutage werden unbekannte Sequenzen meist mit diesem Verfahren bestimmt, wobei man einen Fluoreszenzmarker und halbautomatische Sequenzierer einsetzt. All die großangelegten Sequenzierungsprojekte von Genomen, exprimierten sequenzmarkierten Stellen (EST) und sequenzmarkierten Stellen (STS) wurden beispielsweise erst durch die umfangreiche Automatisierung und die Vorteile der Parallelverarbeitung mit halbautomatischen Sequenzierern ermöglicht.

Im Vergleich zur konventionellen (manuellen) Didesoxysequenzierung hat die zyklische Sequenzierung verschiedene Vor- und Nachteile.

Zu den Vorteilen der zyklischen Sequenzierung gehören:

- Aufgrund der erhöhten Reaktionstemperatur und des routinemäßigen Einsatzes von dGTP-Analoga (dITP oder 7-Desaza-GTP) kommt es weniger zu Artefakten, die auf Sekundärstruktur der Matrize zurückzuführen sind (Abbildungen 3.5 und 4.5).

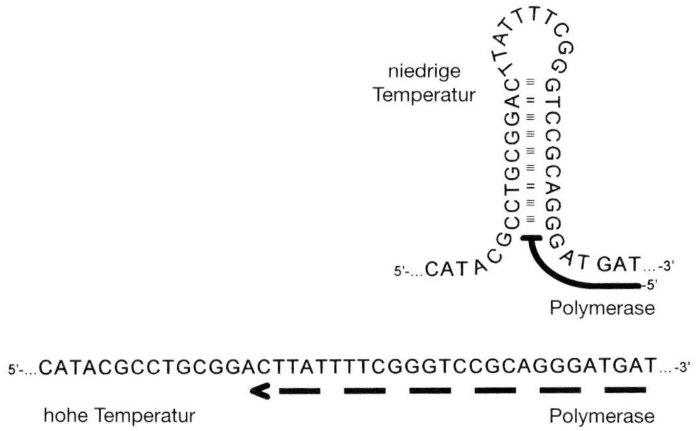


**3.5** Erhöht man die Temperatur, bilden sich weniger Sequenzartefakte. Einzelsträngige Nucleinsäuren können aufgrund intramolekularer Basenpaarung Haarnadelstrukturen ausbilden. Diese Sekundärstruktur kann man destabilisieren, indem man die Temperatur erhöht. Die Sekundärstruktur kann sowohl, wie hier gezeigt, die DNA-Replikation als auch die Mobilität im Gel behindern.

- Man benötigt viel weniger Matrizen-DNA, in der Regel 50 fmol; die Masse von 50 fmol doppelsträngiger DNA entspricht etwa 33 ng/kb.
- Wenn man markierte Primer benutzt, findet man nur Sequenzen, die von dem markierten Primer abstammen. Das Verfahren ist daher weniger empfindlich gegenüber Verunreinigungen der Matrize; automatische Sequenzierer reagieren dagegen äußerst empfindlich auf solche Kontaminationen (Kapitel 7).
- Die Reaktionen können leicht automatisiert werden.

Die Nachteile der zyklischen Sequenzierung:

- Sie erfordert $^{32}$P oder $^{33}$P anstelle von $^{35}$S, da weder die T4-DNA-Kinase noch die *Taq*-Polymerase Thionucleotide effizient nutzen können. Die Vor- und Nachteile dieser Isotope werden in Abschnitt 4.4 diskutiert. Auch baut die unmodifizierte *Taq*-Polymerase fluoreszenzmarkierte Didesoxynucleotide (DyeDeoxy™-Terminatoren, Applied Biosystems) recht schlecht ein, so daß man hohe Konzentrationen dieser Nucleotide benötigt; das wird in Abschnitt 7.3.1 ausführlicher besprochen.
- Die erhältlichen hitzestabilen Polymerasen sind weniger prozessiv als die T7-DNA-Polymerase; sie lesen daher homopolymere Basenfolgen wie Oligo(T) schlechter.
- Die Sequenzdaten, die mit der zyklischen Sequenzierung gewonnen werden, sind generell qualitativ schlechter als bei der konventionellen Sequenzierung; dies wird jedoch bei der automatischen Sequenzierung durch die Signalverstärkung mit dem Computer mehr als wettgemacht.

Generell ist die zyklische Sequenzierung immer noch unbeständiger und unzuverlässiger als das konventionelle Verfahren.

Aus diesen Gründen benutzt man die zyklische Sequenzierung ausschließlich, wenn man automatisch sequenziert oder nur wenig Matrizen-DNA zur Verfügung steht. Das trifft auf die Sequenzierung von PCR-Produkten (Kapitel 10) sowie von Bakteriophagen $\lambda$, Cosmid- und P1-Phagen-Klonen zu, bei denen die molare Konzentration in der Sequenzierungsreaktion aufgrund der Größe des Klons begrenzt ist [9]. Man kann PCR-Produkte schneller direkt sequenzieren, als sie zunächst zu subklonieren. Darüber hinaus wird statt eines einzelnen Moleküls die Durchschnittspopulation der Produktmoleküle sequenziert. Auf diese Weise kann man Fehler, die aufgrund der geringen Kopiergenauigkeit der *Taq*-Polymerase auftreten, auf ein Minimum reduzieren und Polymorphismen direkt nachweisen.

**Protokoll 3.3:** Radioaktive Markierung des Primers

**Material**

- 10-facher T4-Polynucleotidkinase (PNK)-Puffer: 500 mM Tris-HCl pH 8,0; 100 mM $MgCl_2$; 100 mM DTT
- [$\gamma$–$^{32}$P]ATP, etwa 185 TBq $mmol^{-1}$; 370 MBq $ml^{-1}$ (beispielsweise Amersham PB10218) T4-Polynucleotidkinase (5–10 U $\mu l^{-1}$)

**Methode**

1. Folgende Reagenzien werden auf Eis in einem Eppendorfgefäß gemischt:

- 2 $\mu$l 10-facher PNK-Puffer
- 10 pmol Primer
- 10 pmol [$\gamma$–$^{32}$P]ATP (etwa 185 TBq $mmol^{-1}$; 370 MBq $ml^{-1}$)

Man füllt mit destilliertem Wasser auf 36 $\mu$l auf und pipettiert 0,5 $\mu$l T4-Polynucleotidkinase (5–10 U $\mu l^{-1}$) dazu. Beim Arbeiten mit einem Radioisotop sollten entsprechende Vorsichtsmaßnahmen ergriffen werden. In diesem Fall sind es 1,85 MBq (50 $\mu$Ci) von [$\gamma$–$^{32}$P]ATP; das entspricht 5 $\mu$l Amersham PB10218.

2. Man inkubiert 3 min bei 37°C.

3. Lagerung bei –20°C. Wie lange der Ansatz gelagert werden kann, wird vom radioaktiven Zerfall begrenzt.

Mit diesen Mengen kann man genügend Primer markieren, um 10 Matrizen zu sequenzieren (Protokoll 3.4).

**Protokoll 3.4:** Zyklische Sequenzierung

**Material**

- Thermocycler mit entsprechenden Einwegröhrchen
- 100 mM DTT
- [$\alpha$-$^{35}$S]dATP$\alpha$S (10–50 TBq mmol$^{-1}$, 370 MBq ml$^{-1}$)
- 10-facher Taq-Reaktionspuffer: 300 mM Tris-HCl pH 9,5; 50 mM $MgCl_2$; 300 mM KCl; 0,5%(w/v) Tween-20 oder Nonidet P-40 (NP-40)
- *Taq*-DNA-Polymerase (5 U $\mu$l$^{-1}$)
- vier Terminationsansätze: 50 mM NaCl; jeweils 80 $\mu$M von dATP, dCTP, 7-Desaza-GTP und dTTP sowie entweder 2 $\mu$M ddATP („A"-Ansatz); 1 mM ddCTP („C"-Ansatz); 0,2 mM ddGTP („G"-Ansatz) oder 2 mM ddTTP („T"-Ansatz)
- Mineralöl (bei Thermocyclern, die ohne Öl auskommen, nicht erforderlich)
- Stopplösung: 95% Formamid; 20 mM EDTA pH 8,0; 0,05% Bromphenolblau; 0,05% Xylencyanol FF

**Methode**

1. Die Reagenzien werden aufgetaut und auf Eis gestellt. Man beschriftet vier Gruppen von Röhrchen für den Thermocycler mit „A", „C", „G" und „T" und stellt sie ebenfalls auf Eis. Dann pipettiert man in jedes Röhrchen 2 $\mu$l des entsprechenden Terminationsansatzes.
2. Anschließend werden folgende Reagenzien auf Eis gemischt:

- 2 $\mu$l 10-facher *Taq*-Reaktionspuffer
- etwa 50 fmol Matrizen-DNA
- 1 pmol markierter Primer (Protokoll 3.3)

und mit destilliertem Wasser auf 36 $\mu$l aufgefüllt. Dann gibt man 0,5 $\mu$l *Taq*-DNA-Polymerase (5 U $\mu$l$^{-1}$) zu.

3. Zu jedem der in Schritt 1 präparierten Terminationsansätze gibt man 8 $\mu$l aus Schritt 2 zu. Falls erforderlich, überschichtet man den Ansatz mit Mineralöl.
4. Man programmiert den Thermocycler. Wie man die Parameter einstellt, hängt von dem jeweiligen Gerät und der Aufgabe ab. Ein typisches Programm mit 30 Zyklen könnte etwa so aussehen:

- 30 sec bei 95°C (Denaturierung)
- 30 sec bei 55°C (Anlagerung)
- 60 sec bei 72°C (Verlängerung/Termination)

Welche Anlagerungstemperatur man einstellt, hängt von der $T_m$ des Primers ab (Abschnitt 4.2).

5. Der Thermocycler wird auf 95°C vorgewärmt, dann die Röhrchen eingesetzt und das Programm gestartet. Man nimmt die Röhrchen aus dem Gerät. Bei Bedarf kann man die wäßrige Phase durch eine Chloroformextraktion vom Öl trennen.
6. Nach Zugabe von 5 $\mu$l Stopplösung wird der Ansatz bei –20°C gelagert, bis er auf das Sequenzgel aufgetragen wird. Die Reaktionen bleiben einige Tage lang stabil.

Die Protokolle 3.3 und 3.4 sind typisch für eine zyklische Sequenzierung. In Protokoll 3.3 wird beschrieben, wie man einen Oligonucleotidprimer mit $^{32}$P radioaktiv markiert. In Protokoll 3.4 wird dieser markierte Primer zur zyklischen Sequenzierung verwendet. Eine weitere Reinigung des Primers ist nicht erforderlich. Protokoll 3.4 arbeitet mit der *Taq*-DNA-Polymerase, der am häufigsten verwendeten hitzestabilen Polymerase. Erhältlich sind zwar auch noch andere Polymerasen; diese bauen jedoch unter Umständen Nucleotidanaloga mit unterschiedlicher Effizienz ein, so daß man das Protokoll abändern muß [10,11]. „Schwierige“ Matrizen sollen leichter zu sequenzieren sein, wenn man in den Ansatz Dimethylsulfoxid (DMSO) mit einer Endkonzentration von 2–10 Prozent pipettiert [12]. Ausführlichere Hinweise, wie man Problemen begegnet, finden sich in Kapitel 8.

Welches Programm man für den Thermocycler benutzt, hängt vom jeweiligen Modell ab. Einige Geräte messen die Temperatur des Blocks; es dauert bei ihnen in jedem Stadium eine Weile, bis die Reaktionstemperatur mit der Blocktemperatur übereinstimmt. Andere messen dagegen direkt die Temperatur der Probe. Welche Temperatur man einstellt, hängt auch von der Hitzestabilität und dem Temperaturoptimum der Polymerase sowie von der $T_m$ des Primers ab (Abschnitt 4.2.1). In Protokoll 3.4 werden 30 Zyklen empfohlen – ein typischer Wert, den man aber im Prinzip erhöhen kann, wenn nur wenig Matrize vorhanden ist. Es gibt Veröffentlichungen, in denen 200 Zyklen gefahren wurden, um eine genomische DNA direkt zu sequenzieren [13]; dann wird allerdings die Polymerase durch die Hitze im Denaturierungsschritt erheblich inaktiviert. Es ist immer ratsam, kurz zu denaturieren. Wie lange und bei welcher Temperatur man inkubiert, hängt auch davon ab, mit welchem Thermocycler-Modell man arbeitet.

## 3.3 Literatur


1. Sanger, F.; Nicklen, S.; Coulson, A. R. *DNA Sequencing with Chain-Terminating Inhibitors.* In: *Proc. Natl. Acad. Sci. USA* 74 (1977) S. 5463–5467.
2. Chen, E. Y.; Seeburg, P. H. *Supercoil Sequencing: a Fast and Simple Method for Sequencing Plasmid DNA.* In: *DNA* 4 (1985) S. 165–170.
3. Zimmermann, J.; Voss, H.; Schwager, C.; Stegemann, J.; Erfle, H.; Stucky, K.; Kristensen, T.; Ansorge, W. *A Simplified Protocol for Fast Plasmid DNA Sequencing.* In: *Nucleic Acids Res.* 18 (1990) S. 1067.
4. Rouer, E. *Direct Neutralization of Alkaline-Denatured Plasmid DNA in Sequencing Protocol by the Sequencing Reagent itself.* In: *Nucleic Acids Res.* 22 (1994) S. 4844.
5. Innis, M. A.; Gammaambo, K. B.; Gelfand, D. H.; Brow, M. A. D. *DNA Sequencing with Thermus Aquaticus DNA Polymerase and Direct Sequencing of Polymerase Chain Reaction Amplified DNA.* In: *Proc. Natl. Acad. Sci. USA* 85 (1988) S. 9436–9440.
6. Murray, V. *Improved Double-Stranded DNA Sequencing Using the Linear Polymerase Chain Reaction.* In: *Nucleic Acids Res.* 17 (1989) S. 88–89.
7. Levedakou, E. N.; Landegren, U.; Hood, L. E. *A Strategy to Study Gene Polymorphism by Direct Sequence Analysis of Cosmid Clones and Amplified Genomic DNA.* In: *BioTechniques* 7 (1989) S. 438–442.
8. Carothers, A. M.; Urlaub, G.; Mucha, J.; Grunberger, D.; Chasin, L. A. *Point Mutation Analysis in a Mammalian Gene: Rapid Preparation of Total RNA, PCR Amplification of cDNA, and Taq Sequencing by a Novel Method.* In: *BioTechniques* 7 (1989) S. 494–499.

9. Voss, H.; Zimmermann, J.; Schwager, C.; Erfle, H.; Stegemann, J.; Stucky, K.; Ansorge, W. *Automated Fluorescent Sequencing of Lambda DNA.* In: *Nucleic Acids Res.* 18 (1990) S. 5314.
10. Mead, D. A.; McClary, J. A.; Luckey, J. A.; Kostichka, A. J.; Witney, F. R.; Smith, L. M. Bst *DNA Polymerase Permits Rapid Sequence Analysis from Nanogram Amounts of Template.* In: *BioTechniques* 11 (1991) S. 76–87.
11. Sears, L. E.; Moran, L. S.; Kissinger, C.; Creasey, T.; Perry-O'Keefe, H.; Roskey, M.; Sutherland, E.; Slatko, B. E. *CircumVent Thermal Cycle Sequencing and Alternative Manual and Automated DNA Sequencing Protocols Using the Highly Thermostable VentR (exo-) DNA Polymerase.* In: *BioTechniques* 13 (1992) S. 626–633.
12. Winship, P. R. *An Improved Method for Directly Sequencing PCR Amplified Material Using Dimethyl Sulphoxide.* In: *Nucleic Acids Res.* 17 (1989) S. 1266.
13. Cairns, M. J.; Murray, V. *Dideoxy Genomic Sequencing of a Single-Copy Mammalian Gene Using More than Two Hundred Cycles of Linear Amplification.* In: *BioTechniques* 17 (1994) S. 910–914.

# 4. Geräte und Reagenzien

## 4.1 Für den Anfang: Sequenzierungskits

Man kann zwar jedes Reagenz einzeln bekommen, aber der mit Abstand einfachste und schnellste Weg, mit dem Sequenzieren zu beginnen, besteht darin, einen guten Sequenzierungskit zu kaufen und dann den Anweisungen zu folgen. Eine Vielzahl von Herstellern bietet eine reiche Auswahl komplett zusammengestellter Grundausstattungen entweder für die „herkömmliche" manuelle Sequenzierung mit $[\alpha\text{-}^{35}S]dATP\alpha S$ als radioaktivem Marker oder für das zyklische Sequenzieren und eine Reihe nichtradioaktiver Techniken an.

Für die manuelle Sequenzierung empfehle ich besonders den Sequenase® v2.0 Kit von Amersham/USB. Mit ihm erhält man durchweg außergewöhnlich gute Resultate. Ein exzellentes Handbuch mit Protokollen und Anleitungen, was bei Problemen zu tun ist, liegt bei – sinnvollerweise auf wasser- und reißfestem Material gedruckt. Dieser Kit basiert auf Sequenase® v2.0 (Amersham/USB), einer genetisch veränderten T7-DNA-Polymerase, bei der die 3'→5'-Exonuclease-Aktivität des Enzyms fehlt [1]. Für die zyklische Sequenzierung mit einem halbautomatischen ABI-Sequenzierer benutze ich „PRISM"-Farbterminatorkits von ABI mit Amplitaq® FS. Wie man mit halbautomatischen Sequenzierern umgeht, wird in Kapitel 7 besprochen.

Tabelle 4.1. zeigt, welche Geräte und Reagenzien man zusätzlich zum Sequenzierungskit benötigt.

Hinweise, wie man die Matrizen-DNA reinigt, sowie Protokolle für die Reaktionen und die Gelektrophorese finden sich in anderen Kapiteln; welche Reagenzien sonst noch von Belang sind, wird im folgenden erläutert.

**Tabelle 4.1: Ausrüstung und Reagenzien für die manuelle und zyklische Sequenzierung**

| manuell | zyklisch |
|---|---|
| *Ausrüstung* | *Ausrüstung* |
| Mikropipetten | Mikropipetten |
| Eppendorfgefäße | Eppendorfgefäße |
| Heizblock oder Wasserbad | Thermocycler |
| Mikrotiterplatten (fakultativ) | |
| Polyacrylamidgel-Elektrophoresesystem und Reagenzien | Polyacrylamidgel-Elektrophoresesystem und Reagenzien |
| | |
| *Reagenzien* | *Reagenzien* |
| Matrizen-DNA | Matrizen-DNA |
| Oligonucleotidprimer | Oligonucleotidprimer |
| Anlagerungspuffer | *Taq*-Reaktionspuffer |
| Dithiothreitol (DTT) | Dithiothreitol (DTT) |
| dNTP-Mischung | |
| Terminationsmischung | Terminationsmischung |
| DNA-Polymerase, etwa T7-Stopplösung | DNA-Polymerase, etwa *Taq*-Stopplösung |
| markierte Nucleotide, etwa [$\alpha$-$^{35}$S]dATP$\alpha$-S | Markierung, beispielsweise des Primers |
| Pyrophosphatase (fakultativ) | |

# 4.2 Oligonucleotidprimer

Alle bei der Sequenzierung eingesetzten DNA-Polymerasen benötigen einen Primer. Dies ist ein kurzer, synthetischer DNA-Einzelstrang, dessen Sequenz bekannt ist. In der Regel besteht er aus 18–24 Basen, die sich an die komplementäre Sequenz der Matrizen-DNA anlagern. Die meisten Sequenzierungskits enthalten „universelle–“ Primer. Typische Beispiele sind der M13 –20 Primer 5'-GTAAAACGACGGCCAGT-3' und der reverse M13-Primer 5'-AACAGCTATGACCATG-3'. „Universell“ heißt in diesem Zusammenhang, daß die komplementären Sequenzen dieser Primer in den meisten gebräuchlichen Klonierungsvektoren enthalten sind. Daher kann man mit Hilfe dieser beiden Primer die Sequenz an den beiden Enden eines unbekannten DNA-Segments ermitteln, das in den Polylinker kloniert wurde (Abbildung 4.1).

Es ist extrem billig geworden, Oligonucleotide herzustellen, und die Kosten sinken noch immer weiter. Daher ist die Synthese maßgefertigter DNA-Sequenzierungsprimer mittlerweile eine Routineangelegenheit, und es ist erschwinglich, eine DNA mit der Technik des *primer walking* zu sequenzieren: Dabei sequenziert man als erstes die DNA-Enden, konstruiert dann Primer, die zu den Enden der gerade ermittelten Basenfolge

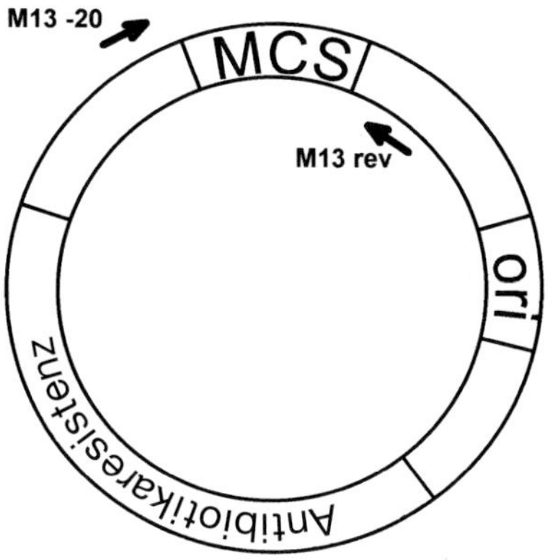


**4.1** Ein Plasmidvektor mit mehrfacher Klonierungsstelle, die von „universellen" Primersequenzen eingerahmt wird. Die Hauptmerkmale eines Plasmidvektors sind eine Replikationsstartstelle (ori), ein Selektionsmarker, etwa für eine Ampicillinresistenz, sowie eine Reihe von Restriktionsschnittstellen zur Klonierung (mehrfache Klonierungsstelle, engl. *multiple cloning site*, MCS). Wird diese MCS von „universellen" Primersequenzen eingerahmt, kann man mit den eingezeichneten Standardprimern jedes klonierte Insert von beiden Enden aus sequenzieren.

komplementär sind, sequenziert wieder mit diesen neuen Primern und entschlüsselt auf diese Weise die DNA-Sequenz Schritt für Schritt von den Enden her. Diese Strategie wird im einzelnen in Abschnitt 11.3 beschrieben.

### 4.2.1 Konstruktion von Primern

Der Primer muß sich ganz genau an eine bestimmte Stelle der Matrizen-DNA anlagern. Unter den üblichen Salz- und Temperaturbedingungen für Sequenzierungsreaktionen hängt die Stabilität des Komplexes aus Primer und Matrize von der Länge und Sequenz des Primers ab. Dieser ist beim Sequenzieren normalerweise mindestens 18 Basen lang, wobei mindestens die Hälfte aus G+C besteht. Primer, die länger sind und mehr GC enthalten, bilden stabilere Hybride.

$T_m = 2(A+T) + 4(G+C)$ [2]

ist eine einfache Formel zur Berechnung der Schmelztemperatur ($T_m$) eines Oligonucleotids in °C. Genauer wäre

$$T_m = 81{,}5 + 16{,}6(\log_{10}[Na^+]) + 0{,}41(\%\ G+C) - 600/L$$

wobei $[Na^+]$ die molare Konzentration monovalenter Kationen – etwa Natriumionen – und L die Länge des Oligonucleotids in Basen ist [3].

In der Praxis ist die Sequenzierungsreaktion allerdings komplexer; die beiden Gleichungen sind daher nur als Annäherung anzusehen. Eine typische Anlagerungstemperatur könnte 3–5°C unter der Anlagerungstemperatur liegen, die man aufgrund der ersten Gleichung berechnet hat, oder 0–10°C höher als die mit Hilfe der zweiten Gleichung kalkulierten Temperatur. Beim ersten Mal erhält man damit häufig zufriedenstellende Ergebnisse; diese können jedoch noch verbessert werden, wenn man es mit Anlagerungstemperaturen etwas oberhalb oder unterhalb der kalkulierten Werte versucht. Liegt die Anlagerungstemperatur zu hoch, ist die Sequenz nur schwach oder überhaupt nicht zu sehen, wählt man sie zu niedrig, ist der Hintergrund zu stark.

Die Primer müssen natürlich effizient synthetisiert werden, damit sie tatsächlich alle dieselbe Länge und Sequenz haben. Eine ineffiziente Synthese kann zu Problemen führen; beispielsweise dazu, daß die Präparation einen beträchtlichen Anteil an Primern enthält, die eine Base kürzer sind als der gewünschten Primer. Dann erhält man eine Reihe von „Geister"-Banden, die die realen Banden überlagern, aber jeweils eine Base kürzer sind; auf diese Weise kann die Sequenz unleserlich werden (Abbildung 4.2). Genauso problematisch ist es, wenn die Matrizen-DNA zwei Bindungsstellen für den Primer enthält; dann überlagern sich zwei Sequenzen, die jeweils von einer der beiden Primerbindungsstellen stammen. Ein allgemeines Problem ist eine fehlerhafte Synthese jedoch nur, wenn die Primer über 30 Basen lang sind. Man sollte daher solche Oligonucleotide etwa mit hochauflösender Flüssigkeitschromatographie (HPLC) reinigen, bevor man sie als Sequenzierungsprimer benutzt.

### 4.2.2 Konstruktion von Primern für die zyklische Sequenzierung

Die zyklische Sequenzierung funktioniert im Prinzip genauso wie die PCR (Kapitel 10), nur mit dem Unterschied, daß die Matrizen-DNA linear statt exponentiell vermehrt wird. Die Primerkonstruktion erfolgt daher bei beiden Verfahren nach denselben Regeln. Man kann sich dabei von Computerprogrammen helfen lassen, es reicht jedoch völlig aus, ein paar einfache Richtlinien zu befolgen. Die Primer sollten normalerweise 20–25 Nucleotide lang sein und 50 – 60 Prozent G+C enthalten, damit man bei einer genügend hohen Anlagerungstemperatur arbeiten kann. Es erleichtert die Arbeit, wenn sämtliche Sequenzierungsprimer so konstruiert sind, daß sie eine ähnliche Anlagerungstemperatur haben; dann kann man jede Reaktion mit demselben Programm im Thermocycler fahren. Die beiden letzten Basen am 3'-Ende sollten vorzugsweise G oder C sein. Die Sequenz des Primers darf nicht selbstkomplementär sein – vor allem nicht am 3'-Ende.

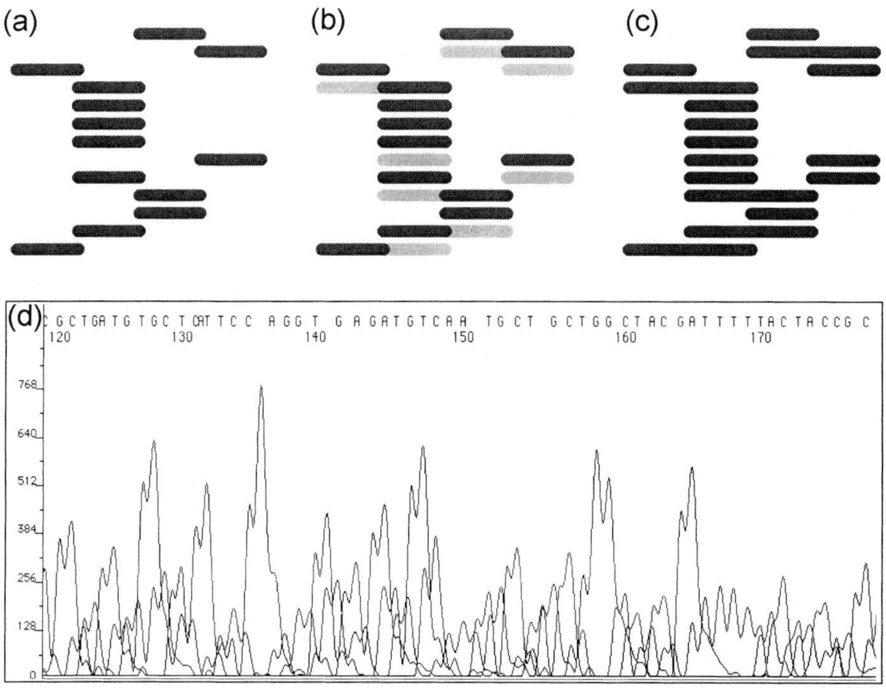


**4.2** Gemischte Sequenz. Mit unterschiedlich langen Primern, einem Gemisch von Matrizen oder Matrizen mit zwei Primerbindungsstellen erhält man mehrere Sequenzen. Sind beispielsweise die Primer an ihrem 5'-Ende jeweils um eine Base kürzer als sie sein sollten, erhält man eine Sequenzleiter, bei der jede Bande um eine Base verschoben ist. a) Ideale Sequenz: Alle Primer haben dieselbe Länge. b) Eine solche Sequenz ergibt sich, wenn ein kleiner Anteil der Primer eine Base kürzer ist. c) Sequenzierung, bei der die Hälfte der Primer eine Base kürzer ist. d) Derselbe Effekt bei einer automatischen Sequenzierung.

## 4.3 DNA-Polymerase

Beim manuellen Sequenzieren arbeitet man meist mit der T7- oder der modifizierten T7-DNA-Polymerase (Sequenase® v2.0), bei der zyklischen Sequenzierung dagegen mit der DNA-Polymerase von *Thermus aquaticus* (*Taq*) [1,4,5].

Hitzestabile Polymerasen wie *Taq* haben den Vorteil, daß man die Reaktionen bei hohen Temperaturen fahren und damit Artefakte aufgrund von Sekundärstruktur auf ein Minimum reduzieren kann. Sekundärstruktur tritt an Stellen auf, an denen sich die Matrizen-DNA mit sich selbst paaren kann. Dort entsteht ein doppelsträngiger DNA-Bereich, den die DNA-Polymerase trennen muß, wenn sie diese Stelle kopieren will. Der Doppelstrangbereich behindert daher das Fortkommen der Polymerase.

Stoppt die Polymerase an dieser Stelle, kommt es zum Kettenabbruch, allerdings ohne daß ein spezielles ddNTP eingebaut wurde. Diese Sequenz ist daher schlecht lesbar und zeigt in der Regel eine Bande, die sich über alle vier Spuren erstreckt (Abschnitt 8.1). Die Stabilität von Doppelstrangbereichen ist temperaturabhängig. Da sie bei höheren Temperaturen abnimmt, reduziert man Artefakte, die auf solche Sekundärstrukturen zurückzuführen sind, auf ein Minimum, wenn man die Sequenzierungsreaktionen bei hohen Temperaturen ablaufen läßt (Abbildung 3.5). Es gibt eine Reihe hitzestabiler Polymerasen, die sich in Bezug auf ihre Kopiergenauigkeit, Halbwertszeit bei hohen Temperaturen und Verwendung von Basenanaloga leicht unterscheiden [6–8].

Das beste Enzym für das manuelle Sequenzieren ist die Sequenase® v2.0 (Amersham/USB); es ist eine modifizierte T7-DNA-Polymerase, deren 3'→5'-Exonuclease-Aktivität durch Deletion der Aminosäuren 118–145 zerstört wurde [1]. In der Praxis kann ich jedoch kaum Unterschiede zwischen der Sequenase und der unmodifizierten T7-Polymerase (Pharmacia) feststellen. Beide Enzyme arbeiten sehr schnell, sind hochprozessiv und bauen problemlos Basenanaloga wie ddNTPs, dITP oder 7-Desaza-dGTP ein, so daß die Banden gleich stark sind und kaum Hintergrundbanden zu sehen sind.

## 4.4 Markierung

Die neu synthetisierten Stränge müssen markiert sein, damit man sie nach der Gelelektrophorese wiederfinden kann. Man kann diese Markierung am 5'-Ende, am 3'-Ende oder in der Mitte einführen (Abbildung 4.3). Sequenziert man auf die herkömmliche manuelle Art, fügt man dem Reaktionsansatz ein markiertes Desoxynucleotidtriphosphat bei; das radioaktive Isotop wird dann in der Mitte der entstehenden Kette eingebaut. Die

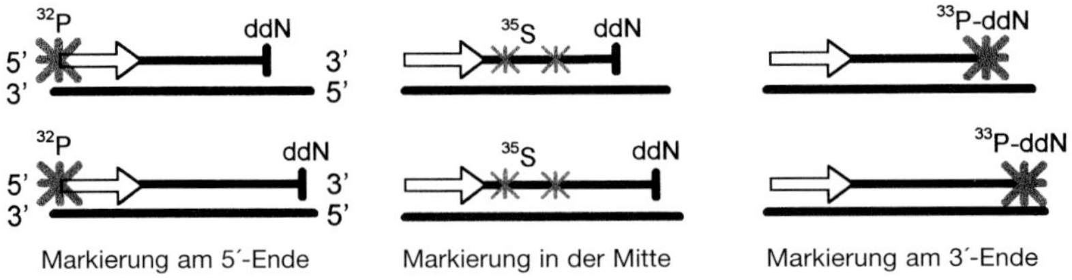


**4.3** Position der Markierung. Der neu synthetisierte Strang kann an folgenden Stellen eine Markierung erhalten: am 5'-Ende, wenn der Primer markiert war; in der Mitte, wenn man markierte dNTP-Analoga einbaut; am 3'-Ende, wenn man markierte ddNTP-Analoga verwendet. Im hier dargestellten Beispiel wurde für jede Position ein typisches Radioisotop eingezeichnet. An jeder dieser Positionen kann man aber auch eine Fluoreszenzmarkierung verwenden (Kapitel 7).

Sequenzierung besteht damit aus drei Reaktionen: der Anlagerungsreaktion, bei der sich der Primer mit der Matrize verbindet; der Markierungsreaktion – in ihr wird der Primer nur um ein kleines Stück verlängert, weil die Konzentration an dNTPs, unter denen sich nur ein radioaktives dNTP befindet, begrenzt ist; und der Verlängerungs-/Terminationsreaktion, bei der die nur geringfügig „verlängerten Primer" in Gegenwart von dNTPs und ddNTPs weiter verlängert werden und die Kette schließlich sequenzabhängig abbricht. Der prinzipielle Vorteil dieser Methode liegt darin, daß jede Kette mehrfach radioaktiv markiert wird und man daher relativ niederenergetische $\beta$-Strahler wie $^{35}$S benutzen kann.

Welche Isotope man verwendet, hat einerseits einen Einfluß darauf, wie lang die Sequenz ist, die man mit einer einzigen Reaktion lesen kann, und andererseits, wie lange man den Film belichten muß. Meist benutzt man das Isotop $^{35}$S in Form von [$\alpha$-$^{35}$S]dATP$\alpha$S (Amersham, DuPont/NEN). Aufgrund seiner relativ niederenergetischen $\beta$-Strahlung sind die Banden im Autoradiogramm scharf, so daß man größere Sequenzstrecken und diese besser lesen kann [9].

Bei einer Endmarkierung erhält der synthetisierte Strang eine geringere spezifische Aktivität. Daher muß man Isotope mit einer größeren Aktivität einsetzen, beispielsweise $^{32}$P. Leider ist $^{32}$P ein sehr viel stärker durchdringender $\beta$-Strahler; dadurch werden die Banden diffuser, und man kann pro Reaktion nur eine kürzere Strecke lesen (Abbildung 4.4). Erst seit kurzem ist ein teureres Isotop auf dem Markt, $^{33}$P, das eine mittlere Strahlungsenergie besitzt und damit eine etwas bessere Auflösung ermöglicht [10,11]. Wenn man die Oligonucleotide am 5'-Ende markieren will, verwendet man [$\gamma$-$^{33}$P]ATP und arbeitet mit T4-Polynucleotidkinase; für eine 3'-Markierung stehen mittlerweile [$\alpha$-$^{33}$P]ddNTPs zur Verfügung. Mit bei-

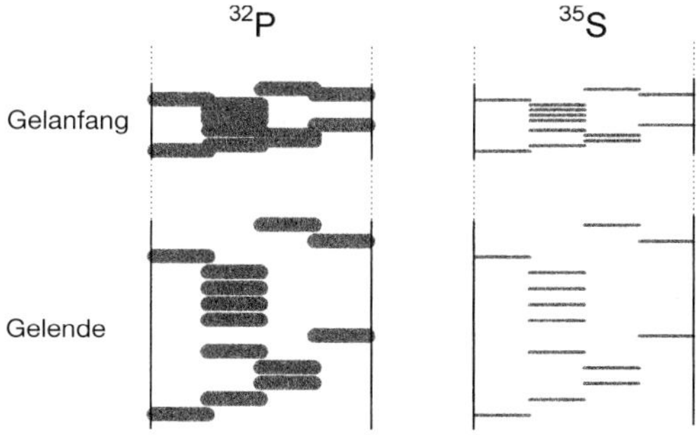


**4.4** Strahlungsenergie und Auflösung. Am Anfang des Sequenzierungsgeles, in einiger Entfernung vom Primer, liegen die Banden eng zusammen. Diffuse Banden hochenergetischer Isotope wie $^{32}$P werden nicht gut aufgelöst – besonders, wenn dieselbe Base häufig hintereinander vorkommt. Dagegen werden beim selben Bandenabstand die schärferen $^{35}$S-Banden noch gut aufgelöst. Am Ende des Geles – in Primernähe – liegen die Banden weiter auseinander, so daß man beide Sequenzleitern gut lesen kann.

den Substanzen kann man in jeden neu synthetisierten Strang nur eine einzige Markierung einbauen; sie eignen sich daher eher für die zyklische Sequenzierung, bei der von jedem Matrizenstrang mehrere markierte Moleküle synthetisiert werden.

Der Einsatz von Radioisotopen hat zwei entscheidende Nachteile: die mit ihnen verbundenen Sicherheitsprobleme und ihre begrenzte Lagerfähigkeit. Das Risiko einer Kontaminierung ist stets vorhanden; sämtliche Pipettenspitzen und Lösungen müssen entsprechend behandelt und entsorgt werden. Besonders $^{35}S$-markierte Thionucleotide können zu flüchtigen radioaktiven Nebenprodukten zerfallen. Die Richtlinien für die Benutzung von Radioisotopen variieren, sie sind jedoch in einigen Bereichen so streng, daß dies allein schon Grund genug ist, auf nichtradioaktive Verfahren auszuweichen – auch auf die Gefahr hin, daß dafür teurere oder gefährliche Reagenzien erforderlich sind. Die bei der Sequenzierung benutzten Radioisotope haben eine begrenzte Halbwertszeit (Tabelle 4.2). Der Vorrat an radioaktiven Substanzen muß daher ständig ergänzt und aufgefüllt werden, was zusätzliche Kosten verursachen und das Problem der Entsorgung noch vergrößern kann. Die radioaktiv markierten Sequenzierungsreaktionen selbst müssen unverzüglich auf einem Gel aufgetrennt werden.

**Tabelle 4.2: Emissionsenergien und Halbwertszeiten von Radioisotopen, die bei der DNA-Sequenzierung benutzt werden**

| | maximale Strahlungsenergie (MeV) | Halbwertszeit (Tage) |
|---|---|---|
| $^{32}P$ | 1,709 | 14,3 |
| $^{33}P$ | 0,249 | 25,4 |
| $^{35}S$ | 0,167 | 87,1 |

Es gibt auch nichtradioaktive Markierungsverfahren. Dabei arbeitet man entweder mit Haptenen, die histochemisch oder mit Hilfe von Chemilumineszenz nachgewiesen werden können, oder mit Fluoreszenzfarbstoffen, die man direkt sichtbar machen kann. Haptene werden genauso wie radioaktive Isotope eingebaut: am 5'-Ende über markierte Primer oder in der Mitte mit Hilfe eines dNTP-Analogons, das mit einem Hapten markiert ist. Als Haptene eignen sich Biotin oder Digoxigenin.

Die Fluoreszenzmarkierungen, die vor kurzem eingeführt wurden, sowie die Möglichkeit, sie während der Elektrophorese in Echtzeit nachzuweisen, haben uns auf dem Weg zu einem höheren Durchsatz und einer Automatisierung erheblich vorangebracht. Man kann Fluoreszenzmarkierungen mit Hilfe von markierten Primern, einem markierten dNTP oder markierten ddNTPs (DyeDeoxys™, Perkin-Elmer/ABI) einführen [12–

15]. Es sind viele verschiedene Fluorochrome erhältlich, mit denen man die vier Terminationsreaktionen (ddA, ddC, ddG und ddT) unterschiedlich färben, kombinieren und dann in einer einzigen Spur des Sequenzgels auftrennen kann. Wenn man fluoreszenzmarkierte ddNTPs verwendet, reicht für alle vier Terminationsreaktionen ein Gefäß mit einem einzigen Reaktionsansatz. Wenn man markierte Primer oder dNTPs benutzt, werden die vier Reaktionen getrennt durchgeführt, können aber vor der Elektrophorese zusammenpipettiert werden. Für Fluoreszenzmarkierungen benötigt man ein entsprechendes Nachweisgerät, einen Sequenzierer (Kapitel 7), was hohe Kosten verursacht.

Markierte ddNTPs haben noch einen weiteren entscheidenden Vorteil: Wenn man mit ihnen arbeitet, werden nur Reaktionsprodukte markiert und nachgewiesen, die durch Einbau eines ddNTP entstanden sind, und es kommt zu keinen irreführenden Banden aufgrund von Coterminationen. Damit hat man eine wichtige Klasse von Sequenzierungsartefakten ausgeschaltet. Einer anderen bedeutenden Gruppe von Artefakten, den Kompressionen, kann man ebenfalls aus dem Weg gehen, wenn man Basenanaloga wie dITP verwendet. Benutzt man solche Analoga in den Sequenzierungsreaktionen, so treten keinerlei Kompressionen auf, weil DNA-Sekundärstruktur, die anomale Wanderungsgeschwindigkeiten im Gel verursachen, dadurch instabil wird. dITP erhöht allerdings die Anzahl der falschen Abbrüche; mit markierten ddNTPs findet man jedoch keine dieser Coterminationen, so daß man Basenanaloga routinemäßig verwenden kann. Sequenzartefakte wie Coterminationen und Kompressionen werden ausführlicher in Kapitel 8 diskutiert; die Vor- und Nachteile unterschiedlicher Fluoreszenzchemikalien für die Sequenzierung kommen in Kapitel 7 zur Sprache.

Schließlich und endlich kann man auch völlig ohne Markierung sequenzieren; statt dessen weist man die unmarkierten Reaktionsprodukte mit einer Silberfärbung nach. Auf diesem Verfahren beruht der Silver Sequence™-Kit von Promega. Der direkte Nachweis ist nicht so empfindlich wie eine radioaktive Markierung; man benötigt etwa zehnmal soviel Produkt. Das ist jedoch normalerweise bei Verwendung von Standardmatrizen kein begrenzender Faktor.

Die Vor- und Nachteile der verschiedenen Markierungsmethoden sind in Tabelle 4.3 zusammengefaßt.

## 4.5 dNTPs und ddNTPs

Ein gute Sequenzierung hängt sehr stark von der Qualität der verwendeten dNTPs und ddNTPs sowie von ihren genauen Konzentrationen und mola-

**Tabelle 4.3: Markierungs- und Nachweisstrategien im Überblick**

| Ort der Markierung | | generell | Markierungstyp Radioisotop | Hapten | Fluorochrom |
|---|---|---|---|---|---|
| Primer | Vorteile | gleichmäßige Banden | | markierte Primer können gelagert werden; Ergebnisse liegen schnell vor | markierte Primer können gelagert werden; gleichmäßige Signalintensivitäten (ABI) |
| | Nachteile | nur eine Markierung pro Molekül | Probleme mit $^{35}S$; Strahlungsgefahr diffuse Banden mit $^{32}P$ | erfordert eine technisch aufwendige Verarbeitung | hohe Primerkosten; vier Reaktionen erforderlich |
| dNTP | Vorteile | empfindlich, da mehrere Markierungen pro Molekül | ermöglicht Einsatz von $^{35}S$ und dadurch scharfe Banden | schnelle Ergebnisse | sämtliche Reaktionsprodukte können genau verglichen werden |
| | Nachteile | eignet sich nicht für die zyklische Sequenzierung; nur schwach ausgeprägt in Primernähe | $^{35}S$ erfordert unter Umständen lange Belichtungszeiten; Strahlungsgefahr | erfordert eine technisch aufwendige Verarbeitung | vier Reaktionen und vier Spuren erforderlich (LI-COR) |
| ddNTP | Vorteile | Coterminationen werden nicht nachgewiesen | | | nur eine Reaktion/Probe erforderlich (ABI) |
| | Nachteile | nur eine Markierung pro | Strahlungsgefahr Molekül | nicht verfügbar | ungleichmäßige Signalintensitäten (ABI) |
| keine Markierung | Vorteile | erforderlich | keine Markierung | | |
| | Nachteile | begrenzte Empfindlichkeit; schwierig zu automatisieren | | | |

ren Konzentrationsverhältnissen in den Reaktionsansätzen ab. Ich empfehle daher, einen guten Kit wie Sequenase® v2.0 von Amersham zu kaufen, in dem bereits sämtliche Reagenzien fertig gemischt für den Einsatz vorliegen. Sind diese Kits aufgebraucht, möchte man sie unter Umständen gerne durch selbstgemachte Mischungen der einzelnen Komponenten ersetzen. Damit kann man zwar erhebliche Kosten sparen, man muß jedoch so viel Zeit und Mühe aufwenden, um die Bedingungen zu optimieren, daß diese Ersparnisse sich möglicherweise kaum lohnen. Aus diesem Grund benutze ich für alle meine manuellen Sequenzreaktionen statt selbst hergestellter Mischungen den Sequenase-Kit. Meiner Erfahrung nach ist das Sequenase-Enzym meist als erstes aufgebraucht; wir kaufen daher mehr T7-DNA-Polymerase (Pharmacia) und benutzen weiter die Reaktionsansätze aus dem Originalkit.

Bei selbstgemachten Nucleotidmischungen muß man darauf achten, daß das Optimum für die dNTP- und ddNTP-Konzentrationen davon abhängt, welche DNA-Polymerase man benutzt. Einige Polymerasen bauen statt ddNTPs bevorzugt dNTPs ein, so daß man höhere ddNTP-Konzentrationen einsetzen muß, um im Durchschnitt bei derselben Kettenlänge einen Kettenabbruch zu erzielen. Andere Polymerasen bauen dagegen dITP oder 7-Desaza-dGTP nicht so effizient ein wie Standard-dNTPs; sie benötigen daher höhere Konzentrationen dieser Nucleotidanaloga.

## 4.6 dITP und 7-Desaza-dGTP

Einzelsträngige DNA-Moleküle haben die Tendenz, sich an komplementäre Sequenzen anzulagern, die sich auf anderen DNA-Molekülen oder aber auch anderswo auf demselben Molekül befinden können. Darauf beruht die Anlagerungsreaktion, in der sich der Primer mit einem komplementären Bereich der Matrize verbindet. Die Produkte der Sequenzierungsreaktion werden elektrophoretisch auf Acrylamidgelen aufgetrennt; dafür ist es entscheidend, daß sie einzelsträngig bleiben. Durch Ausbildung von Haarnadelschleifen aufgrund von intramolekularen Hybridisierungen kann sich die elektrophoretische Mobilität des Moleküls erheblich verändern und damit die Qualität der entstandenen Sequenzinformation beeinflussen. Das führt zu „Kompressionen", bei denen der Abstand der Banden verändert ist (Abschnitt 8.3). Da G-C-Hybride deutlich stabiler sind, findet man Kompressionen besonders in Bereichen mit einem hohen G+C-Gehalt.

Kompressionsartefakte treten seltener auf, wenn man Basenanaloga verwendet, deren Hybride weniger stabil sind als diejenigen, die mit Standardnucleotidbasen gebildet werden. Durch Einsatz von dITP oder 7-Desaza-dGTP anstelle von dGTP sind G-C-Basenpaare weniger stabil, und es kommt weniger oder überhaupt nicht zu Kompressionen [16, 17] (Abbildung 4.5). Einige Labors verwenden diese Analoga routinemäßig für all ihre Sequenzierungsreaktionen, andere benutzen sie nur in Bereichen, in denen bei der ersten Sequenzierung Kompressionen aufgetreten sind. Meinen Erfahrungen nach kann man dITP-Reaktionen mit einem Sequenase® v2.0-Kit von Amersham nicht so weit lesen wie dGTP-Reaktionen; außerdem kommt es häufiger zu Coterminationen (Abschnitt 8.2). Ich verwende daher routinemäßig dGTP und mache Kontrollsequenzierungen verdächtiger Regionen mit dITP. Für die zyklische Sequenzierung benutze ich den AmpliTaq® FS-Kit von ABI, der standardmäßig dITP

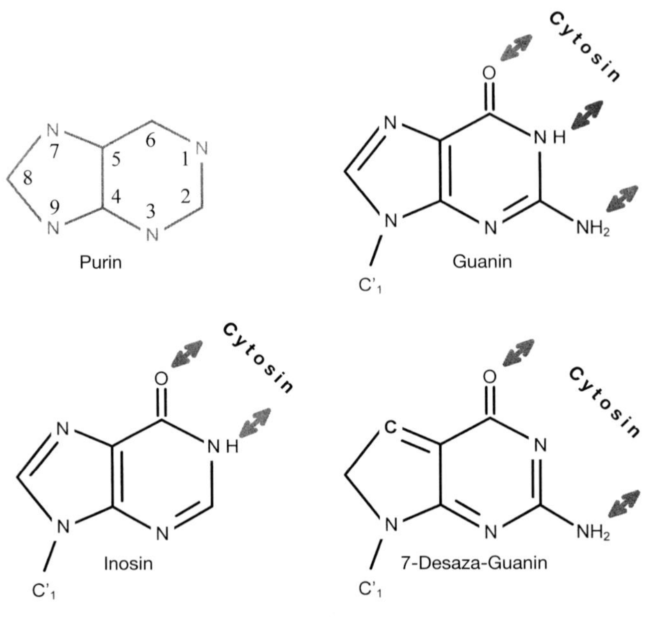


**4.5** Struktur von Basenanaloga, mit denen man Kompressionen weitgehend vermeidet. Wenn Inosin und 7-Desaza-Guanin eine Basenpaarung mit Cytosin eingehen, bilden sie nur zwei Wasserstoffbrükken aus. Eine solche Basenpaarung ist nicht so stabil wie die zwischen G und C, die drei Wasserstoffbrücken aufweist. Verwendet man daher in den Sequenzierungsreaktionen dITP oder 7-Desaza-dGTP anstelle von dGTP, sind Sekundärstrukturen nicht so stabil. Das führt dazu, daß es kaum zu Kompressionen kommt.

enthält. Eine andere Möglichkeit, Kompressionen zu vermeiden, sind Formamidgele (Abschnitt 6.5.3).

## 4.7 Pyrophosphatase

Die Produkte der Sequenzierungsreaktionen zeigen eine Tendenz zur Pyrophosphorolyse, einem Abbauprozeß, der auf einer Reaktion mit Pyrophosphat beruht. Dies kann sequenzspezifisch auftreten und dann zu einem Verlust bestimmter Banden führen. Ein ernstes Problem ist diese Reaktion allerdings nur, wenn man mit dITP sequenziert. Man kann sie verhindern, indem man der Sequenzierungsreaktion Pyrophosphatase zusetzt und so das Pyrophosphat zerstört [18]. Der Sequenase® v2.0-Kit (Amersham) sowie der AmpliTaq® FS-Kit (ABI) enthalten beide Pyrophosphatase; man kann sie aber auch separat bestellen.

## 4.8 Literatur


1. Tabor, S.; Richardson, C. C. *Selective Inactivation of the Exonuclease Activity of Bacteriophage T7 DNA Polymerase by In Vitro Mutagenesis.* In: *J. Biol. Chem.* 264 (1989) S. 6447–6458.
2. Furrer, B.; Candrian, U.; Wieland, P; Lüthy, J. *Improving PCR Efficiency.* In: *Nature* 346 (1990) S. 324.
3. Zhu, Y. S.; Isaacs, S. T.; Cimino, G. D.; Hearst, J. E. *The Use of Exonuclease III for Polymerase Chain Reaction Sterilization.* In: *Nucleic Acids Res.* 19 (1991) S. 2511.
4. Tabor, S.; Richardson, C. C. *DNA Sequence Analysis with a Modified Bacteriophage T7 DNA Polymerase.* In: *Proc. Natl. Acad. Sci. USA* 84 (1987) S. 4767–4771.
5. Innis, M. A.; Myambo, K. B.; Gelfand, D. H.; Brow, M. A. D. *DNA Sequencing with* Thermus aquaticus *DNA Polymerase and Direct Sequencing of Polymerase Chain Reaction Amplified DNA.* In: *Proc. Natl. Acad. Sci. USA* 85 (1988) S. 9436–9440.
6. Sears, L. E.; Moran, L. S.; Kissinger, C.; Creasey, T.; Perry-O'Keefe, H.; Roskey, M.; Sutherland, E.; Slatko, B. E. *CircumVent Thermal Cycle Sequencing and Alternative Manual and Automated DNA Sequencing Protocols Using the Highly Thermostable VentR (exo-) DNA Polymerase.* In: *BioTechniques* 13 (1992) S. 626–633.
7. Mead, D. A.; McClary, J. A.; Luckey, J. A.; Kostichka, A. J.; Witney, F. R.; Smith, L. M. Bst *DNA Polymerase Permits Rapid Sequence Analysis from Nanogram Amounts of Template.* In: *BioTechniques* 11 (1991) S. 76–87.
8. Tabor, S.; Richardson, C. C. *A Single Residue in DNA Polymerases of the* E. coli *DNA Polymerase I Family is Critical for Distinguishing between Deoxy- and Dideoxyribonucloetides.* In: *Proc. Natl. Acad. Sci. USA* 92 (1995) S. 6339–6343.
9. Biggin, M. D.; Gibson, T. J.; Hong, G. F. *Buffer Gradient Gels and $^{35}S$ Label as an Aid to Rapid DNA Sequence Determination.* In: *Proc. Natl. Acad. Sci. USA* 80 (1983) S. 3963–3965.
10. Zagursky, R. J.; Conway, P. S.; Kashdan, M. A. *The Use of $^{33}P$ for Sanger DNA Sequencing.* In: *BioTechniques* 11 (1991) S. 36–38.
11. Evans, M. R.; Read, C. A. *$^{32}P$, $^{33}P$ and $^{35}S$: Selecting a Label for Nucleic Acid Analysis.* In: *Nature* 358 (1992) S. 520–521.
12. Smith, L. M.; Sanders, J. Z.; Kaiser, R. J.; Hughes, P.; Dodd, C.; Connell, C. R.; Heiner, C.; Kent, S. B.; Hood, L. E. *Fluorescence Detection in Automated DNA Sequence Analysis.* In: *Nature* 321 (1986) S. 674–679.

13. Middendorf, L. R.; Bruce, J. C.; Bruce, R. C. *et al. Continuous, On-Line DNA Sequencing Using a Versatile Infrared Laser Scanner/ Electrophoresis Apparatus.* In: *Electrophoresis* 13 (1992) S. 487–494.
14. Prober, J. M.; Trainor, G. L.; Dam, R. J.; Hobbs, F. W.; Robertson, C. W.; Zagursky, R. J.; Cocuzza, A. J.; Jensen, M. A.; Baumeister, K. *A System for Rapid DNA Sequencing with Fluorescent Chain-Terminating Dideoxynucleotides.* In: *Science* 238 (1987) S. 336–341.
15. Lee, L. G.; Connell, C. R.; Woo, S. L.; Cheng, R. D.; McArdle, B. F.; Fuller, C. W.; Halloran, N. D.; Wilson, R. K. *DNA Sequencing with Dye-Labeled Terminators and T7 DNA Polymerase: Effect of Dyes and dNTPs on Incorporation of Dye-Terminators and Probability Analysis of Termination Fragments.* In: *Nucleic Acids Res.* 20 (1992) S. 2471–2483.
16. Barr, P. J.; Thayer, R. M.; Laybourn, P.; Najarian, R. C.; Seela, F.; Tolan, D. R. *7-Deaza-2'-Deoxyguanosine-5'-Triphosphate: Enhanced Resolution in M13 Dideoxy Sequencing.* In: *BioTechniques* 4 (1986) S. 428.
17. Mizusawa, S.; Nishimura, S.; Seela, F. *Improvement of the Dideoxy Chain Termination Method of DNA Sequencing by Use of Deoxy-7-Deazaguanosine Triphosphate in Place of dGTP.* In: *Nucleic Acids Res.* 14 (1986) S. 1319–1324.
18. Tabor, S.; Richardson, C. C. *DNA Sequence Analysis with a Modified Bacteriophage T7 DNA Polymerase. Effect of Pyrophosphorolysis and Metal Ions.* In: *J. Biol. Chem.* 265 (1990) S. 8322–8328.

# 5. Herstellung der Matrize

## 5.1 Einführung

Im ersten Schritt der Sequenzierungsreaktion lagert sich der Primer an die DNA-Matrize an. Das setzt natürlich voraus, daß sich noch keine komplementären Sequenzen an den Matrizenstrang angelagert haben – mit anderen Worten: Die DNA-Matrize muß einzelsträngig sein.

Aufgereinigte DNA ist doppelsträngig – es sei denn, sie wurde aus Viren isoliert, die einzelsträngige Genome besitzen, wie etwa der Bakteriophage M13. Für die Sequenzierung muß die DNA daher entweder als Einzelstrang isoliert werden, indem man einen Vektor mit einer entsprechenden Replikationsstelle benutzt, oder als Doppelstrang, der dann mit Hilfe von Alkali oder einer Hitzedenaturierung in die Einzelstrangform überführt wird [1–4]. Das ist eine Art Kompromiß: Denn es ist zwar einfacher, doppelsträngige DNA aufzureinigen, sie kann zudem in beide Richtungen sequenziert werden und ist auch für andere Zwecke besser zu gebrauchen; die Qualität der Sequenzinformation, die man erhält, ist jedoch im allgemeinen etwas schlechter als bei Einzelstrang-DNA, und man kann pro Reaktion nur kürzere Strecken lesen.

## 5.2 Herstellung einzelsträngiger DNA-Matrizen

Der einfachste Weg, einzelsträngige DNA-Matrizen zu erhalten, ist theoretisch, das Fragment, für das man sich interessiert, in einen M13-Vektor zu klonieren, die Phagenpartikel zu reinigen und die einzelsträngige DNA zu extrahieren. M13-Vektoren sind jedoch nicht unproblematisch: Sie neigen dazu, große eingebaute Fragmente umzubauen oder zu verlieren, außerdem ist es bei ihnen manchmal schwierig, die doppelsträngige replikative Form zu isolieren, die für sie Verwendung von Restriktionsenzymen und die Subklonierung erforderlich ist.

Deshalb arbeitet man heutzutage meist mit „Phagemid"-Vektoren. Dabei handelt es sich um Plasmide mit zwei Replikationsstartstellen, einer aus einem Plasmid und einer aus einem einzelsträngigen Phagen (Abbildung 5.1). In Gegenwart eines Helferphagens werden sie als einzelsträngige DNA exprimiert und in Phagenpartikel verpackt. Helferphagen wie M13 K07 [5] codieren die Proteine, die für die Phagenreplikation und das Phagenwachstum erforderlich sind, wachsen selbst aber verhältnismäßig schlecht; deshalb ist die einzelsträngige DNA nur unwesentlich durch die DNA des Helferphagen verunreinigt. Darüber hinaus fehlt der DNA des Helferphagen ein Bereich, der zu den „universellen" Primern komplementär ist; in kleinen Mengen behindert sie daher nicht die Sequenzierungsreaktionen. Protokoll 5.1 zeigt, wie man einzelsträngige Phagenkulturen von Phagemid- oder M13-Klonen heranzieht; Protokoll 5.2 beschreibt, wie man diese Phagenpartikel reinigt und aus ihnen einzelsträngige DNA isoliert.

Nicht alle *Escherichia coli*-Stämme lassen sich mit M13 infizieren; dafür müssen die Wirtsstämme einen F- oder F'-Faktor besitzen. Zu den geeigneten Stämmen gehören YL-1, DH5$\alpha$F' und TG2; Stämme wie DH5$\alpha$ und HB101, die kein F' besitzen, kann man dagegen nicht verwenden. Es ist wichtig, auf den F'-Faktor hin zu selektionieren, um sicherzustellen, daß sämtliche Zellen in der Kultur infiziert werden können.

Eine M13-Infektion ist für die Zellen hochgradig zerstörerisch, so daß Zellen, die dagegen immun sind, in der Kultur schnell überhandnehmen können. Aus diesem Grunde besitzen viele Laborstämme einen Selekti-

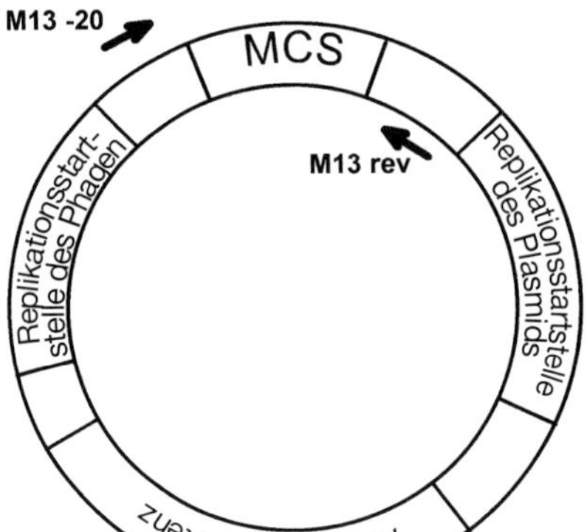


**5.1** Phagemidvektor mit mehrfacher Klonierungsstelle (MCS), die von „universellen" Primersequenzen eingerahmt wird. Die Hauptmerkmale eines Phagemidvektors sind eine Replikationsstartstelle eines Plasmids, eine Replikationsstartstelle eines einzelsträngigen Phagen, ein Selektionsmarker, etwa für eine Ampicillinresistenz, sowie eine Reihe brauchbarer Restriktionsschnittstellen zur Klonierung (MCS). Mit der Replikationsstartstelle des Phagen kann man nach einer Superinfektion mit einem Helferphagen einen Einzelstrang isolieren (Protokoll 5.1). Zu beachten ist, daß nur einer der beiden dargestellten Primer zu diesem Strang komplementär ist; daher kann man mit einer einzelsträngigen Matrize und einem „universellen" Primer nur von einem Ende aus sequenzieren.

onsmarker auf dem F'-Plasmid, etwa $tet^R$ (XL-1). Nach der Isolierung kann man die Qualität und Menge der einzelsträngigen Matrizen-DNA mit einer Agarosegelelektrophorese überprüfen. Einzelsträngige DNA zeigt auf diesen Gelen eine höhere Mobilität als die entsprechende doppelsträngige DNA und läßt sich mit Ethidiumbromid nicht so gut anfärben.

Bei einer anderen Art, einzelsträngige DNA zu gewinnen, wird die DNA als Doppelstrang isoliert und dann selektiv ein Strang enzymatisch abgebaut. In einem frühen Stadium der M13-Replikation heftet sich das Produkt des M13-Genes II an die M13-Startstelle und schneidet selektiv einen der beiden Stränge – und zwar ausnahmslos den Plusstrang. Gereinigtes M13 gpII schneidet *in vitro* auch den Plusstrang der doppelsträngigen Phagemid-DNA. Dieser wird anschließend mit einer entsprechenden Exonuclease zerstört, so daß nur der Minusstrang übrigbleibt (Abbildung 5.2). Auf diesem Verfahren beruht der „Quick-Strand"-Kit von NBL. Zu beachten ist, daß man auf diese Weise immer nur den Minus-, bei der Verwendung eines Helferphagen dagegen immer nur den Plusstrang isoliert. Durch Kombination beider Methoden erhält man sowohl einzelsträngige Plus- als auch Minusstrangmatrizen.

Die lineare doppelsträngige DNA des Bakteriophagen λ kann mit Hilfe der Exonuclease des Genes 6 vom Bakteriophagen T7 (Amersham/USB) in die Einzelstrangform überführt werden. Dieses Enzym hydrolysiert doppelsträngige DNA von den 5'-Enden her, so daß anschließend die Hälfte jedes Moleküls als Einzelstrang vorliegt (Abbildung 5.2). Mit diesen einzelsträngigen Matrizen kann man sämtliche Molekülbereiche sequenzieren – bis auf die Mitte. Dieses Verfahren kann für jede doppelsträngige DNA benutzt werden; die normalerweise 45–48 kb lange λ-DNA läßt sich jedoch besonders schwer mit konventionellen Methoden sequenzieren.

**Protokoll 5.1:** Bakteriophagenkultur zur Präparation von Einzelstrangmatrizen

**Material**

- Inkubator, der bei 37°C schüttelt
- sterile Röhrchen (10–15 ml)
- LB-Flüssigkulturmedium: 10 g Trypton, 5 g Hefeextrakt, 10g NaCl pro Liter; der pH wird auf 7,0 eingestellt und das Medium autoklaviert.
- Stammlösung für Ampicillin: 100 mg $ml^{-1}$ in filtersterilisiertem Wasser

- Stammlösung für Kanamycin: 100 mg $ml^{-1}$ in filtersterilisiertem Wasser
- M13 K07-Helferphage, $>10^{11}$ p.f.u. $ml^{-1}$ (etwa Promega)

**Methode**

Bei Phagemiden wird Methode A, bei M13-Klonen Methode B verwendet.

A. *Phagemide*

1. Die Phagemid-DNA wird in einen geeigneten Stamm von *E. coli* transformiert (siehe Text).
2. 1 ml LB (50 – 100 $\mu$g $ml^{-1}$ Ampicillin) werden mit einer einzigen Kolonie angeimpft und über Nacht bei 37°C geschüttelt.
3. Folgende Reagenzien werden in einem sterilen Röhrchen (10–15 ml) zusammenpipettiert:

- 2,5 ml LB (50–100 $\mu$g $ml^{-1}$ Ampicillin)
- 50 $\mu$l Bakterienkultur mit Phagemid
- 3 $\mu$l M13 K07-Helferphage

4. Die Kultur wird eine Stunde lang bei 37°C geschüttelt (etwa 250–300 Upm).
5. Die Kultur wird auf 100 $\mu$g $ml^{-1}$ Kanamycin eingestellt.
6. Die Kultur wird 6–8 Stunden oder über Nacht bei 37°C geschüttelt.

B. *M13-Klone*

1. Man läßt 1 ml geeigneter Wirtszellen (siehe Text) etwa in einer Übernachtkultur auswachsen.
2. Man pipettiert in ein steriles Röhrchen (10–15 ml):

- 2,5 ml LB
- 50 $\mu$l Bakterienkultur

3. Mit einem sterilen Zahnstocher oder einer Drahtschlinge nimmt man einen einzelnen M13-Plaque ab und impft damit die Kultur an.
4. Man schüttelt die Kultur 5–7 h bei 37°C. Bei längerem Wachstum können sich Deletionsmutanten anhäufen, die aus den ursprünglichen M13-Klonen entstanden sind.

**Protokoll 5.2:** Reinigung einzelsträngiger DNA aus Bakteriophagenkulturen

## Material

- Mikrozentrifuge
- Eppendorfgefäße
- 20 % PEG 6 000; 2,5 M NaCl
- TE-Puffer
- TE-gesättigtes Phenol
- Chloroform ($CHCl_3$)
- frisch präpariertes Ammoniumacetat (5 M)
- Ethanol

## Methode

*A. Reinigung von Phagenpartikeln aus der Kultur*

1. Man pipettiert 1,5 ml der Kultur aus Protokoll 5.1 in ein Eppendorfgefäß und zentrifugiert es 5 min bei 12 000 *g*. Anschließend überträgt man 1,3 ml Überstand in ein neues Röhrchen; dabei läßt man das Pellet unberührt.
2. Zum Überstand werden 200 $\mu$l 20% PEG 6 000, 2,5 M NaCl zugegeben und gut gemischt. Man läßt den Ansatz 5–30 min bei Raumtemperatur präzipitieren.
3. Es folgt eine 5-minütige Zentrifugation bei 12 000 *g*. Der Überstand wird entfernt und verworfen.
4. Anschließend wird 30 sec bei 12 000 *g* zentrifugiert und der noch verbliebene Überstand sorgfältig entfernt. Jede, auch die kleinste Menge PEG kann die folgenden Sequenzierungsreaktionen stark beeinträchtigen.
5. Man gibt 100 $\mu$l TE zu und resupendiert das Sediment durch Rühren. Bei 4°C ist die Phagensuspension unbegrenzt haltbar.

*B. Reinigung von DNA aus Phagenpartikel*

1. Für eine Phenolextraktion gibt man zu der Phagensuspension aus Teil A eine entsprechende Menge (100 $\mu$l ) TE-gesättigtes Phenol. Anschließend rührt man 30 sec und zentrifugiert 5 min bei 12 000 g. Man überträgt den Überstand in ein neues Röhrchen und vermeidet sorgfältig, die Zwischenphase zu beeinträchtigen.

2. Es folgt eine Chloroformextraktion, bei der man dem Überstand aus Schritt 1 eine entsprechende Menge (100 $\mu$l) Chlorofom zusetzt und anschließend wie oben beschrieben rührt und zentrifugiert. Erneut überträgt man den Überstand in ein neues Röhrchen und vermeidet sorgfältig, die Zwischenphase zu tangieren.
3. Für die Ethanolpräzipitation gibt man dazu folgende Reagenzien:

- 50 $\mu$l 5 M Ammoniumacetat
- 350 $\mu$l Ethanol

4. Man inkubiert 30 min auf Trockeneis oder über Nacht bei –20°C.
5. Der Ansatz wird 10 min bei 12 000 g zentrifugiert und der Überstand vorsichtig abgezogen und verworfen. Möglicherweise kann man die absedimentierte einzelsträngige DNA noch nicht sehen. Man trocknet das Sediment an der Luft oder unter Vakuum; dafür muß man nicht das gesamte Ethanol entfernen.
6. Die DNA wird in 20–50 $\mu$l TE oder Wasser resuspendiert und ist bei –20°C unbegrenzt haltbar.

## 5.3 Herstellung doppelsträngiger DNA-Matrizen (Plasmide)

Doppelsträngige Matrizen müssen besonders rein sein. Sie dürfen insbesondere keine kurzen DNA- oder RNA-Fragmente enthalten, die als unerwünschte Primer oder Matrizen fungieren könnten. Geeignet ist Plasmid-DNA, die über einen Cäsiumchloridgradienten oder mit von verschiedenen Firmen entwickelten Methoden wie Qiagen-Preps (Qiagen) oder Wizard-Preps (Promega) gereinigt wurde. Präparationen kleiner Mengen, sogenannte „Mini-Preps“, die beispielsweise auf der alkalischen Lyse beruhen, sind normalerweise ungeeignet, wenn die DNA nicht zusätzlich mit einem der obengenannten Kits weiter aufreinigt wurde. Nummer [6] der Literaturliste beschreibt ein einigermaßen zuverlässiges Verfahren. Mit anderen Reinigungsmethoden wie der Polyethylenglycol (PEG)-Präzipitation [7] scheint man in einigen Labors gut zurechtzukommen, in anderen dagegen nicht.

Die mit doppelsträngigen Matrizen erstellten Sequenzen haben nicht durchgängig eine so hohe Qualität wie die mit Einzelsträngen erstellten;

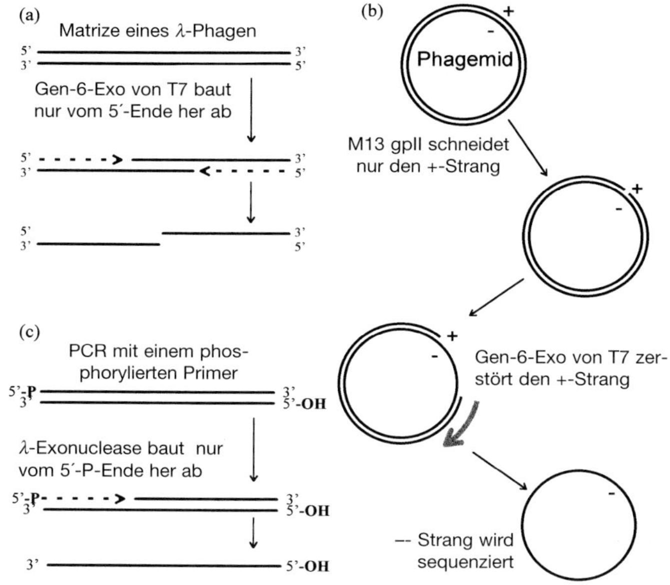


**5.2** Herstellung einzelsträngiger DNA aus doppelsträngiger DNA durch enzymatischen Abbau. a) Die Gen-6-Exonuclease von T7 baut nur das 5'-Ende einer doppelsträngigen DNA ab. Der Phage λ wird daher zu zwei einzelsträngigen Molekülen abgebaut, von denen jedes nur etwa halb so lang ist wie das ursprüngliche Molekül. b) M13 gpII aus dem Quick-Strand-Kit (NBL) erkennt Replikationsstartstellen von f1- und M13 und schneidet selektiv den +-Strang. Beim anschließenden Verdau mit einer entsprechenden Exonuclease wie etwa der Gen-6-Exonuclease von T7 oder ExoIII wird nur der +-Strang abgebaut; der –-Strang bleibt zurück. Zur Erinnerung: Bei der Einzelstrangisolation mit einem Helferphagen (Protokoll 5.1) erhält man nur den +-Strang. c) Bei einer PCR mit einem am 5'-Ende phosphorylierten und einem unphosphorylierten Primer entsteht ein Produkt, bei dem das 5'-Ende phosphoryliert und das andere Ende unphosphoryliert ist. λ-Exonuclease baut nur vom phosphorylierten 5'-Ende her ab und hydrolysiert so selektiv einen Strang.

außerdem kann man sie normalerweise nicht so weit lesen. Nur bei besonders reinen Matrizen kommt es nicht zu zusätzlichen Abbrüchen (Coterminationen; Abschnitt 8.2). Wie man doppelsträngige DNA durch enzymatischen Abbau einzelsträngig macht, wurde im vorangegangenen Abschnitt besprochen.

## 5.4 PCR-Produkte

PCR-Produkte sind lineare DNA-Doppelstrangmoleküle mittlerer Größe; in der Regel sind sie kleiner als 5 kb. Mit diesen Eigenschaften müßten sie sich eigentlich als Matrizen eignen. Eine PCR-Reaktionsmischung enthält jedoch erhebliche Mengen an zusätzlichen Reagenzien; wenn die Sequenzierung erfolgreich sein soll, müssen diese aus dem Produkt, mit dem man arbeiten will, vollständig entfernt werden. Dazu gehören dNTPs, Primer sowie zusätzliche Reaktionsprodukte zu dem, für das man sich interessiert. Sämtliche PCR-Primer, die aus der PCR-Reaktion eingeschleppt werden, können in der Sequenzierungsreaktion ebenfalls als Primer fungieren und zu zusätzlichen unerwünschten Banden führen. Verunreinigungen durch dNTPs ändern das dNTP:ddNTP-Verhältnis in den Sequenzierungsreaktionen. Andere Reaktionsprodukte als das gesuchte können als unerwünschte Matrizen fungieren. Das ist besonders dann problematisch, wenn der verwendete Sequenzierungsprimer zu einem der PCR-Primer paßt; denn die PCR-Primer sitzen an den Enden der meisten Reaktionsprodukte, auch wenn diese intern mit dem gewünschten Produkt keinerlei Ähnlichkeit besitzen.

Aus diesen Gründen muß man das Reaktionsprodukt der PCR-Reaktion unbedingt reinigen, bevor man es bei der Sequenzierung als Matrize verwendet. Zumindest sollte man es beispielsweise aufgrund der Größe durch eine Gelfiltration oder eine Ethanol- oder Isopropanolpräzipitation von dNTPs und kurzen Oligonucleotiden trennen. Diese Art der Reinigung reicht eventuell aus, wenn das gewünschte PCR-Produkt das vorherrschende ist (das heißt, wenn es auf einem mit Ethidiumbromid gefärbten Gel als einzelne Bande erscheint), und wenn die Primer kurz genug sind, um sie und die Primerdimere effizient zu entfernen. Ich reinige meine PCR-Produkte routinemäßig auf einem Gel, bevor ich sie sequenziere oder umkloniere. Dadurch werden nicht nur niedermolekulare Verunreinigungen entfernt, sondern man kann auch überprüfen, wie groß das Produkt ist und wieviel davon synthetisiert wurde, und es von allen unerwünschten Produkten trennen. Es gibt viele Verfahren und Kits, mit denen man DNA aus Agarose reinigen kann. Ich benutze Agarose, die bei niedrigen Temperaturen geliert (BioGene), schneide die entsprechende Bande mit möglichst wenig Agarose aus, schmelze das Material bei 70°C und reinige die DNA mit dem Wizard-DNA-Cleanup-Kit (Promega). Diese DNA eignet sich dann mindestens so gut als Matrize wie Plasmid-DNA.

Ein weiteres Problem im Zusammenhang mit gereinigten DNA-Fragmenten wie PCR-Produkten ist die Frage, wieviel Matrizen-DNA zur Verfügung steht. Für konventionelle Sequenzierungsreaktionen benötigt man etwa 500 – 1 000 fmol Matrizen-DNA (die Masse von 50 fmol doppelsträngiger DNA entspricht etwa 33 ng $kb^{-1}$). Es ist unter Umständen nicht leicht, an soviel DNA heranzukommen. Man kann PCR-Produkte zyklisch mit $^{33}P$ sequenzieren und benötigt dann nur etwa 50 fmol Matrizen-DNA. Ich brauche für mein bevorzugtes Verfahren, die zyklische Sequenzierung mit Fluoresenz, etwas mehr: 10 ng für je 100 Basen des PCR-Produkts (etwa 150 fmol); dabei verwende ich den Farbterminatorkit von Perkin-Elmer und für die anschließende Analyse einen ABI 377-Sequenzierer (Abschnitt 7.3).

### 5.4.1 Einzelsträngige DNA-Matrizen von PCR-Produkten

Für die DNA-Sequenzierung eignet sich eine einzelsträngige DNA-Matrize besser als doppelsträngige DNA. Bei einer PCR entsteht allerdings doppelsträngige DNA. Diese kann man zwar direkt sequenzieren; man kann jedoch auch Einzelstrang-DNA gewinnen, indem man das Verfahren abwandelt und entweder eine asymmetrische PCR, eine Reinigung an der Festphase (*solid-phase-capture*) oder einen Abbau mit λ-Exonuclease durchführt.

**Asymmetrische PCR** Normalerweise arbeitet man bei der PCR mit äquimolaren Primerkonzentrationen. Nimmt man statt dessen von einem der beiden Primer eine wesentlich größere Menge als von dem anderen, enthält das Endprodukt einen entsprechenden Überschuß dieses Stranges in Form von einzelsträngiger DNA [8] (Abbildung 5.3). Man kann diese asymmetrische PCR direkt an der Originalmatrize durchführen; dann ist es jedoch nicht einfach, reproduzierbar hohe Ausbeuten an einzelsträngiger DNA zu isolieren. Verläßlicher ist es, das Produkt einer normalen PCR zu reinigen und dann erneut etwa 20 Zyklen lang nur mit einem Primer zu vervielfältigen. In jedem Zyklus entsteht eine einzelsträngige Kopie des Original-PCR-Produkts, so daß man bei 20 Zyklen einen großen Überschuß an Einzelstrangkopien des ursprünglichen doppelsträngigen PCR-Produkts erhält.

**Reinigung an der Festphase** Trägt ein Primer einer PCR-Reaktion einen Affinitätsmarker wie Biotin, kann man ihn mit entsprechend beschichteten Kügelchen reinigen. Da nur ein Strang markiert ist, bleibt, wenn man die DNA mit NaOH denaturiert und wäscht, nur ein Strang an den Kügelchen haften. Diesen kann man nun – noch an den Kügelchen – direkt sequenzieren oder eluieren. Der unmarkierte Strang kann dagegen durch Ethanolpräzipitation aus der Waschlösung isoliert werden [9–11]. Dynal bietet Magnetkügelchen an, die mit Streptavidin beschichtet sind [12]. Inkubiert man diese Kügelchen vorher mit einer BSA-Lösung, Casein oder entrahmtem Milchpulver, um eine unspezifische Bindung zu blockieren, kann man die Qualität der Sequenzdaten zum Teil noch weiter verbessern [13] (Abbildung 5.4).

**λ-Exonuclease** λ-Exonuclease baut doppelsträngige DNA vom 5'-Ende her ab. Sie benötigt oder bevorzugt ein Phosphat am 5'-Ende. Syn-

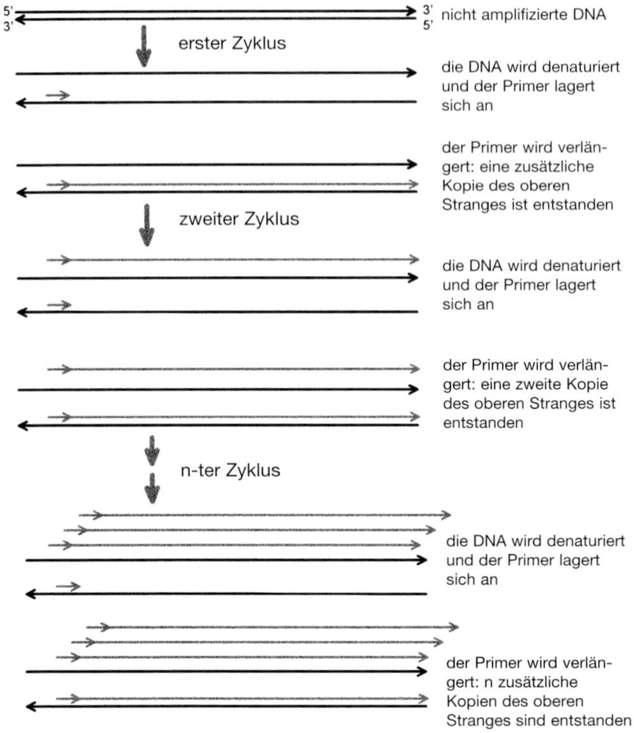


**5.3** Asymmetrische PCR. Bei einer PCR mit nur einem Primer wird nur ein Strang linear amplifiziert (vergleiche Abbildung 10.1).

thetische Oligonucleotidprimer haben zwar ein 5'-OH, können jedoch mit T4-Polynucleotidkinase phosphoryliert werden (siehe Protokoll 3.3 mit unmarkiertem ATP). Führt man eine PCR mit einem 5'-phosphorylierten und einem 5'-OH-Primer durch, so ist ein Strang des Produkts $\lambda$-Exonuclease empfindlich und der andere resistent [14]. Mit Exonuclease kann man daher selektiv einen Strang reinigen (Abbildung 5.2c).

## 5.5 Große Matrizen (Lambda, Cosmide, P1)

Lambda-Klone und Cosmide sind etwa 45–48 kb, P1-Klone 80–100 kb lang. Solche großen Matrizen können, wenn überhaupt, in der Regel nur schlecht manuell sequenziert werden. Aufgrund des hohen Molekulargewichts dieser DNAs kann man von ihnen in einer Standard-Sequenzierungsreaktion nur begrenzte molare Menge einsetzen. So nimmt man

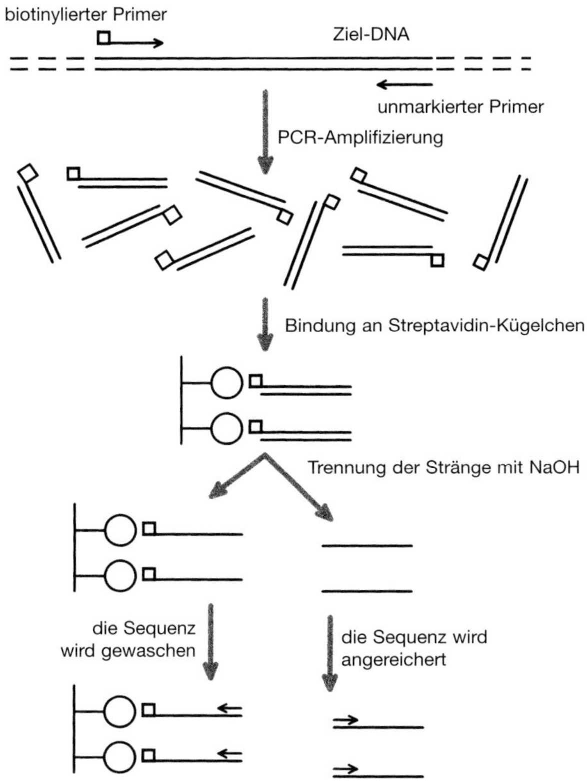


**5.4** Schema einer Matrizenpräparation an einer Festphase (*solid-phase capture*). Markiert man einen Primer mit Biotin, kann man beide Stränge selektiv reinigen.

beispielsweise in einer 10–20 $\mu$l-Reaktion in der Regel 3 $\mu$g einer 5 kb Plasmid-DNA. Eine äquimolare Menge eines Cosmids läge bei etwa 30 $\mu$g; eine solche Menge einzusetzen, verbietet sich jedoch aus Gründen der Löslichkeit, der Viskosität und der Auswirkungen auf das Sequenzierungsgel.

Man kann Lambda-DNA zwar in eine einzelsträngige Matrize umwandeln (Abschnitt 5.2), meist kloniert man jedoch den Bereich, für den man sich interessiert, in einen Phagemid-Vektor und sequenziert dann diesen kleineren Klon. Große Matrizen können aber auch direkt zyklisch sequenziert werden. Mit Farbterminatoren (ABI) und einem ABI 377 Sequenzierer kann ich auf diese Weise eine Sequenz von 300–500 Basen (mit P1

Matrizen von 80–100 kb) lesen; diese ist etwas kürzer und auch heterogener als die Basenfolge, die ich mit Plasmidmatrizen erhalte.

## 5.6 Matrizen für halbautomatisches Sequenzieren

Wie beim manuellen Sequenzieren eignen sich auch hier einzelsträngige Matrizen generell besser als doppelsträngige. Der wesentliche Unterschied besteht darin, daß der Erfolg beim halbautomatischen Sequenzieren vor allem von der Qualität der DNA abhängt, so daß zahlreiche Matrizen, die für das manuelle Sequenzieren gut geeignet sind, halbautomatisch nur schlecht sequenziert werden können. Geringe Mengen an Salz, Ethanol und kleinen Nucleinsäuren scheinen sich besonders nachteilig auszuwirken. Ich reinige daher Plasmid-, Cosmid- und P1-Matrizen für die halbautomatische Sequenzierung mit Hilfe von Qiagen-Säulen (Qiagen). Von Qiagen erhält man auch ein ausführliches und äußerst hilfreiches Handbuch mit vielen Tips für die Reinigung von Sequenzierungsmatrizen [14]. Promega hat kürzlich sein Wizard-DNA-Reinigungssystem überarbeitet, um dessen Eignung für die automatische Sequenzierung zu verbessern.

## 5.7 Literatur

1. Wang, Y. *Double-Stranded DNA Sequencing with T7 Polymerase.* In: *BioTechniques* 6 (1988) S. 843–845.
2. Casanova, J.-L.; Pannetier, C.; Javlin, S.; Kourilisky, P. *Optimal Conditions for Directly Sequencing Double-Stranded PCR Products with Sequenase.* In: *Nucleic Acids Res.* 18 (1990) S. 4028.
3. Kusukawa, N.; Uemori, T.; Asada, K.; Kato, I. *Rapid and Reliable Protocol for Direct Sequencing of Material Amplified by the Polymerase Chain Reaction.* In: *BioTechniques* 9 (1990) S. 66–72.
4. Hsiao, K.-C. *A Fast and Simple Procedure for Sequencing Double-Stranded DNA with Sequenase.* In: *Nucleic Acids Res.* 19 (1991) S. 2787.
5. Vieira, J.; Messing, J. *Production of Single-Stranded Plasmid DNA.* In: *Methods Enzymol.* 153 (1987) S. 3–11.
6. Kraft, R.; Tardiff, J.; Krauter, K. S.; Leinward, L. A. *Using Mini-Prep Plasmid DNA for Sequencing Double-Stranded Templates with Sequenase.* In: *BioTechniques* 6 (1988) S. 544–546.

7. Sambrook, J.; Fritsch, E. F.; Maniatis, T. *Molecular Cloning: A Laboratory Manual.* Cold Spring Harbor, NY. Cold Spring Harbor Laboratory Press (1989).
8. Gyllenstein, U. B.; Erlich, H. A. *Ancient Roots for Polymorphism at the HLA-DQ Alpha Locus in Primates.* In: *Proc. Natl. Acad. Sci. USA* 86 (1989) S. 9986–9990.
9. Mitchell, L. G.; Merril, C. R. *Affinity Generation of Single-Stranded DNA for Dideoxy Sequencing Following the Polymerase Chain Reaction.* In: *Anal. Biochem.* 178 (1989) S. 239–242.
10. Hultman, T.; Bergh, S.; Moks, T.; Uhlen, M. *Bidirectional Solid-Phase Sequencing of* in vitro *-Amplified Plasmid DNA.* In: *BioTechniques* 10 (1991) S. 84–93.
11. Hultman, T.; Stahl, S.; Hornes, E.; Uhlen, M. *Direct Solid Phase Sequencing of Genomic and Plasmid DNA Using Magnetic Beads as Solid Support.* In: *Nucleic Acids Res.* 17 (1989) S. 4937–4946.
12. Dynal, A. S. *Biomagnetic Techniques in Molecular Biology.* In: Dynal A. S. *The Dynal Technical Handbook.* Oslo, Norwegen (1995).
13. Lawson, V. A.; McPhee, D. A.; Deacon, N. J. *Elimination of Sequence Ambiguities by a Single-Step Modification of a Solid-Phase, Single-Stranded Sequencing Protocol.* In: *BioTechniques* 21 (1996) S. 356–358.
14. Higuchi, R. G.; Ochman, H. *Production of Single-Stranded DNA Templates by Exonuclease Digestion Following the Polymerase Chain Reaction.* In: *Nucleic Acids Res.* 17 (1989) S. 5865.

# 6. Gelelektrophorese

## 6.1 Einführung

Die DNA-Polymerasen, die beim Sequenzieren benutzt werden, können eine Folge markierter Moleküle synthetisieren, die sich bei einer guten Matrize mehr als 1000 Basen über den Primer hinaus erstrecken. Das bedeutet, daß man mit einer einzigen Sequenzierungsreaktion theoretisch eine über 1000 Basen lange Sequenz lesen kann. In der Praxis werden in der anschließenden Gelelektrophorese jedoch nicht sämtliche Moleküle sauber aufgetrennt; dadurch reduziert sich die Länge der Sequenz, die man entschlüsseln kann, erheblich. Wie lange die Sequenz ist, die man lesen kann, und wie schwer es ist, an sie heranzukommen, hängt zum einen vom Gelsystem, zum anderen von der Durchführung der Elektrophorese ab.

## 6.2 Überblick

Sequenzgele sind lange, dünne Polyacrylamidgele. Sie enthalten einen Puffer für die Elektrophorese sowie Harnstoff, um die DNA zu denaturieren und so Artefakte zu verringern, die aufgrund von DNA-Sekundärstruktur auftreten. Bei der Herstellung von Polyacrylamidgelen polymerisieren Acrylamid und N,N'-Methylenbisacrylamid und bilden dabei ein Molekularsieb. Durch dieses werden die markierten DNA-Stränge, die bei den Sequenzierungsreaktionen synthetisiert wurden, während der Elektrophorese geschleust und dabei der Größe nach aufgetrennt: Die kleinsten Moleküle werden am wenigsten im Gel zurückgehalten und wandern daher am schnellsten. Wenn nach einer entsprechenden Zeit, normalerweise 3–10 Stunden, die Moleküle elektrophoretisch aufgetrennt sind, überträgt man das Gel von den Glasplatten, die es bei der Elektrophorese gehalten haben, auf ein Stück Filterpapier und läßt es trocknen. Anschließend wird das getrocknete Gel für die Autoradiographie in der Regel 12–24 Stunden lang auf einen Röntgenfilm gelegt.

## 6.3 Lesen einer Sequenz aus dem Autoradiogramm

Nach der Auftrennung in einer denaturierenden Gelelektrophorese werden die markierten DNA-Stränge nachgewiesen – etwa mit Hilfe einer Autoradiographie. Fragmente, die in der Nähe des Primers enden, sind kürzer und wandern daher schneller durch das Gel. Folglich liest man die Sequenz aus dem Autoradiogramm von unten nach oben, von 5' (nahe des Primers) nach 3' (weiter vom Primer weg; Abbildung 6.1).

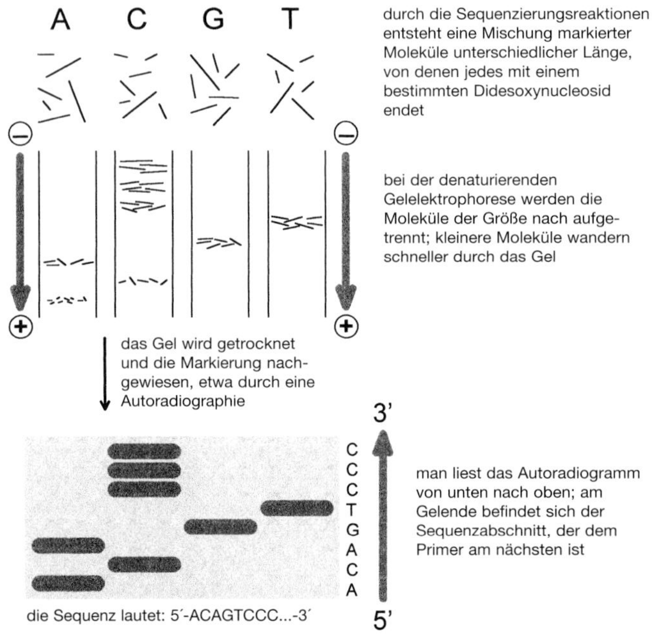


**6.1** Sequenzierungsgele.

Entspricht mehr als eine Bande einer einzelnen Base, kann man diese Base nicht eindeutig identifizieren. Das kann an einem Sequenzierungsartefakt (Kapitel 8) oder einem Gemisch von Matrizen liegen, die an einer bestimmten Position verschiedene Basen besitzen (Kapitel 10). In beiden Fällen müssen die Daten aufgezeichnet werden. Die International Union of Biochemistry (IUB) und die International Union of Pure and Applied Chemistry (IUPAC) haben einen Standardsatz von einzelnen Buchstaben definiert, der für bestimmte Basenkombinationen steht [1]. Dieser Code ist in Anhang B wiedergegeben.

## 6.4 Gelsysteme

Mehrere Hersteller bieten Sequenzierungsgeräte für das manuelle Sequenzieren an. Ich verwende das S2-System von Life Technologies; es ist relativ billig, einfach und zuverlässig. Welche allgemeinen Parameter zu berücksichtigen sind, wird im folgenden besprochen.

### 6.4.1 Sicherheit

Gelsysteme für die Sequenzierung werden mit Hochspannungsgeräten (1 500–3 000 V) betrieben. Die Sicherheitsbestimmungen sind zwar von Ort zu Ort unterschiedlich; es ist aber nur vernünftig, dafür zu sorgen, daß niemand versehentlich mit den stromführenden Teilen des Geräts in Berührung kommen kann. Alle handelsüblichen Geräte, die ich kenne, enthalten solche Sicherheitsvorrichtungen, selbstgebaute Geräte unter Umständen jedoch nicht.

Ein weiteres Risikopotential stellen Kurzschlüsse dar; durch sie droht Feuergefahr. Lecks im oberen Puffertank können einen Kurzschluß auslösen oder dazu führen, daß sich die Kammer lokal erhitzt. Da diese Gefahren nicht nur theoretischer Natur sind, muß man vor jedem Lauf überprüfen, ob der obere Puffertank dicht ist, und diese Risiken berücksichtigen, bevor man ein Sequenzgel längere Zeit unbeaufsichtigt läßt – besonders über Nacht.

### 6.4.2 Gelplatten

Gelplatten bestehen normalerweise aus Glas. Sie müssen vor jedem Lauf sorgfältig gewaschen und getrocknet werden; dabei gehen immer einige zu Bruch oder werden angeschlagen. Durch vorsichtige Handhabung und Lagerung kann man den Verlust auf ein Minimum reduzieren; zudem ist es bei einem einfacher konstruierten System billiger, die Platten zu ersetzen, als wenn es kompliziert gebaut ist. Im S2-System beispielsweise sind die Platten einfach rechteckig und können daher besonders billig ersetzt werden. Tatsächlich sollte ein Glasschneider relativ kostengünstig zufriedenstellenden Ersatz liefern können.

### 6.4.3 Kämme

Mit Haifischzahnkämmen erhält man mehr Geltaschen als mit konventionellen Kämmen; außerdem kann man mehr Sequenz ablesen, da die Banden dicht nebeneinanderliegen. Hat man erst einmal etwas Übung mit ihnen, sind sie den anderen Kämmen in jeder Hinsicht überlegen. Die Kämme müssen genauso stark sein wie die Spacer. Sie sind recht zerbrechlich und werden leicht verdreht, wenn man sie falsch behandelt; bei vorsichtiger Handhabung halten sie jedoch sehr lange. Man darf sie nicht mit ungleichmäßigem Druck ins Gel einsetzen oder wieder herausziehen und muß sie immer sorgfältig säubern und lagern. Die Kämme für das S2-Gerät werden mit zwei unterschiedlichen Taschengrößen geliefert, so daß man pro Gel 48 oder 96 Taschen bekommen kann. Ich benutze für gewöhnlich den Kamm mit 96 Taschen pro Gel, um möglichst viele Proben analysieren zu können; die breiteren Kämme liefern jedoch im Autoradiogramm breitere Banden, die man etwas leichter lesen kann.

### 6.4.4 Breite der Gele

Schmale Gele sind einfacher zu handhaben. Auf ein großes Gel (30–40 cm) kann man dagegen mehr Proben auftragen und so den Durchsatz erhöhen. Puffergradientengele [2] sind viel schwerer zu gießen, wenn man diese breiten Gelsysteme verwendet.

### 6.4.5 Stärke der Gele

Gele sind in der Regel 0,4 mm dick. Das ist ein Kompromiß zwischen der besseren Auflösung und der schwierigeren Handhabung dünnerer Gele. Wie dick sie sind, hängt von den Spacern ab. Spacer und Kämme müssen natürlich genau gleich stark sein.

Keilgele sind nicht zu empfehlen. Da sie am Boden einen geringeren Spannungsgradienten haben, sind in ihnen zwar die Banden gleichmäßiger verteilt als in konventionellen Gelen, sie brauchen aber viel länger als konventionelle Gele, bis sie getrocknet sind, und scheinen auch die Banden nicht so gut aufzutrennen. Gele für automatische Sequenzierer müssen für die Autoradiographie nicht aus der Gelkammer herausgenommen werden; sie können daher dünner sein. Beim ABI 377 sind die Gele 0,2 mm dick.

### 6.4.6 Länge der Gele

Sequenzierungsgele sind in der Regel 40–50 cm lang. Das ist ein Kompromiß: Längere Gele zeigen zwar eine bessere Auflösung, es ist aber schwer, mit ihnen zu arbeiten. Auf einigen Geräten (etwa S1-System, Life Technologies) kann man bis zu 100 cm lange Gele fahren; man hat dann jedoch auch mehr Probleme beim Gießen, Fixieren, Trocknen und bei der Belichtung für die Autoradiographie.

### 6.4.7 Temperaturkontrolle

Bei der Elektrophorese bildet sich leicht ein Temperaturgradient im Gel. Das führt dazu, daß sich die Mobilität der Banden im Gel unterscheidet und es zu einem Phänomen kommt, das man als *smiling* bezeichnet. Um das zu verhindern, kann man – wie im S2-System – eine Metallplatte an die Gelplatten anbringen oder das Pufferreservoir als Hitzefalle benutzen. Bei Verwendung eines aktiven Kühlsystems, etwa eines Ventilators, kann man eine höhere Spannung anlegen und damit die Gele schneller laufen lassen. Ein Thermostat, mit dem man die Temperatur des Geles genau kontrollieren kann, trägt dazu bei, reproduzierbare Bedingungen herzustellen; dies ist vorteilhaft, wenn man Long Ranger™-Gele (Abschnitt 6.5.1) benutzt, die bei 40–50°C gefahren werden müssen.

## 6.5 Reagenzien

Um möglichst gute Sequenzen zu erhalten, müssen die für das Gel verwendeten Reagenzien beste Qualität haben. Zur größeren Sicherheit, Reproduzierbarkeit und Bequemlichkeit empfehle ich speziell für das Sequenzieren entwickelte flüssige Acrylamidmischungen (etwa Sequagel, National Diagnostics). Benutzt man festes Acrylamid, sollten die Lösungen mindestens jede Woche frisch angesetzt und im Dunkeln gelagert werden. Ein Vorteil der fertigen Flüssigmischungen ist, daß bei ihnen nicht die Gefahr besteht, mit Acrylamidpulver in Berührung zu kommen. Acrylamid ist in fester und flüssiger Form ein starkes Neurotoxin.

### 6.5.1 Long Ranger™

Mit Long Ranger™ (FMC) steht eine modifizierte Acrylamidlösung mit verbesserten Eigenschaften zur Verfügung. Damit kann man in jedem

Durchlauf mehr Basen ablesen, vor allem, wenn man ein diskontinuierliches Puffersystem benutzt. Darüber hinaus laufen die Gele deutlich schneller, so daß sich auch ihre Laufzeit verringert. Man sagt, daß Long Ranger-Gele fester und daher einfacher zu handhaben seien. Meiner Erfahrung nach sind diese Gele zwar reißfester, sie dehnen und verziehen sich aber viel leichter, selbst nach dem Abkühlen; daher finde ich es insgesamt schwieriger, mit ihnen zu arbeiten. Außerdem muß man die Geltemperatur während des Laufes ziemlich genau bei 40–50°C halten. Wie die meisten Sequenzierapparate besitzt auch mein S2-System keinen Thermostaten; ich habe deshalb zur Temperaturkontrolle temperaturempfindliche Streifen (Pharmacia, FMC) an den Platten angebracht. Trotz dieser Nachteile überwiegen für mich beim Long Ranger-Reagenz die Vorteile, so daß ich es mittlerweile routinemäßig einsetze. Long Ranger eignet sich auch für die automatische Sequenzierung. Die Gellösung ersetzt im wesentlichen die Acrylamidlösung. Die Protokolle 6.1 und 6.2 zeigen, welche geringen Unterschiede zwischen beiden Lösungen bestehen.

In Protokoll 6.1 wird im Gel und den Laufpuffern 1 × Tris-Borat-EDTA (TBE) verwendet. Für andere Anwendungen sind hier Abwandlungen möglich. Um möglichst lange Sequenzen lesen zu können, benutzt man 0,6 × TBE im Laufpuffer und 1,2 × TBE im Gel. Der obere Teil des Geles wird allerdings unter diesen Bedingungen nach wenigen Stunden abgebaut, so daß man das Gel nicht mehrfach beschicken kann. Bei einer großen Anzahl von Proben empfehle ich, zwei Gele zu präparieren und jede Probe auf beide Gele aufzutragen. Ein Gel läßt man nur kurz laufen, das andere länger. Die Daten sind dann dieselben wie bei einem zweimaligen Durchlauf auf demselben Gel – nur diesmal unter optimalen Pufferbedingungen. Bei schnellen Läufen, bei denen man nur 200–300 Basen lesen will, verwendet man am besten ein fünf- oder sechsprozentiges Gel mit 0,6 × TBE im Gel -und Laufpuffer.

**Protokoll 6.1:** Vorbereitung und Gießen eines Sequenzgels

**Material**

- Gelsystem zur Sequenzanalyse
- Silikon (BDH, FMC)
- Plastikfolie
- *entweder* Long Ranger™-Gellösung
- *oder* kommerziell erhältliches Acrylamidkonzentrat
- *oder* selbsthergestelltes Acrylamidkonzentrat (40%, 19:1): 380 g Acrylamid; 20 g *N,N'*-Methylenbisacrylamid pro Liter;

muß im Dunkeln gelagert und innerhalb einer Woche verbraucht werden. Vorsicht: Acrylamid ist ein starkes Neurotoxin!
- Harnstoff
- 10% Ammoniumpersulfat (bei 4°C bis zu einer Woche lagerbar)
- TEMED (*N*,*N*,*N*',*N*'-Tetramethylethylendiamin)
- 10-fach TBE: 108 g Tris-Base, 55 g Borsäure, 40 ml 500 mM EDTA pH 8,0 pro Liter
- 50 ml-Spritze (fakultativ)

**Methode**

Unterschiedliche Gelsysteme erfordern unter Umständen andere Mengen Gelansatz, einen besonderen Gelgußapparat oder eigene Methoden. Dieses Protokoll basiert auf dem S2-Modell von Life Technologies, einem typischen System mit zwei Glasplatten, 0,4 mm-Spacern und Haifischzahnkämmen.

A. *Vorbereitung der Gelplatten*

1. Man wäscht die Platten gründlich mit warmer Seifenlauge ab. Dabei müssen sämtliche Reste von getrocknetem Gel oder Fettspuren entfernt werden. Anschließend spült man die Platten gut mit destilliertem Wasser, wäscht sie mit Ethanol und trocknet sie ab.
2. Eine der beiden Platten wird mit Silikon beschichtet, damit man das Gel nach der Elektrophorese wieder leicht herausnehmen kann. Dies sollte immer dieselbe Platte sein, da ansonsten das Gel bald an keiner der beiden Platten mehr haftet. Ich beschichte immer die kürzere Platte.
3. Man setzt die Platten so zusammen, wie es die Hersteller vorschreiben. Beim S2-System klebe ich Seiten und Boden mit 4 cm-Klebeband ab; besonders Ecken und Kanten müssen dabei sorgfältig abgedichtet werden. Bei einigen Systemen muß man die Ränder mit etwas Petroleumfett versiegeln; das ist bei dieser Methode nicht erforderlich. Man klemmt die Platten an den Kanten mit Klammern fest, die direkt über den Spacern positioniert werden. Man stellt die Platten in einem Winkel von etwa 30° zur Horizontalen auf und neigt sie leicht einer Seite zu. Indem man das Band von einem „Ohr“ des Spacers aus herüberklebt, erzeugt man an der unteren Seite des offenen Endes ein Reservoir.

4. Die ganze Arbeitsfläche wird mit saugfähigem Papier abgedeckt. Nur selten gelingt es mir, ein Gel zu gießen, ohne Gellösung an meinem Arbeitsplatz zu verschütten.

*B. Gießen des Gels*

1. Man pipettiert in einen konisch zulaufenden Kolben oder Becher

- 7,5 ml Long Ranger-Gellösung
- 7,5 ml 10-fach TBE
- 31,5 g Harnstoff

und füllt die Lösung mit entionisiertem Wasser auf 75 ml auf.

Sie wird durch vorsichtiges Schütteln gemischt. Man kann den Ansatz erwärmen, um den Harnstoff zu lösen, muß ihn aber auf Raumtemperatur abkühlen, bevor man ihn weiter verarbeitet. Dieser Ansatz reicht für 75 ml 5% Long Ranger in 1 × TBE. Da das Gelvolumen des S2-Systems 60 ml beträgt, hat man etwas für den Fall übrig, daß man etwas verschüttet hat oder sonstige Verluste ausgleichen muß. Benutzt man anstatt Long Ranger 40%-Acrylamidlösung, nimmt man 9,4 ml, um auf eine Endkonzentration von 5% zu kommen und verringert die Pufferkonzentration auf 0,6-fachen TBE-Puffer (siehe Text). Selbstgemachte Lösungen werden unter Vakuum entgast.

2. (Fakultativ) Man filtriert die Lösung durch Papierfilter oder Celluloseacetatfilter von Nalgene (0,45 $\mu$m).
3. Dann gibt man

- 37,5 $\mu$l TEMED
- 375 $\mu$l 10 % Ammoniumpersulfat

dazu.

4. Man gießt die Gellösung langsam und vorsichtig zwischen die Platten. Ich gieße direkt aus dem konischen Kolben, andere nehmen lieber eine 50 ml-Spritze. Wenn die Form annähernd voll ist, wird sie fast waagerecht gestellt. Dadurch paßt weniger hinein, so daß die Form gut gefüllt ist und oben etwas überläuft. Um zu verhindern, daß Blasen in das Gel gelangen, sollte man unbedingt langsam und kontinuierlich gießen. Ein weiterer wichtiger Grund für Blasen sind ver-

schmutzte Glasplatten. Manchmal kann man Blasen mit einem feinen Draht entfernen.

5. Bei Haifischzahnkämmen steckt man die flache Seite etwa 3 mm tief ins Gel, bei anderen Kämmen muß die gezackte Seite völlig im Gel verschwinden. Man fixiert den Kamm, damit er nach der Polymerisation genau paßt.
6. Das Gel sollte in etwa 30 min fest sein; man sollte es aber länger – am besten über Nacht – stehenlassen, damit es vollkommen auspolymerisieren kann. Sobald die Polymerisation begonnen hat, deckt man das offene Ende mit feuchten Papiertüchern ab und umwickelt es mit Plastikfolie. So verhindert man, daß das Gel oben austrocknet.

**Protokoll 6.2:** Lauf eines Sequenzgels

**Material**

- Gelsystem zur Sequenzanalyse
- Hochspannungsgerät (2 000–3 000 V, 50-60 W)
- Geltrockner
- Vakuumpumpe oder Wasserstrahlpumpe mit einer Kühlfalle
- Streifen zur Temperaturanzeige (FMC)
- 1 × TBE (Protokoll 6.1)
- (fakultativ) Gelfixierer: entweder 10% Methanol, 10% Essigsäure oder 20% Ethanol, 10% Essigsäure

**Methode**

Verschiedene Gelsysteme erfordern unter Umständen geringfügig unterschiedliche Methoden. Dieses Protokoll basiert auf dem S2-Modell von Life Technologies, einem typischen System mit zwei Glasplatten, 0,4 mm-Spacern und Haifischzahnkämmen.

A. *Vorlauf und Auftrag auf das Gel*

1. Ist das Gel fertig (Protokoll 6.1), entfernt man vorsichtig die Plastikfolie, die Papiertücher, die Klammern und das Band und achtet darauf, daß die Spacer nicht verrutschen. Falls erforderlich, reinigt man die Gelplatten von außen. Entsprechend der Herstelleranweisung montiert man die Gelplatten in die Elektrophoresekammer und füllt entsprechende Mengen Laufpuffer ein (etwa 1 × TBE, siehe Text). Nachdem

man sich Position und Orientierung der Kämme notiert hat, zieht man sie heraus (siehe Schritt 5 unten).
2. Man läßt das Gel 10–15 min laufen – das S2-System mit 48–55 W, größere oder kleinere Gele mit einer entsprechenden Leistung (Gele von 40 cm × 20 cm × 0,4 mm beispielsweise mit 28–35 W). Bei Acrylamidgelen nimmt man das 1,5-fache.
3. Die Sequenzierungsreaktionen werden durch 2–3-minütiges Erhitzen auf 80–90°C denaturiert und anschließend rasch auf Eis gestellt, um eine erneute Hybridisierung zu verhindern.
4. Nach dem Vorlauf spült man mit einer Spritze das Gel oben mit Laufpuffer aus, um den Harnstoff zu entfernen.
5. Die Haifischzahnkämme werden erneut mit der gezackten Seite nach unten eingesetzt. Die Zähne sollten das Gel oben nur berühren oder gerade in es eindringen. Da die Kämme möglicherweise nicht alle gleich dick sind, sollten sie in ihrer ursprünglichen Position und mit der ursprünglichen Orientierung eingesetzt werden, um einen perfekten Sitz sicherzustellen – nur mit den Zähnen nach unten und nicht nach oben.
6. Um das Gel zu beladen, pipettiert man in jede Geltasche 0,5–1,0 $\mu$l der denaturierten Sequenzreaktionen. Dabei füllt man die vier Reaktionsansätze in immer derselben Anordnung (etwa ACGT) in benachbarte Taschen. Dafür gibt es spezielle abgeflachte Pipettenspitzen; ich drücke dafür immer das Ende einer normalen Spitze platt. Die Proben werden so schnell wie möglich aufgetragen, um die Diffusion von Probe und Harnstoff in die Taschen möglichst gering zu halten.
7. Man startet die Elektrophorese. Die Stromstärke wird so eingestellt, daß das Gel eine Temperatur von 40–50°C hat. Man kann die Temperatur überprüfen, indem man an der Gelplatte temperaturempfindliche Streifen befestigt. Wenn man Acrylamid statt Long Ranger benutzt, sollte die Temperatur des Gels höher liegen (etwa 60°C) ; sie ist dann weniger entscheidend. Die in Schritt 2 empfohlenen Watt-Angaben sind für diese Temperaturen ausgelegt, sie sollten aber dem jeweiligen Apparat angepaßt werden.
8. Belädt man ein Gel mehrfach, liefert ein einziger Satz an Reaktionen mehr Sequenzdaten. Ich lasse den Bromphenolblau-Marker (dunkelblau) bis ans Ende des Gels laufen und stoppe dann die Elektrophorese 30 min später. Man zieht den Kamm heraus, spült die Geltaschen, die als nächste gebraucht werden, wie in Schritt 4 aus und wiederholt die Schritte 5–7. Um 400–500 Basen ab dem Primer lesen zu können, muß das

Gel etwa 4 h laufen; bei Acrylamidgelen beträgt die entsprechende Laufzeit 6–8 h. Um einen Anhaltspunkt zu haben: Der Bromphenolblau-Marker wandert in 5%-Long Ranger-Gelen so schnell wie Fragmente mit 40 Basenpaaren und Xylencyanol wie Fragmente mit 175 Basenparen (in Acrylamid sind es entsprechend 35 beziehungsweise 130 Basenpaare)

9. Nach der Elektrophorese schaltet man das Netzgerät ab und nimmt die Platten aus der Elektrophoresekammer.

*B. Autoradiographie*

1. Man läßt das Gel bis nahezu auf Raumtemperatur abkühlen und legt es mit der silikonbeschichteten Platte nach oben. Man führt ein Skalpell oder einen Spatel zwischen die Platten und trennt sie vorsichtig. Das Gel sollte dann nur an der unteren, nicht mit Silikon beschichteten Platte haften. Spacer und Kämme werden entfernt.
2. (Fakulatativ) Man fixiert das Gel und entfernt den Harnstoff, indem man es 20 min lang in Gelfixierer taucht. Das Gel sollte dabei an der Glasplatte haften bleiben. Bei Formamidgelen ist dieser Schritt unbedingt erforderlich.
3. Das Gel wird auf ein Stück Whatmann-3MM-Filterpapier übertragen. Man hüllt das Gel in Plastikfolie ein (Saranfolie) und trocknet es 30–60 min unter Vakuum bei 70–80°C. Fixierte Gele trocknen etwas schneller.
4. Man entfernt die Plastikfolie und legt das Gel auf einen Röntgenfilm. Dabei muß man dafür sorgen, daß es gut auf dem Film aufliegt. Die Belichtung dauert in der Regel 24–48 h.

### 6.5.2 Glycerintolerante Gele

Hohe Glycerinkonzentrationen in der Sequenzierungsreaktion verbessern die Temperaturstabiltität der T7-DNA-Polymerase. Dadurch kann man die Reaktion bei höheren Temperaturen durchführen; eventuelle Auswirkungen von Sekundärstrukturen werden so reduziert (Abbildung 3.5). Man kann als Endkonzentration bis zu 50% Glycerin verwenden, im Gegensatz zu den 0,8% in der Standardreaktion. Im Standard-TBE-Puffersystem stört das Glycerin jedoch die Gelelektrophorese und verzerrt die Banden, die mehr als 350 Basen vom Primer entfernt sind. Schuld daran ist eine Reaktion zwischen Borat und Glycerin; sie läßt sich verhindern, wenn man Borat durch Taurin (Amersham/USB) ersetzt; man benutzt dann TTE (89 mM Tris; 28,5 mM Taurin; 0,5 mM EDTA, pH 8,0) anstelle von TBE. Man kann das Problem auch dadurch lösen, daß man einfach die Taschen ausspült, sobald die Proben ins Gel gelaufen sind.

### 6.5.3 Formamidgele

„Kompressionen" sind eine Hauptquelle für Irrtümer bei der Analyse von Sequenzgelen. Sie entstehen, wenn sich die DNA aufgrund einer intramolekularen Basenpaarung zu einer Haarnadelstruktur auffaltet (Abschnitt

**Protokoll 6.3:** Formamidgele

**Material**
Wie in den Protokollen 6.1 und 6.2 beschrieben; dazu

- Formamid

**Methode**
Wie in den Protokollen 6.1 und 6.2 beschrieben; mit folgenden Veränderungen:

A. *Vorlauf und Beladen des Gels (Protokoll 6.1)*
1. Man erhöht die Konzentration von Long Ranger oder Acrylamid auf 8%.
   Die Endkonzentraton von Formamid wird auf 40% (30 ml) eingestellt; das Gesamtvolumen bleibt jedoch bei 75 ml. Dadurch entsprechen die Trenneigenschaften des Gel dem eines üblichen 5%-Gels.
2. Man arbeitet mit höheren Mengen an TEMED und Ammoniumpersulfat:

- 60 $\mu$l TEMED
- 400 $\mu$l Ammoniumpersulfat

B. *Lauf eines Sequenzgels (Protokoll 6.2)*
1. Formamidgele laufen etwa halb so schnell wie Standardgele. Man muß daher die Laufzeiten verdoppeln.
2. Formamidgele müssen vor dem Trocknen fixiert werden.

8.2). Eine solche Struktur kann schneller durch das Gel wandern als das entsprechende lineare Molekül, so daß das gleichmäßige Bandenmuster gestört wird. Um Kompressionen im Gel zu verhindern, kann man dem Gel zusätzlich zum Harnstoff noch weitere denaturierende Substanzen wie etwa Formamid hinzufügen (Protokoll 6.3). Man verwendet das Formamid in der Regel in einer Endkonzentration von 40–50 Prozent.

### 6.5.4 Kapillarelektrophorese

Acrylamid ist nicht unbedingt die beste Gelmatrix für eine hochauflösende denaturierende Gelelektrophorese [3–5]. Durch eine bessere Auftrennung könnte man die Auflösung erhöhen und längere Sequenzen lesen (mehr Sequenzdaten pro Probe). Unter Umständen läßt sich dies mit einer Kapillare erreichen, die mit flüssigen Polymeren gefüllt ist. Ein solches System würde wahrscheinlich einen Nachweis in Echtzeit erfordern, da man die Matrix im Gegensatz zu einem Acrylamidgel nicht als Ganzes extrahieren kann. Das ABI-310-System arbeitet mit einer einzigen Kapillare mit einem Innendurchmesser von 75 $\mu$m. Das hat den Vorteil, daß die Laufzeit kurz ist, aber den Nachteil, daß man immer nur eine einzige Probe untersuchen kann. Sequenzierungsautomaten werden in Kapitel 7 vorgestellt.

## 6.6 Literatur

1. IUPAC-IUB Commissions in Biochemical Nomenclature (CBN) *Abbreviations and Symbols for Nucleic Acids, Polynucleotides and their Constituents, Recommendations.* In: *Eur. J. Biochem.* 15 (1970) S. 203–208.
2. Sheen, J.-Y.; Seed, B. B. *Electrolyte Gradient Gels for DNA Sequencing.* In: *BioTechniques* 6 (1988) S. 942–944.
3. Drossman, H.; Luckey, J. A.; Kostichka, A. J.; D'Cunha, J.; Smith, L. M. *High-Speed Separations of DNA Sequencing Reactions by Capillary Electrophoresis.* In: *Anal. Chem.* 62 (1990) S. 900-903.
4. Luckey, J. A.; Drossman, H.; Kostichka, A. J.; Mead, D. A.; D'Cunha, J.; Norris, T. B.; Smith, L. M. *High Speed DNA Sequencing by Capillary Electrophoresis.* In: *Nucleic Acids Res.* 18 (1990) S. 4417–4421.
5. Swerdlow, H.; Zhang, J.-Z.; Chen, D.-Y.; Harke, H. R.; Grey, R.; Wu, S.; Dovichi, N. J.; Fuller, C. *Three DNA Sequencing Methods*

*Using Capillary Gel Electrophoresis and Laser-Induced Fluorescence.* In: *Anal. Chem.* 63 (1991) S. 2835–2841.

# 7. Nichtradioaktive Methoden

## 7.1 Einführung

Die in den Kapiteln 3 und 6 beschriebenen Sequenzierungsmethoden beruhen darauf, daß in den synthetisierten Strang eine radioaktive Markierung eingebaut wird. Dieses Verfahren wird zwar bei weitem am häufigsten angewandt, es gibt aber auch einige nichtradioaktive Alternativen. Halbautomatische Sequenzierer, die mit ausgeklügelten Nachweissystemen und Analysesoftware fluoreszenzmarkierte DNA nachweisen, werden später gesondert besprochen. Die meisten anderen Methoden ähneln sehr dem üblichen Verfahren, bauen aber eine nichtradioaktive Markierung wie etwa Biotin (Amersham) oder Digoxigenin (Boehringer Mannheim) in die DNA ein. Im Gegensatz zu $^{35}S$ können diese Haptene nicht direkt nachgewiesen werden. Daher muß man die DNA vom Sequenzgel auf einen stabilen Träger, etwa eine Nylonmembran, übertragen und dann enzymatisch detektieren [1–3]. Wenn man das Verfahren etwas abwandelt, kann man mehrere Markierungen in einer einzigen Spur laufen lassen und dann der Reihe nach nachweisen, so daß aus einer einzigen Spurreihe eines Geles mehrere Sequenzdatensätze abgelesen werden können [4,5]. Eine andere Möglichkeit bietet das Silver Sequence™-System von Promega, bei dem das Sequenzgel gefärbt wird, um die Banden direkt sichtbar zu machen. Mit einem Spezialfilm (Kodak EDF) kann man die Daten dauerhaft dokumentieren; das ist für die meisten *de novo* Sequenzierungsprojekte unerläßlich, bei denen alte Daten überprüft werden müssen, um Unstimmigkeiten auszuräumen.

Die Vorteile dieser Systeme sind die folgenden:

- Man benötigt keine Radioisotope.
- Da kein 12–24-stündiger Autoradiographieschritt erforderlich ist, verkürzt sich die Zeit zwischen der Elektrophorese und dem Zeitpunkt, an dem man die Daten erhält.

Nachteilig ist:

- Die Qualität der Daten ist selten so hoch wie bei der Autoradiographie.
- Die Experimente dauern generell länger, da zusätzliche Arbeitsschritte erforderlich sind.

Aus diesen Gründen verwendet man nichtradioaktive Verfahren außer bei halbautomatischen Sequenzierern nur selten. Ein System darf hier allerdings nicht unerwähnt bleiben: das GATC® 1500 (GATC GmbH). Es überträgt die elektrophoretisch aufgetrennten Reaktionsprodukte automatisch auf eine Nylonmembran, indem es die Membran am Gelende vorbeiführt. Auf diese Weise kann jedes Molekül das Gel in voller Länge durchwandern, was zu einer optimalen Auftrennung führt. Darüber hinaus kann man die Geschwindigkeit, mit der die Membran am Gelende vorbeigleitet, regulieren, um die Auftrennung der Banden zu kontrollieren. Dank dieser Neuerungen kann man theoretisch bei einem einzigen Lauf viel mehr Sequenzdaten erhalten – unter idealen Bedingungen weit über 1 000 Basen. Diese Sequenzsysteme sind teurer als konventionelle Gelapparate, sie sind jedoch für viele Labors durchaus noch erschwinglich und wesentlich billiger als ein halbautomatischer Sequenzierer.

## 7.2 Halbautomatische Sequenzierer

Mit der Entwicklung von Geräten, die die Datengewinnung von einem Sequenzierungsgel automatisieren, ist die Menge der Proben, die in den Sequenzierlabors verarbeitet werden, erheblich gestiegen. Man nennt diese Geräte automatische oder halbautomatische Sequenzierer. Anders als bei den gängigen manuellen Methoden, bei denen man die Banden mit Hilfe einer radioaktiven Markierung autoradiographisch sichtbar macht, arbeiten Sequenzierer mit empfindlichen Photozellen. Die mit Fluoreszenzfarbstoffen markierten DNA-Fragmente werden von einem Laser am Gelende erfaßt und über Photozellen nachgewiesen [6,7]. Diese automatische Datenerfassung ist mit einer Analysesoftware gekoppelt, die den gesamten Prozeß von dem Zeitpunkt an, an dem die Sequenzreaktion auf das Gel aufgetragen wird, steuert.

Heutzutage werden die meisten neuen Sequenzen mit einem halbautomatischen Sequenzierer bestimmt. Das bedeutet nicht, daß die meisten Labors ein solches Gerät besitzen, sondern nur, daß die Genomsequenzierungsprojekte auf solche Geräte angewiesen sind, die einen hohen Durchsatz haben und nur einen geringen Arbeitsaufwand erfordern. Bei einem dieser Projekte wurde kürzlich die gesamte Sequenz von *Saccharomyces cerevisiae* (Abschluß Mai 1996) ermittelt. In ein paar Jahren wird die gesamte Sequenz einer Reihe anderer Organismen mit wissenschaftlicher, landwirtschaftlicher oder medizinischer Bedeutung sowie die des Menschen entschlüsselt sein. Kapitel 11 behandelt die dramatischen Auswirkungen, die die Genomsequenzierungsprojekte auf zukünftige Sequenzierungsarbeiten haben werden.

Etliche Hersteller liefern halbautomatische Sequenzierer. Sie alle haben einen entscheidenden Nachteil: Mit einem Preis von 100 000–200 000 DM sind sie für einzelne Labors meist unerschwinglich. Mittlerweile schaffen jedoch einige Abteilungen die Geräte an, um damit eine zentrale Anlage aufzubauen; so erhält jetzt eine wachsende Anzahl von Wissenschaftlern Zugang zu einer solchen Maschine. In vielen Fällen ist das die ideale Lösung; denn der Sequenzierer sollte wirklich nur von einer einzigen geschulten Person bedient werden, damit sichergestellt ist, daß der empfindliche Apparat mit der erforderlichen größten Sorgfalt und Sauberkeit behandelt wird.

Eine ausführliche Bedienungsanleitung für halbautomatische Sequenzierer würde den Umfang dieses Buches sprengen; die Hersteller liefern sie mit dem Gerät. Ich will nur kurz die Prinzipien der beiden populärsten Sequenzierer, des ABI 377 und des LI-COR, beschreiben und ihre Vor- und Nachteile gegenüber konventionellen Sequenziersystemen zusammenfassen.

## 7.3 ABI 377

Der ABI 377 kann Fluoreszenz gleichzeitig bei vier verschiedenen Wellenlängen erfassen, die den Emmissionswellenlängen vier verschiedener Fluoreszenzfarbstoffe entsprechen. Ermöglicht wird dieser Simultannachweis dadurch, daß das emittierte Licht an einem Beugungsgitter aufgespalten wird; auf diese Weise kann man mit einer CCD-(*charge-coupled device*-)Kamera gleichzeitig mehrere Wellenlängen registrieren. Jeder Farbstoff markiert jeweils die Stränge, die an einem der vier möglichen Didesoxynucleotide abbrechen. Der Reaktionsansatz läuft in einer einzigen Spur; die DNA-Sequenz ergibt sich dann aus der Farbe der jeweiligen Bande, die den Detektor passiert (Abbildung 7.1).

Ein wesentlicher Vorteil der automatischen Sequenzierung besteht in der automatischen Datenerfassung. Der ABI 377 beleuchtet das Gel mit einem Argonlaser und registriert dann die Fluoreszenzstrahlung der markierten DNA. Aufgrund dieser Echtzeiterfassung kann man das Gerät allerdings nicht auf unterschiedliche Signalstärken einstellen – im Gegensatz zum manuellen Sequenzieren, bei dem ein Autoradiogramm bei Be-

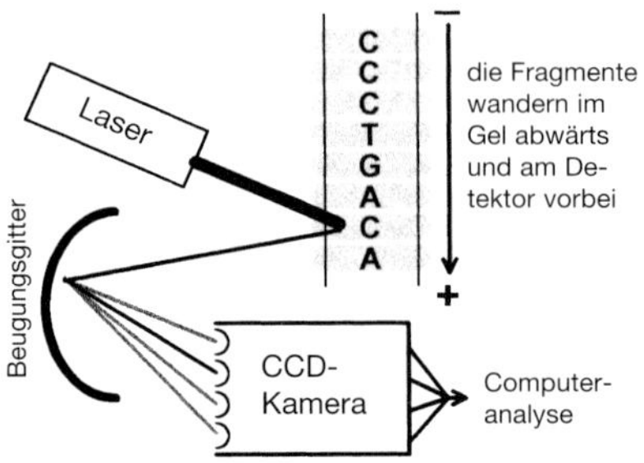


**7.1** Datenerfassung in Echtzeit mit einem ABI 377. Wenn ein Fragment den Detektor passiert, wird der basenspezifische Farbstoff durch den Laser angeregt. Daraufhin sendet er Licht der für ihn charakteristischen Wellenlänge aus. Diese Fluoreszenzstrahlung wird von einem Beugungsgitter entsprechend der Wellenlänge aufgetrennt. Das Signal wird von einer empfindlichen CCD-(*charge-coupled device-*)Kamera aufgefangen und von einem Computer ausgewertet. Die Software teilt das Signal auf vier Kanäle auf, von denen jeder einem Farbstoff entspricht. Mit Hilfe des Beugungsgitters kann man alle vier Kanäle gleichzeitig registrieren.

darf länger belichtet werden kann. Die Sequenzierungsreaktionen müssen daher sorgfältig optimiert werden (siehe unten). Darüber hinaus erfordern die schwachen Signale extrem empfindliche Nachweissysteme, was dazu führt, daß das System selbst für geringste Verunreinigungen durch von außen zugeführte Fluorochrome äußerst empfindlich ist. Solche Kontaminationen können aus einer scheinbar so harmlosen Quelle wie Papierhandtüchern stammen, die zur Farbverstärkung Fluorochrome enthalten.

Auf den ersten Blick sieht das noch unbearbeitete Datenmaterial aus dem ABI 377 nicht sehr ermutigend aus. Jede Spur enthält eine Folge von Farbbanden, von denen jede einem einzigen Nucleotid entspricht. Die Auflösung und die relativen Intensitäten dieser Banden scheinen jedenfalls nicht besser zu sein als bei konventionellen Sequenzierungsgelen. Diese Rohdaten werden mit der angeschlossenen Software zu einem sogenannten Elektropherogramm verarbeitet, der bekanntesten Ausgabeform (Abbildung 7.2 und 7.3). Bei der sich anschließenden weitergehenden Analyse wird jedem Signal ein Wert zugewiesen, bis letztlich die DNA-Sequenz als Basenfolge ausgegeben wird. Die Software, die die Basen erkennt, ist sehr gut; im allgemeinen kann man die Genauigkeit jedoch durch manuelle Bearbeitung noch etwas verbessern. Das gilt besonders für das Ende der lesbaren Sequenz, wo einzelne Guaninreste unter Umständen so schwach sein können, daß sie – speziell in der Nähe von Adeninen – übersehen werden, und wo die Länge homopolymerer Strekken unter Umständen falsch bestimmt wird. Letztlich sorgt die Analysesoftware mit ihrer Fähigkeit, das unbearbeitete Datenmaterial zu interpretieren, dafür, daß die ABI-Sequenzierer im Vergleich zum manuellen Sequenzieren besser abschneiden; sie haben allerdings auch einige inhärente Vor- und Nachteile.

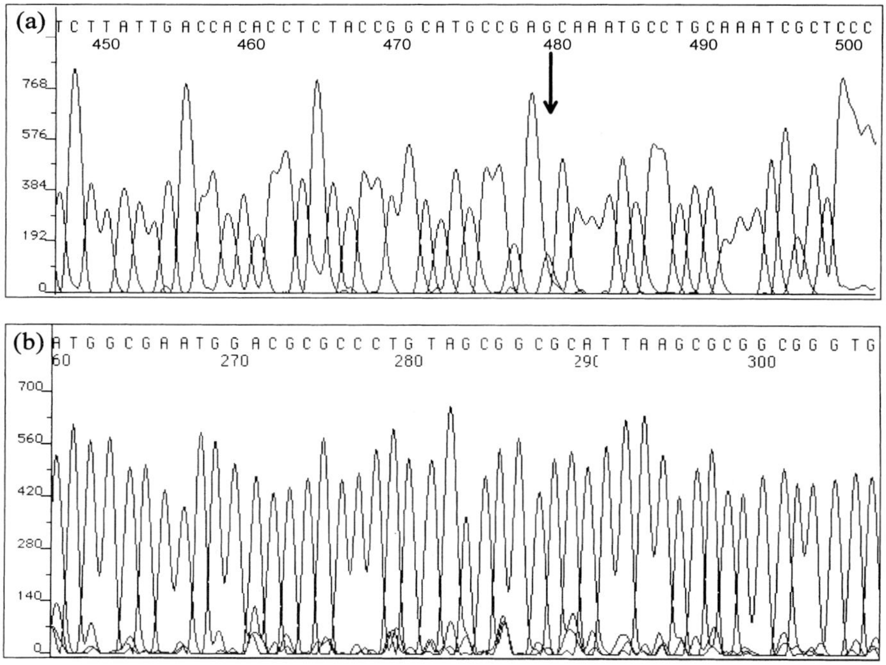


**7.2** Vergleich von Sequenzen, die mit Hilfe von Farbterminatoren beziehungsweise Farbprimern entschlüsselt wurden. Bei den Farbterminatoren (a) unterscheiden sich die Signalintensitäten sehr viel stärker als bei den Farbprimern (b). Niedrige G-Signale sind ein gängiges Problem – besonders, wenn sie auf ein A folgen. Der Pfeil weist auf ein solch niedriges G-Signal hin (a).

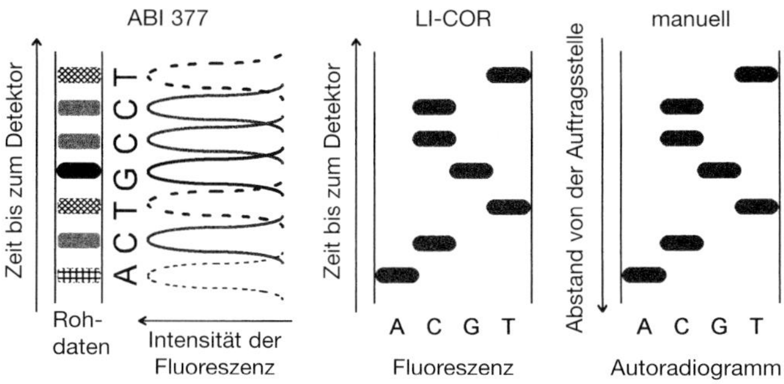


**7.3** Vergleich der manuellen und automatischen Sequenzierung.

Die Sequenzierungsreaktion wird auf einer einzigen Spur des Geles aufgetragen. Die vier Terminationsreaktionen sind jeweils mit einer anderen Farbe markiert, so daß man im Gegensatz zu anderen Methoden nicht für jede Reaktion vier Spuren benötigt. Daher muß man nicht die Mobilität verschiedener Spuren miteinander vergleichen; außerdem kann man auf einem Gel eine Vielzahl von Proben auftrennen und so den Durchsatz optimieren: Bis zu 64 Sequenzierungsreaktionen können gleichzeitig laufen. Die Verwendung vier verschiedener Farbstoffe führt jedoch auch zu Problemen, da der Zusatz eines Farbstoffs die Mobilität eines DNA-Fragments verändert. Weil die vier Nucleotide mit verschiedenen Farbstoffen markiert werden, kann man ihre Mobilität nicht direkt miteinander vergleichen. In der Praxis sieht es so aus, als sei das Problem nicht so wichtig, da man es mit Hilfe der Software für die Gelanalyse ausgleichen kann; es reduziert jedoch das Spektrum an markierten Primer, die man verwenden kann, auf solche, deren Verhalten bei der Elektrophorese man bereits kennt.

Ein anderer wichtiger Vorteil der automatischen Sequenzierer gegenüber konventionellen Gelen besteht darin, daß die Sequenz an einer bestimmten Stelle und nicht zu einem bestimmten Zeitpunkt im Gel gelesen wird. Das bedeutet, daß die Probe durch die Elektrophorese über die gesamte Länge des Geles (bei ABI 377: 36 oder 48 cm gut lesbare Länge) optimal aufgelöst wird. In konventionellen Gelen wird die Elektrophorese nach einer bestimmten Zeit angehalten, das Gel aufgearbeitet und die Sequenzfolge in der Regel autoradiographisch bestimmt. Am Gelende ist die Sequenz gut aufgelöst, der Großteil des Sequenz befindet sich jedoch weiter oben und ist weniger gut aufgetrennt.

Beim ABI 377 kann man auf zwei Arten färben: mit Farbprimern und Farbterminatoren. Der Unterschied liegt lediglich darin, an welcher Stelle im neu synthetisierten Strang die Fluoreszenzmarkierung eingebaut wird. Beide Verfahren haben ihre Vor- und Nachteile; man muß daher darauf achten, für eine bestimmte Anwendung die richtige auszuwählen.

### 7.3.1 Chemie der Farbterminatoren

Bei den Farbterminatoren ist jedes der vier Didesoxynucleotide mit einem anderen Fluorochrom markiert [8,9]. Durch den Einbau eines ddNTP wird so gleichzeitig die Verlängerung der Kette unterbunden und das entsprechende Molekül markiert. Daher bleiben Ketten, die aus anderen Gründen – beispielsweise aufgrund der Sekundärstruktur der Matrize oder aufgrund von Verunreinigungen – nicht weiter verlängert werden, ohne Markierung und werden nicht registriert. Dadurch fallen bei diesem Markierungsverfahren falsche Abbrüche nicht weiter ins Gewicht. Man kann das weiter ausnutzen: Gibt man der Reaktionsmischung dITP zu, sind Kompressionen seltener, dafür häufen sich jedoch falsche Abbrüche. Da diese jedoch nicht registriert werden, kann man der Reaktion routinemäßig dITP beimengen und so die Anzahl der kompressionsbedingten Sequenzierungsfehler stark reduzieren. Ein weiterer Vorteil der Farbterminatoren ist der, daß nur eine einzige Reaktion erforderlich ist. Da jedes ddNTP eine andere Markierung einführt, muß man im Gegensatz zu konventionellen Sequenzierungsreaktionen nicht für jedes ddNTP eine Reaktion, also vier verschiedene Reaktionen, durchführen.

Man kann Farbterminatoren für die zyklische Sequenzierung verwenden oder für Sequenzierungsprotokolle, die nur aus einem Schritt bestehen. Die zyklische Sequenzierung wird allerdings weitaus häufiger angewandt. Neben der bequemen Handhabbarkeit hat sie den wesentlichen Vorteil, daß nur geringe Mengen Matrizen-DNA erforderlich sind; das ist wichtig, wenn man PCR-Produkte oder Matrizen mit großem Molekulargewicht sequenziert. Benutzt man einen kommerziellen Kit, in dem sämtliche Reagenzien bereits gemischt sind (ABI PRISM Ready Reaction-Kits, Perkin-Elmer), muß man für die Sequenzierung nur DNA, Primer und Wasser mit einer kleinen Menge der fertigen Reagenzien aus dem Kit mischen und dann 20 Zyklen in einem Thermocycler laufen lassen. Nicht eingebaute markierte Nucleotide entfernt man durch eine Ethanolfällung; dann muß man nur noch die Probe an der Luft trocknen. In diesem Stadium ist die Reaktion bei –20°C bis zu einer Woche stabil. Direkt vor der Gelelektrophorese resuspendiert man die Probe in einem Auftragspuffer für das Gel und erhitzt sie, um die DNA zu denaturieren.

Es gibt verschiedene Angaben, wie weit man eine Sequenz mit diesem System normalerweise beziehungsweise maximal lesen kann. Bei einer typischen doppelsträngigen Plasmidmatrize gehe ich davon aus, etwa 450–500 Nucleotide mit einer Genauigkeit von 99,8 Prozent lesen zu können; das entspricht lediglich einem einzigen Fehler (ABI 377, 36 cm lange, gut lesbare Gele) und ist mit Sicherheit mehr, als bei einer manuellen Sequenzierung zu erwarten ist. ABI gibt an, daß man in der Regel 650 Basen lesen kann – allerdings nur mit 98prozentiger Genauigkeit, was ich für zu gering halte. Bei 650 Basen entspricht das 13 Fehlern. Diese treten vor allem am Sequenzende auf, das ich daher in den meisten Fällen erst gar nicht lese. Gelegentlich ist allerdings eine andere Strategie angebracht; sie besteht darin, sich mit dieser geringeren Datenqualität zufriedenzugeben, dafür aber den Bereich vom Gegenstrang und von anderen Primern aus ein zweites Mal zu sequenzieren. Sicherlich stimmt es, daß man noch weit über 500 Basen vom Primer entfernt *Unterschiede* zwischen zwei Sequenzen ausmachen kann, wenn man beide Matrizen parallel sequenziert und dann die beiden Elektropherogramme miteinander vergleicht.

Wildtyp-*Taq*-DNA-Polymerase, das am meisten verwendete Enzym für die PCR, unterscheidet sehr genau zwischen dNTPs und ddNTPs; daher baut sie ddNTPs und insbesondere markierte ddNTPs nur sehr schlecht ein. Man muß deshalb mit hohen Konzentrationen von markierten ddNTPs arbeiten. Das wiederum führt dazu, daß auf das Gel eine beträchtliche Menge nicht eingebauter Markierung aufgetragen wird, wenn man diese nicht vorher etwa durch eine Gelfiltration sorgfältig entfernt. Das ist natürlich nicht wünschenswert. Aus diesem Grund haben Roche Molecular Systems und Perkin-Elmer gemeinsam eine *Taq*-Polymerase-Mutante (AmpliTaq®-DNA-Polymerase, FS) entwickelt, deren 5'→3'-Nuclease-Aktivität durch eine Mutation so gut wie vollkommen ausgeschaltet ist; darüber hinaus sorgt eine zweite Mutation (F667Y) dafür, daß das Enzym ddNTPs wesentlich effizienter einbaut [10, 11].

Bei beiden Versionen der *Taq*-DNA-Polymerase hängt es vor allem von den Nachbarsequenzen ab, wie häufig ein markiertes ddNTP an einer bestimmten Stelle eingebaut wird. Hier liegt der Grund für den wesentlichen Nachteil der Farbterminatoren: die ungleiche Signalstärke im Elektropherogramm. Dadurch ist die Sequenz, die man maximal lesen kann, etwas kürzer; schlimmer ist jedoch, daß man dadurch kaum erkennen kann, wenn sich an einer bestimmten Position mehrere verschiedene Basen befinden. Daher sind Farbterminatoren ungeeignet, um über eine direkte Sequenzierung Mutationen nachzuweisen (Abbildung 7.4 und Abschnitt 10.3). Die variable Signalstärke ist sehr sequenzabhängig: Am bekanntesten ist das Problem, daß G-Signale sehr gering ausfallen, wenn sie auf A-Signale folgen. Wie sich die Umgebung jeweils auf die Signalstärke auswirkt, hängt von den verwendeten Enzymen und Terminatoren ab. Eine entsprechende Untersuchung, die man bei Wildtyp-*Taq* und der

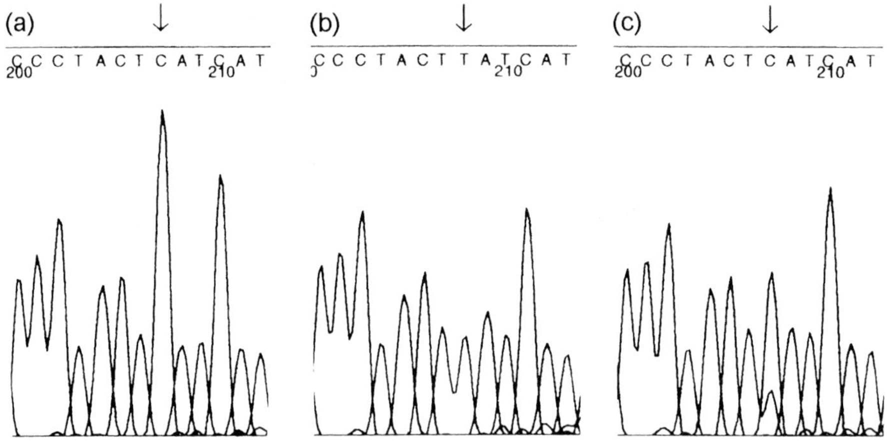


**7.4** Unterschiedliche Maxima an einer polymorphen Stelle in einer Heterozygote. a) Sequenzspur der Homozygote mit dem Allel CTC. Die Signalstärke des 3'-C ist doppelt so hoch wie die des C einer Heterozygote. b) Sequenzspur der Homozygote mit dem Allel CTT. Die Signalstärke des 3'-T ist gering, aber noch immer doppelt so hoch wie die des T in einer Heterozygote. c) Sequenzspur der Heterozygote mit CT (C/T). Das Programm zur Basenerkennung nennt diese heterozygote Base eher ein „C“ als ein „N“. Wiedergabe aus [13] mit freundlicher Genehmigung von Eaton Publishing.

*Taq*-Mutante durchgeführt hat [12, 13] sollte dazu führen, daß eine Software entwickelt wird, die die Basen besser erkennen kann.

### 7.3.2 Chemie der Farbprimer

Bei diesem Verfahren ist der Fluoreszenzfarbstoff an den Primer gekoppelt [14]. Das bedeutet, daß wie bei den konventionellen Sequenzierungsreaktionen vier Einzelreaktionen erforderlich sind – eine für jeden markierten Primer. Darüber hinaus benötigt man vier verschiedene Primer für jeweils vier Reaktionen. Diese haben alle dieselbe Sequenz, sind aber an verschiedene Fluorochrome gekoppelt. Bereits die Herstellungskosten für einen einzigen fluoreszierenden Primer übersteigen die eines unmarkierten Primers. Ein Satz Primer für die Sequenzierung mit Farbprimern kostet daher mehr als viermal so viel wie der entsprechende Primer für die Sequenzierung mit Farbterminatoren. Darüber hinaus interagiert der Farbstoff mit den ersten fünf Basen am 5'-Ende der Primersequenz. Das beeinflußt die Mobilität der farbmarkierten Sequenzierungsfragmente, was sich allerdings nur bei kurzen Fragmenten (< 50–75 Nucleotiden) bemerkbar macht. Diese Mobilitätsänderung ist reproduzierbar und kann mit Hilfe einer Software für die Gelanalyse ausgeglichen werden, *solange* die ersten fünf Basen des Primers mit denen eines Standardprimers übereinstimmen. Um das zu erreichen, hängt man einfach die ersten fünf Basen des reversen M13-Primers (5'-CAGGA-3') an das 5'-Ende der Sequenz des speziellen Farbprimers, was allerdings die Kosten für den eigens konstruierten Farbprimersatz noch weiter in die Höhe treibt. In der Praxis heißt das, daß die Farbprimerchemie nur bei Standardprimern eingesetzt wird – also den sogenannten „universellen" Primern – oder aber bei maßgefertigen Primersätzen für spezielle Anwendungen, beispielsweise aber nicht für das *primer walking*.

Darüber hinaus haben Farbprimer zwei Vorteile nicht, die man bei Farbterminatoren findet. Die Sequenzreaktionen müssen in vier verschiedenen Gefäßen durchgeführt und dann für die Gelelektrophorese zusammenpipettiert werden, statt sie wie bei den Farbterminatoren in einem Gefäß durchzuführen; der Arbeitsaufwand ist daher etwas größer. Außerdem sind sämtliche Primerverlängerungen markiert, so daß anders als bei den Farbterminatorreaktionen falsche Abbrüche registriert werden (siehe oben). Man kann daher dITP nicht routinemäßig einsetzen, da es zu zu vielen Coterminationen führt. Statt dessen benutzt man 7-Desaza-Guanin, das aber nicht so effektiv ist, so daß Reaktionen mit Farbprimern auch anfälliger für Kompressionen sind.

Die Farbprimer haben einen einzigen wesentlichen Vorteil: Bei ihnen sind die Signalintensitäten beim Übergang von einer Base zur nächsten viel gleichförmiger. Das ist entscheidend, wenn sich an einer bestimmten Stelle der Matrize mehrere verschiedene Basen befinden – etwa in einer heterozygoten Mutante oder einer Viruspopulation. Eine Heterozygote besitzt an ein und derselben Stelle zwei verschiedene Basen. Das kann man daran erkennen, daß sich zwei Signale gleicher Intensität überlagern, die halb so intensiv sind wie das einer homozygoten Base. In der Farbprimerchemie mit AmpliTaq®-DNA-Polymerase, FS, oder Sequenase ist das möglich, bei Farbterminatoren dagegen nicht.

## 7.4 Optimierung der Sequenzierung mit dem ABI 377

Das automatische Sequenzieren mit Fluoreszenzfarbstoffen ist im allgemeinen störanfälliger als manuelle Verfahren. Der Grund dafür ist teilweise, daß man schwache Signale bei der Datenerfassung in Echtzeit nicht kompensieren kann. Ein weiteres Problem ist die Empfindlichkeit gegenüber Verunreinigungen der verwendeten Polymerasen, speziell wenn man Farbterminatoren benutzt. Meist wird die Sequenzqualität dadurch beeinträchtigt, daß Matrizen- oder Primerpräparationen unrein sind, daß falsche Matrizen- oder Primerkonzentrationen gewählt wurden oder daß nicht eingebaute markierte Didesoxynucleotide oder Primer nur unvollständig entfernt wurden.

### 7.4.1 Qualität der Matrize

Die automatische Sequenzierung mit Fluoreszenzfarbstoffen reagiert auf Verunreinigungen sehr viel empfindlicher als manuelles Sequenzieren. Das bedeutet, daß eine Reihe von Methoden der Matrizenpräparation, die beim manuellen Sequenzieren vollkommen ausreichen, bei der automatischen Sequenzierung nur zu fehlerhaften Ergebnissen führen. Daher reinige ich meine Matrizen immer mit Qiagen-Säulen: Matrizen, die nur einmal oder wenige Male sequenziert werden, mit tip-20, und Matrizen, die immer wieder sequenziert werden, mit tip-100. Während zu den Matrizen, die nur in einzelnen Reaktionen benutzt werden, Elemente aus Deletionsreihen gehören, wird in einem *primer walking* -Projekt immer wieder dieselbe Matrize sequenziert. Man kann auch mit Verfahren, die von anderen Firmen entwickelt wurden, zufriedenstellende Ergebnisse erzielen. Im allgemeinen scheinen jedoch Verfahren, die auf Silica basieren (einschließlich der entsprechenden Qiagen-Version), weniger verläßlich zu sein als die Ionenaustauschersäulen von Qiagen. Sequenzierungsreaktionen sind darüber hinaus auch anfällig für Verunreinigungen mit Salz oder Ethanol; daher ist es wichtig, nach jeder Ethanolpräzipitation das ausgefällte Salz sorgfältig mit 70prozentigem Ethanol auszuwaschen und die Probe gut trocknen zu lassen.

Die Qualität der Plasmidmatrize kann auch durch die Eigenschaften der Kultur, aus der man die DNA ursprünglich extrahiert hat, beeinflußt werden. Einige Wirtsstämme (HB 101, TG1, TG2 sowie die JM100-Serie) setzen nach der Lyse große Mengen Kohlenhydrate frei. Das kann die DNA-Reinigung stören. Außerdem produzieren diese *EndoA*$^{+}$-Stämme relativ große Mengen Nuclease. Sicherlich kann man die DNA durch Verfahren der Plasmidreinigung effizient von Kohlenhydraten und Proteinen reinigen, im Endeffekt ist es jedoch vernünftiger, gleich Wirtsstämme wie DH1, DH5$\alpha$, C600 und XL1-Blue zu verwenden. Der Wizard plus SV-Miniprep-Kit (Promega) enthält eine alkalische Protease, die Endonuclease A inaktiviert.

Die Kulturbedingungen können sich ebenfalls auf die Qualität der Matrize auswirken. Befinden sich Kulturen längere Zeit in der stationären Phase, beginnen sie zu lysieren und setzen dabei abgebaute Genom- und Plasmid-DNA frei. Es ist darüber hinaus wichtig, während des Wachstums der Kultur so lange wie möglich mit Antibiotika zu selektionieren. Das ist besonders bei Ampicillin problematisch, da dieses durch plasmidcodierte $\beta$-Lactamase inaktiviert wird. Dieses sezernierte Enzym ist in stationären Kulturen in hohen Konzentrationen vorhanden. Um neue Kulturen anzuimpfen, sollte man daher besser eine frische Kolonie von einer Platte verwenden als aufbewahrte flüssige Kulturen. Angesichts beider Probleme – der Lyse in der stationären Phase sowie des Ampicillinabbaus – sollte man Übernachtkulturen besser in LB-Medien als in reichhaltigen Medien wie TB wachsen lassen [15]. Da die Bakterien in LB langsamer wachsen, geht die Kultur nach 10–12 Stunden und nicht wie bei TB bereits nach 8 Stunden in die stationäre Phase über. Eine Übernachtkultur wächst in der Regel 16 Stunden lang; daher enthält eine TB-Kultur normalerweise mehr lysierte Zellen als eine entsprechende LB-Kultur (Abbildung 7.5).

### 7.4.2 Primerqualität

Es ist natürlich entscheidend, daß der Großteil aller Oligonucleotide eines Primers die gewünschte Sequenz besitzt. Mit modernen Synthesemethoden sollte das für Primer in der üblichen Größenordnung von 18–25 Nucleotiden kein Problem sein. Hinsichtlich der Frage, wie wichtig eine Reinigung nach der Synthese ist, gehen die Meinungen auseinander. Ich habe ungereinigte, entsalzte Oligonucleotide von einer Reihe von kom-

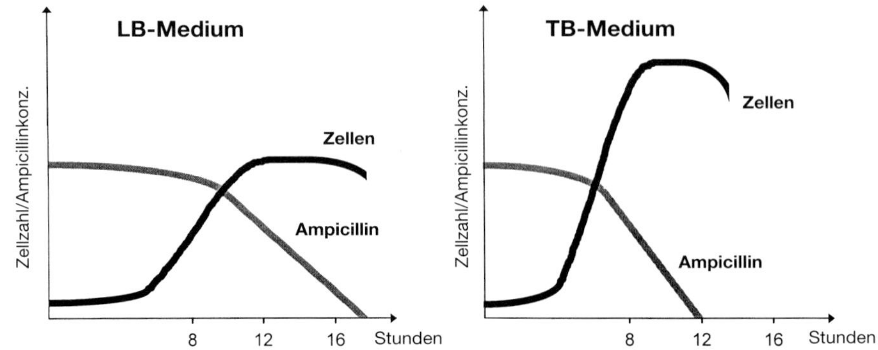


| | | |
|---|---|---|
| LB-Medium: (pro Liter) | Trypton | 10 g |
| | Hefeextrakt | 5 g |
| | NaCl | 10 g |
| | auf pH 7,0 einstellen | |

| | | |
|---|---|---|
| TB-Medium: (pro Liter) | Trypton | 12 g |
| | Hefeextrakt | 24 g |
| | Glycerin | 4 ml |
| | $KH_2PO_4$ | 2,31 g |
| | $K_2HPO_4$ | 12,54 g |

**7.5** Typische Wachstumskurven von *E. coli* in verschiedenen Medien [13]. Bei einer typischen Übernachtkultur von 16 Stunden enthält das TB-Kulturmedium mehr lysierte Zellen. Die Kultur ist darüber hinaus länger ohne Selektion, da das Ampicillin durch plasmidcodierte $\beta$-Lactamase inaktiviert wird.

merziellen Anbietern benutzt. Diese reichen in der Regel vollkommen aus, nur gelegentlich waren die Ergebnisse nicht zufriedenstellend. Dieses Versagen ist auf den Primer zurückzuführen, da sich dieselbe Matrize mit anderen Primern ausreichend sequenzieren läßt. Überraschend habe ich festgestellt, daß diese schlechten Primer bei einigen Matrizen funktionieren, bei anderen dagegen nicht. Die Gründe sind unklar; es scheint jedoch ein generelles Problem zu sein. Andere Gruppen vermeiden diese Schwierigkeiten, indem sie stärker gereinigte Oligonucleotide verwenden, beispielsweise nach Durchlauf einer HPLC. Meines Erachtens ist die Fehlerrate so gering, daß man sie angesichts der zusätzlichen Kosten, die mit einer weiteren Reinigung verbunden sind, tolerieren kann. Da die Synthesemethoden weiter verbessert werden, scheint es gewiß, daß das Preis-Leistungsverhältnis bei den Oligonucleotiden immer günstiger werden wird.

### 7.4.3 Konzentration von Matrize und Primer

Wegen der Registrierung in Echtzeit muß die Signalstärke bei automatischen Sequenzierern optimiert werden. Das bedeutet, daß der Spielraum für die Matrizen- und Primerkonzentration in der Sequenzierungsreaktion sehr viel geringer ist als bei der manuellen Sequenzierung. Man sollte die Konzentration der Matrizen-DNA spektrophotometrisch oder durch sorg-

**Tabelle 7.1: Empfohlene Mengen an Matrizen-DNA für den ABI 377 mit verschiedenen Chemikalien [13]**

| | Taq-DNA-Polymerase | | T7-DNA-Polymerase | |
|---|---|---|---|---|
| | Farbprimer | Farbterminator | Farbprimer | Farbterminator |
| Plasmide (3–10kb) | 0,8 μg | 0,8 μg | 5 μg | 5 μg |
| Plasmide (10–20kb) | 1,2 μg | 1μg | | |
| Cosmide (30–45kb) | | 2 μg | | |
| P1 (80–100kb) | | 3 μg | | |
| PCR-Produkte | | 0,1 μg/kb | | |
| einzelsträngige DNA | 0,3 μg | 0,2 μg | 2 μg | 2 μg |

fältigen Vergleich Ethidiumbromid-gefärbter Proben mit bekannten Standards bestimmen. Nimmt man zu wenig Matrize, sind die Signale zu schwach. Ist die Matrize im Überschuß, werden dagegen die Nucleotide im Reaktionsansatz zu schnell aufgebraucht, so daß man zu viele kurze Moleküle und vorzeitige Abbrüche bekommt. Normalerweise gibt der Hersteller die Primerkonzentrationen an; bei Bedarf kann man sie aber auch selber spektrophotometrisch bestimmen. Qiagen hat die optimale Matrizenmenge für eine Standardreaktion von 20 μl mit 3,2 pmol Primer ermittelt (Tabelle 7.1).

### 7.4.4 Entfernen nicht eingebauter Markierung

In den üblichen $^{35}$S-Sequenzierungsprotokollen sind es radioaktive Thionucleotide, die nicht eingebaut werden. Sie sind im Sequenzgel sehr viel mobiler als die eingebauten und laufen daher unten aus dem Gel heraus. Bei der Fluoreszenzsequenzierung mit Farbterminatoren benutzt man Didesoxynucleotide, die an ein Fluorochrom gekoppelt sind. Deren Gelmobilität ist mit der von markierten Strängen vergleichbar; daher überlagern sie, wenn sie nicht entfernt werden, als große falsche Fluoreszenzsignale die eigentliche Sequenz („Farbflecken"). Nicht eingebaute Markierung kann auch dazu führen, daß die Software für die Gelanalyse zu früh zu lesen beginnt oder die wirklichen Sequenzsignale verzerrt.

Nicht eingebaute Markierung kann durch eine Gelfiltraton, organische Extraktion (Phenol/Chloroform) oder Ethanolfällung entfernt werden. Wie bereits erwähnt, kann man bei der AmpliTaq®-DNA-Polymerase, FS mit relativ geringen Konzentrationen markierter Didesoxynucleotide arbeiten. Bei diesem Enzym reicht in der Regel eine Ethanolfällung aus, um die nicht eingebaute Markierung zu entfernen. Bei der unmodifizierten

*Taq*-Polymerase benötigt man höhere Konzentrationen an Markierung und daher auch effektivere Methoden, um die nicht eingebaute Markierung zu entfernen. Entfernt man die negative Ladung durch eine Phosphatasebehandlung, hindert das anscheinend fluoreszierende ddNTPs daran, ins Gel zu laufen; dann gibt es auch keine Probleme mehr mit Farbflecken.

## 7.5 Zukünftige Entwicklungen

Dank der Entwicklung von Sequenzierern, die in Echtzeit registrieren und automatisch Basen benennen können, hat die Geschwindigkeit, mit der eine Sequenz bestimmt werden kann, enorm zugenommen. Aufgrund der ständigen Forderung nach genauerem, weiterem Ablesen der Sequenzen, stärkerer Automatisierung und größerem Durchsatz sind die Hersteller gezwungen, die Sequenzierungstechnik permanent weiterzuentwickeln und zu verbessern. Dazu tragen vor allem zwei Forschungsrichtungen bei. In den Genomsequenzierungsprojekten müssen Milliarden von Basen äußerst präzise und möglichst preisgünstig sequenziert werden. Für die Diagnostik müssen Heterozygote effizient nachgewiesen und die Rate der falsch positiven Signale auf ein Minimum reduziert werden.

Auf folgenden Gebieten ist zukünftig mit Verbesserungen zu rechnen.

### 7.5.1 Kräftigere Farbstoffe

Wären die Fluoreszenzfarbstoffe kräftiger, könnte man mit geringeren Mengen an Matrizen-DNA arbeiten oder in einer entsprechenden Reaktion kräftigere Signale erhalten. Das würde sich besonders bei der Sequenzierung langer Matrizen wie Cosmiden oder P1-Phagen auszahlen, bei denen nur wenig Matrize zur Verfügung steht. Amersham hat mit seinen DYEnamic™-Primern einen Schritt in diese Richtung gemacht. Dabei sind zwei Fluoreszenzfarbstoffe an dasselbe Primermolekül gekoppelt [16]. Der Donorfarbstoff (FAM) absorbiert Licht und überträgt die Energie auf den Akzeptorfarbstoff (REG, FAM, TAMRA oder ROX), der diese mit seiner charakteristischen Wellenlänge ausstrahlt. Amersham behauptet, daß die effektive Signalstärke in der Regel sechsmal so groß ist wie bei Primern, die nur einen einzigen Farbstoff tragen. Diese Energietransferprimer dürften in Kürze auch von anderen kommerziellen Anbietern angeboten werden.

### 7.5.2 Verbesserung der elektrophoretischen Auflösung

Gelmatrizen, die nicht aus Acrylamid bestehen, ermöglichen unter Umständen eine bessere elektrophoretische Auftrennung und damit Sequenzen, die weiter und vielleicht schneller gelesen werden können. Augenblicklich werden flüssige Polymere favorisiert. Man benutzt sie generell bei Kapillaren; es ist jedoch nicht so einfach, diese für ein Gerät mit vielen Spuren und einem hohem Durchsatz zu verwenden. ABI erwägt ein System mit geriffelten Platten, wodurch ein eher herkömmliches Gelformat mit einer Reihe von Pseudokapillaren entstehen würde.

### 7.5.3 Bessere Software

Die Software, die die Basen erkennt, ist bereits sehr gut. Bei manueller Überprüfung eines Elektropherogramms stößt man jedoch immer noch auf einige offensichtliche Fehler. Die Software könnte also durchaus noch besser sein. Wenn man die sequenzabhängigen Unterschiede bei der Signalstärke untersuchen würde, könnte das schon einiges an Verbesserungen bringen [12, 13] und damit die Ungleichheit bei den Signalstärken der Farbterminatoren etwas reduzieren.

### 7.5.4 Einheitliche Signalstärke

Bei der Sequenzierung mit Farbterminatoren kommt es zu großen Schwankungen in der Signalstärke. Das führt dazu, daß – speziell beim Nachweis von Heterozygoten – Basen falsch erkannt werden. Auch wenn sich diese Unregelmäßigkeiten durch eine verbesserte Software ausgleichen ließen, wäre es doch wesentlich sinnvoller, das Problem dort zu lösen, wo es auftritt: direkt in den Sequenzierungsreaktionen. Das ließe sich eventuell durch Modifikationen der Polymerase erreichen, wodurch die gefärbten ddNTPs weniger sequenzabhängig eingebaut würden. Eine andere Möglichkeit wäre, andere Farbstoffe bei den Terminatoren zu verwenden. Würde dieses Problem gelöst, wäre das jedenfalls ein bedeutender Fortschritt. Neue verbesserte Farbterminatoren dürften bald im Handel sein.

### 7.5.5 Erhöhter Durchsatz

Will man die Verarbeitungsmenge vergrößern, liegt es nahe, die Anzahl der Spuren im Gel zu erhöhen. Dafür benötigt man eine bessere Software, die eine Spur sicher von der nächsten unterscheiden kann. Bei einer neueren Version des ABI 377 (377XL) wurde die maximale Anzahl der Spuren auf einem einzigen Gel von 36 auf 64 erhöht.

Von der Matrizenpräparation bis zum Beladen des Geles könnten sämtliche Stadien von einer größeren Automatisierung profitieren. Es gibt programmierbare Automaten und spezielle Geräte, die einige dieser Aufgaben erfüllen können – allerdings zu einem Preis, bei dem sie für die meisten Labors unrentabel sind.

## 7.6 LI-COR

Wie die ABI-Geräte registiert auch die Serie der LI-COR-Sequenzierer fluoreszenzmarkierte DNA-Moleküle, die vom Laser am Ende des Geles angeregt werden. Die prinzipiellen Vor- und Nachteile eines Nachweises in Echtzeit gelten damit auch für diese Geräte. Im einzelnen gibt es natürlich erhebliche Unterschiede.

Die LI-COR-Geräte weisen die Fluoreszenzmarkierung mit einem Rasterfluoreszenzmikroskop nach [7]. Dadurch kann der Kopf des Detektors auf eine einzige Ebene im Gel fokussiert werden. Das geschieht automatisch anhand der unterschiedlichen Fluoreszenz des Geles relativ zu den

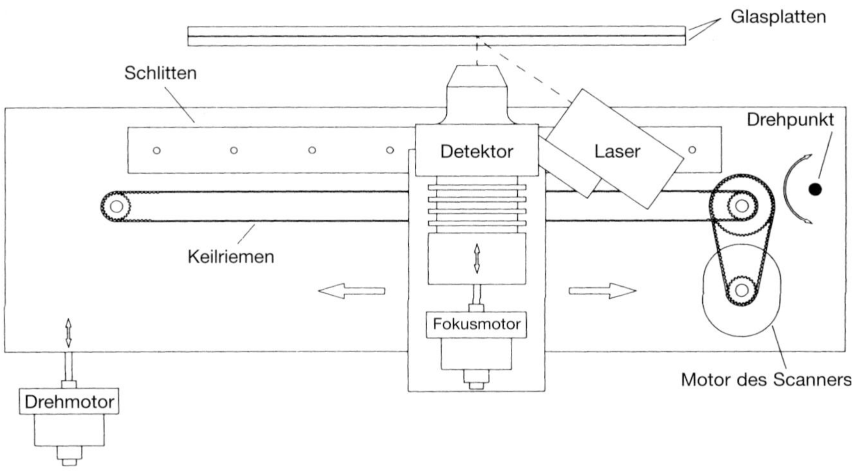


**7.6** Schema eines LI-COR-Scanners. Der Motor des Scanners fährt das Fluoreszenzmikroskop und den Fokusmotor mit Hilfe des Keilriemens auf dem Schlitten hin und her. Mit dem Fokusmotor kann man den Abstand zwischen Fluoreszenzmikroskop und Glasplatten einstellen. Der Drehmotor rotiert den gesamten Scanner um den Drehpunkt, um die Optik parallel zum Gel zwischen den Glasplatten auszurichten. Wiedergabe aus [7] mit freundlicher Genehmigung von Wiley-VCH.

Glasplatten. Da der Nachweis nur über eine einzige Wellenlänge erfolgt, können die Daten beim Scannen schneller erfaßt werden. Andererseits sind dadurch wie bei der radioaktiven Markierung pro Probe vier Spuren erforderlich (Abbildung 7.6).

Es sind zwar auch markierte Primer erhältlich, standardmäßig arbeitet das System jedoch mit einer internen dATP-Markierung, die auf einem Infrarotfarbstoff basiert. Das entspricht völlig der [$\alpha$-$^{35}$S]dATP$\alpha$S-Markierung. Man kann daher die bekannten Protokolle für die manuelle oder zyklische Sequenzierung geringfügig abgeändert einfach übernehmen.

Das LI-COR 4000 LS-System arbeitet in der Standardausführung mit 66 cm-Platten – im Gegensatz zum ABI 377, der 36- oder 48 cm-Platten verwendet; es sind jedoch auch kürzere Platten erhältlich. Das ist ein Kompromiß zwischen Verarbeitungsmenge und Auflösung: Je länger das Gel ist, desto besser werden die Banden aufgetrennt; dafür muß man das Gel aber auch länger laufen lassen. Bei der LI-COR-Reihe ist der Durchsatz geringer als beim ABI 377; dafür kann man jedoch die Sequenz weiter lesen. Das LI-COR 4000LS-System liefert pro Probe über 800 Basen mit einer Genauigkeit von 99 Prozent; es können aber, im Vergleich zum ABI 377 mit seinen 36 oder 64 Proben, pro Gel nur sieben oder elf Proben analysiert werden. Beim *primer walking* spart man Zeit und Geld, wenn man längere Strecken lesen kann (Abschnitt 11.3), da man weniger Schritte benötigt und nicht so viele Primer speziell anfertigen muß. Zudem ist das LI-COR-Gerät selbst etwas billiger. Dennoch bevorzugen Labors, bei denen viele Proben anfallen, oder zentrale Sequenzierungseinrichtungen, aufgrund seines höheren Durchsatzes den ABI 377.

## 7.7 Literatur


1. Richterich, P.; Heller, C.; Wurst, H.; Pohl, F. M. *DNA Sequencing with Direct Blotting Electrophoresis and Colorimetric Detection.* In: *BioTechniques* 7 (1989) S. 52–59.
2. Beck, S.; O'Keeffe, T.; Coull, J. M.; Koster, H. *Chemiluminescent Detection of DNA: Application for DNA Sequencing and Hybridization.* In: *Nucleic Acids Res.* 17 (1989) S. 5115–5123.
3. Tizard, R.; Cate, R. L.; Ramachandran, K. L.; Wysk, M.; Voyta, J. C.; Murphy, O. J.; Bronstein, I. *Imaging of DNA Sequences with Chemiluminescence.* In: *Proc. Natl. Acad. Sci. USA* 87 (1990) S. 4514–4518.
4. Church, G.M.; Kieffer-Higgins, S. *Multiplex DNA Sequencing.* In: *Science* 240 (1988) S. 185–188.

5. Olesen, C. E.; Martin, C. S.; Bronstein, I. *Chemiluminescent DNA Sequencing with Multiplex Labeling.* In: *BioTechniques* 15 (1993) S. 480–485.
6. Ansorge, W.; Sproat, B.; Stegemann, J.; Schwager, C.; Zenke, M. *Automated DNA Sequencing: Ultrasensitive Detection of Fluorescent Bands during Electrophoresis.* In: *Nucleic Acids Res.* 15, (1987) S. 4593–4602.
7. Middendorf, L. R.; Bruce, R. C. *et al. Continuous, On-Line DNA Sequencing Using a Versatile Infrared Laser Scanner/Electrophoresis Apparatus.* In: *Electrophoresis* 13 (1992) S. 487–494.
8. Prober, J. M.; Trainor, G. L.; Dam, R. J.; Hobbs, F. W.; Robertson, C. W.; Zagursky, R. J.; Cocuzza, A. J.; Jensen, M. A.; Baumeister, K. *A System for Rapid DNA Sequencing with Fluorescent Chain-Terminating Dideoxynucleotides.* In: *Science* 238 (1987) S. 336–341.
9. Lee, L. G.; Connell, C. R.; Woo, S. L.; Cheng, R. D.; McArdle, B. F.; Fuller, C. W.; Halloran, N. D.; Wilson, R. K. *DNA Sequencing with Dye-Labeled Terminators and T7 DNA Polymerase: Effect of Dyes and dNTPs on Incorporation of Dye-Terminators and Probability Analysis of Termination Fragments.* In: *Nucleic Acids Res.* 20 (1992) S. 2471–2483.
10. Tabor, S.; Richardson, C. C. *A Single Residue in DNA Polymerases of the* E. coli *DNA Polymerases I Family Is Critical for Distinguishing between Deoxy- and Dideoxyribonucleotides.* In: *Proc. Natl. Acad. Sci. USA* 92 (1995) S. 6339–6343.
11. Reeve, M. A.; Fuller, C. W. *A Novel Thermostable Polymerase for DNA Sequencing.* In: *Nature* 376 (1995) S. 796–797.
12. Parker, L. T.; Zakeri, H.; Carlson, C.; Nickerson, D. A.; Kwok, P.-A. *Peak Height Variations in Automated Sequencing of PCR Products Using Taq Dye-Terminator Chemistry.* In: *BioTechniques* 19 (1995) S. 116–121.
13. Parker, L. T.; Zakeri, H.; Deng, Q.; Spurgeon, S.; Kwok, P.-Y.; Nickerson, D. A. *AmpliTaq® DNA Polymerase, FS Dye-Terminator Sequencing: Analysis of Peak Height Patterns.* In: *BioTechniques* 21 (1996) S. 694–699.
14. Smith, L. M.; Sanders, J. Z.; Kaiser, R. J., Hughes, P.; Dodd, C.; Connell, C. R.; Heiner, C.; Kent, S. B.; Hood, L. E. *Fluorescence Detection in Automated DNA Sequence Analysis.* In: *Nature* 321 (1986) S. 674–679.
15. *The Qiagen Guide to Template Purification and DNA Sequencing.* Hilden (Qiagen GmbH) 1995.
16. Ju, J.; Glazer, A. N.; Mathies, R. A. *Energy Transfer Primers: A New Fluorescence Labelling Paradigm for DNA Sequencing and Analysis.* In: *Nature Med.* 2 (1996) S. 246–249.

# 8. Fehlersuche

## 8.1 Einführung

Die DNA-Sequenzierung ist ein kompliziertes Verfahren, das aus vielen Einzelschritten besteht. Einmal erprobt und eingespielt, arbeitet es in der Regel sehr zuverlässig. Trotzdem treten wie bei allen komplexen Prozessen gelegentlich Probleme auf.

In solch einem Fall ist als erstes die Frage zu klären, ob die Matrize schuld sein könnte oder ob das Problem systematischer Natur ist. Dazu vergleicht man verschiedene Matrizen auf demselben Gel. Sind die Probleme matrizenspezifisch, hat man nur bei bestimmten Matrizen Schwierigkeiten, ansonsten sind die Reaktionen auf demselben Gel zufriedenstellend. Bei systematischen Probleme sind dagegen sämtliche Reaktionen auf einem Gel betroffen.

Matrizenspezifische Probleme treten in der Regel auf,

- wenn man nicht genügend Matrizen-DNA einsetzt;
- wenn die Matrizen-DNA – etwa mit PEG, RNA oder auch Fremd-DNA – verunreinigt ist;
- wenn die Matrize ausgeprägte Sekundärstrukturen enthält;
- wenn die Matrize keine Bindungsstelle für den Primer besitzt.

Systematische Probleme findet man normalerweise,

- wenn ein ungeeignetes Reagenz eingesetzt wurde;
- wenn die Bedingungen für die Gelelektrophorese nicht optimal sind.

Benutzt man bei jeder Reaktion einen anderen Primer, sieht ein ungeeigneter oder falscher Primer nach einem matrizenspezifischen Problem aus, verwendet man ihn jedoch in jeder Reaktion, tippt man auf ein systematisches Problem. Matrizenprobleme können ebenso ein ganzes Gel betreffen, wenn ein ganzer Satz Matrizen fehlerhaft ist.

Es folgt eine ausführliche Analyse der häufigsten Schwierigkeiten – eingeteilt nach den dabei auftretenden Symptomen (Tabelle 8.1). Zwei

**Tabelle 8.1: Fehlersuche**

| Symptome | vermutliche Ursachen | Lösungsmöglichkeiten |
|---|---|---|
| **in einem oder mehreren Reaktionsansätzen sind keine Banden zu erkennen** | zu wenig oder verunreinigte Matrize | Überprüfung der Matrize auf Agarosegel; Versuch mit einem anderen Primer und derselben Matrize; erneute Reinigung der Matrize |
| | die Matrize enthält keine Primerbindungsstelle | Überprüfung der Primersequenz; Primertest mit einer anderen Matrize |
| | ein Reagenz fehlt | Sequenzierung einer Kontrollmatrize |
| | fehlerhaftes Reagenz | Sequenzierung einer Kontrollmatrize; Versuch mit neuem Radioisotop (dNTPs werden durch wiederholtes Einfrieren und Auftauen abgebaut); Kauf eines neuen Kits |
| Radioaktivität bleibt am oberen Gelenk | Proben waren beim Auftragen auf das Gel nicht denaturiert | Proben direkt vor dem Auftragen für mindestens 2 min auf 85–95°C erhitzen und sie dann schnell auf Eis stellen |
| **Banden sind unscharf** | | |
| Banden sind verschmiert | Matrizen-DNA ist verunreinigt | erneute Reinigung der Matrize |
| 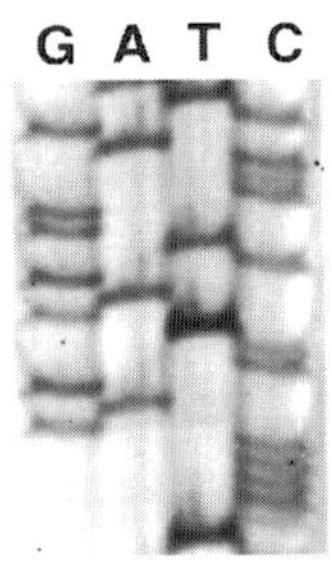 | Problem mit dem Gel | ist davon abhängig, welches Gelsystem man verwendet: Überprüfung der Geltemperatur während des Laufes (40–50°C bei Long Ranger, 50–55°C bei Acrylamid). Ein Versuch mit frischen Acrylamidlösungen. Sorgfältiges Waschen der Platten. |
| Banden sind gewellt 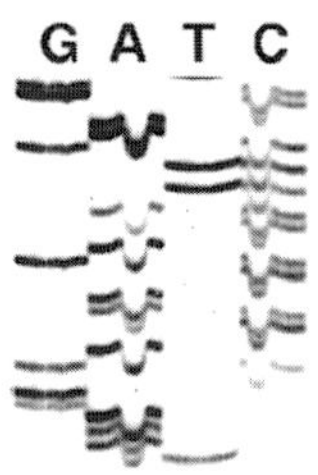 | Blasen oder Staub im Gel | Gießen eines neuen Geles, das vollkommen auspolymerisieren muß. Wenn Blasen vorhanden sind, sollten die entsprechenden Spuren nicht benutzt werden. Vorsichtiges Einsetzen des Kammes, um die Taschen nicht zu beschädigen. |
| | Harnstoff in den Taschen | Direkt vor dem Auftragen Ausspülen der Taschen mit einer Pasteurpipette oder einer Spritze |
| Banden sind verschwommen | Gel und Film lagen nicht gleichmäßig dicht aufeinander | sicherstellen, daß der Film fest an das Gel geklemmt wird; beim Trocknen des Geles Faltenbildung vermeiden. |
| Hintergrund ist verschmiert | Matrize ist mit RNA verunreinigt | erneute Reinigung der Matrize |
| **einige Sequenzen sind schwach** | ist das gesamte Gel betroffen, reichte wahrscheinlich die Markierung nicht aus oder ein Reagenz war fehlerhaft | Verwendung neuer Markierung (dNTPs werden durch wiederholtes Einfrieren und Auftauen abgebaut) Erhöhen der Markermenge; Kauf eines neuen Kits |

| Symptome | vermutliche Ursachen | Lösungsmöglichkeiten |
|---|---|---|
| Sequenz ist nur in einer Spur schwach   | eine Komponente fehlt oder es wurde schlecht gemischt | Wiederholung der Reaktionen |
| | Verhältnis von ddNTP:dNTP war zu gering (oder zu groß) | wenn man die Terminationsansätze selbst hergestellt hat, sollte man die Menge an ddNTP erhöhen (oder verringern) |
| | ein bestimmtes Nucleotid kommt in der Matrize besonders häufig vor; etwa beim Poly(A)-Schwanz | Zugabe weiterer Mengen des verbrauchten dNTPs; beispielsweise 1 $\mu$l 0,5 M dTTP |
| Sequenz ist in der Nähe des Primers nur schwach zu sehen | Verhältnis von ddNTP:dNTP ist zu gering | wenn man die Terminationsansätze selbst hergestellt hat, sollte man die Menge an ddNTP erhöhen |
| | Matrize und Primer haben sich nicht ausreichend angelagert | Verwendung von mehr Matrizen-DNA; Überprüfung der Primerkonzentration; siehe Abschnitt 8.2.3 |
| Sequenz wird vom Primer entfernt schwächer | Verhältnis von ddNTP:dNTP ist zu hoch | wenn man die Terminationsansätze selbst hergestellt hat, sollte man die Menge an ddNTP reduzieren |
| **Banden erstrecken sich über mehr als eine Spur** | | |
| Banden erstrecken sich über alle vier Spuren | falsche Abbrüche (Coterminationen) | siehe Abschnitt 8.2 |
| Banden erstrecken sich über zwei bis drei Spuren | Kompressionen | siehe Abschnitt 8.3 |
| 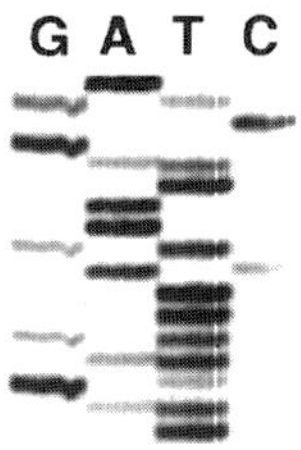  | mehrere Matrizen oder Primer im Einsatz | erneute Matrizenreinigung von einer einzigen Kolonie oder Plaque aus; M13 mit großen Inserts sollte nur 5 h lang wachsen, um das Risiko für spontane Deletionen zu reduzieren. Primertest mit einer Kontrollmatrize |
| **Abstand der Banden ist ungleichmäßig, Banden nach oben oder unten gebogen** | Kompressionen | siehe Abschnitt 8.3 |
| | Temperatur im Gel ist nicht einheitlich | Benutzung eines Apparates für die Gelelektrophorese, der ein Reservoir besitzt, in das die Hitze abgeleitet werden kann |
| | Gel ist ungleich dick | Beim Gelgießen die Platten nicht zusammenklemmen, wo sie nicht von Spacern unterstützt werden |

häufige Probleme werden anschließend ausführlicher diskutiert. Insgesamt konzentrieren sich die Ausführungen vor allem auf das manuelle Sequenzieren, viele Probleme treten jedoch in ähnlicher Weise auch bei automatischen Sequenzierern auf.

## 8.2 Coterminationen

Wenn die Polymerase aufhört, die Kette zu verlängern, ohne ein ddNTP einzubauen, spricht man von falschen Abbrüchen , die auch als „Coterminationen“ (*co-terminations*) bezeichnet werden. Das führt dazu, daß an dieser Stelle in der Sequenz eine Bande auftritt – unabhängig davon, welches ddNTP in der Reaktion vorhanden war; mit anderen Worten: Man findet in allen vier Spuren eine Bande (Abbildungen 8.1 und 10.8), die die richtige Bande überlagert. Dennoch kann man in weniger gravierenden Fällen unter Umständen die stärkste Bande erkennen; in schweren Fällen kann man allerdings gar nicht sehen, um welches Nucleotid es sich handelt. Im allgemeinen wiederholt man die Reaktion mit einer neu hergestellten Matrize. Dabei muß man darauf achten, daß der Reaktionsansatz gut gemischt wird, ohne daß jedoch Blasen entstehen, und daß die Reaktionstemperaturen stimmen (Protokoll 3.2). Man kann solche Coterminationen vollständig unterbinden, indem man markierte ddNTPs benutzt; dann werden nur solche Stränge registriert, deren Verlängerung durch ein ddNTP abgebrochen wurde (Abschnitte 4.4 und 7.3.1).

Neben dem Einbau eines ddNTP sind mehrere Gründe denkbar, warum die Polymerase eine Kette nicht weiter verlängert.

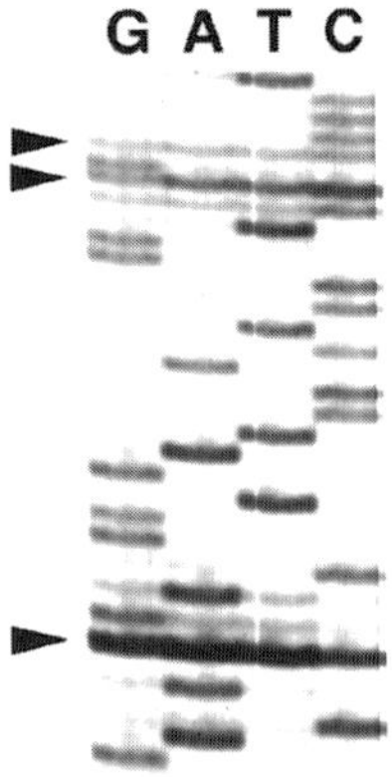


**8.1** Aufgrund von Coterminationen findet man Banden, die sich über alle vier Spuren erstrecken (Pfeile).

### 8.2.1 Sekundärstruktur

Die Polymerase benötigt eine einzelsträngige Matrize. Über eine stabile Sekundärstruktur kann sie unter Umständen nicht hinweglesen (Abbildung 3.5). Da Sekundärstruktur durch Hitze oder Formamid destabilisiert wird, kann man Coterminationen, die auf eine Sekundärstruktur zurückzuführen sind, verhindern, indem man die Temperatur der Sequenzierungsreaktion erhöht oder Formamid zusetzt. Aus diesem Grunde arbeitet man möglichst mit einer hitzebeständigen Polymerase oder mit Formamid. Sekundärstruktur kann auch dadurch destabilisiert werden, daß man zur Reaktion 0,5 $\mu$g DNA-einzelstrangbindendes Protein (Amersham/USB) hinzufügt. Bevor man die Proben dann auf das Gel aufträgt, muß das Protein noch durch Inkubation mit Proteinase K (0,1 $\mu$g Proteinase K bei 65°C, 20 min) zerstört werden. Eine andere Möglichkeit besteht darin, den Problembereich auf dem anderen Strang zu sequenzieren, da es äußerst unwahrscheinlich ist, daß dort dieselben Nucleotide betroffen sind.

### 8.2.2 Verunreinigte Matrize

Die Polymerase kann durch Verunreinigungen in der Matrizenpräparation in ihrer Funktion behindert werden. Das kann dazu führen, daß sich die Polymerase häufiger von der Matrize löst und es vermehrt zu Coterminationen kommt. In einem solchen Fall ereignen sich in der Regel in ein und derselben Reaktion zahlreiche falsche Abbrüche. Dann kann man nur die Matrize erneut reinigen und die Reaktion wiederholen. Man sollte nach Möglichkeit einzelsträngige Matrizen benutzen, da bei ihnen dieses Problem seltener aufzutreten scheint.

### 8.2.3 Sequenzierung in Primernähe

Während der Markierungsreaktion verlängert das Enzym den Primer und baut markierte (und unmarkierte) Nucleotide in die Kette ein. In der anschließenden Terminationsreaktion wird dieser Vorgang fortgesetzt. Ist nicht genügend Matrizen-DNA vorhanden, werden die Produkte der Markierungsreaktion länger, so daß in Primernähe weniger markierte Produkte durch ddNTP abgebrochen werden. Das führt dazu, daß man die Sequenz in der Nähe des Primers nur schlecht lesen kann. Wird dagegen die Sequenz im Rahmen der Terminationsreaktion nur schlecht verlängert, kann das dazu führen, daß in allen vier Spuren Banden in der Nähe des Primers zu sehen sind. Das erkennt man in der Regel daran, daß eine Bandenleiter in allen vier Spuren in Primernähe auftritt, die nach etwa 100

Basen schwächer wird, weiter oben im Gel aber eine akzeptable Sequenzierungsleiter zu sehen ist. Eine solche ineffiziente Verlängerung ist ein typisches Zeichen dafür, daß die Qualität der Matrize schlecht ist. Setzt man der Markierungsreaktion $Mn^{2+}$ zu (etwa 1 $\mu$l 100 mM $MnCl_2$), verbessert man die primernahen Sequenzen. In Anwesenheit von Manganionen baut die Sequenase häufiger ddNTPs statt dNTPs ein; dadurch verkürzt sich die durchschnittliche Länge der terminierten Ketten. Mit $Mn^{2+}$ erhält man die Sequenz 20–200 Nucleotide hinter dem Primer.

### 8.2.4 Falsche dNTP-Konzentration

Ist die Konzentration eines dNTP zu gering, kann es sein, daß die Polymerase an diesem Nucleotid anhält und es so zu Coterminationen kommt. Bei handelsüblichen dNTP-Ansätzen tritt dieses Problem meist nicht auf. Enthält die Matrize dagegen einen langen homopolymeren Bereich, wird unter Umständen ein Nucleotid schneller aufgebraucht; ein bekanntes Beispiel dafür ist der Poly(A)-Schwanz von cDNAs. Sequenziert man eine solche Basenfolge, ist besonders das komplementäre Nucleotid (dTTP) in der Reaktionsmischung rasch erschöpft, so daß es hinter dem Poly(A) zu Coterminationen kommt und die Sequenz in der T-Spur ab dort nur schwach zu erkennen ist. Das läßt sich meist verhindern, indem man die Konzentration des entsprechenden Nucleotids im Reaktionsansatz erhöht und beispielsweise 1 $\mu$l 0,5 M TTP zusetzt. Meiner Erfahrung nach sind nach Poly(A)-Bereichen die folgenden 20 Nucleotide häufig kaum oder nicht eindeutig zu erkennen.

### 8.2.5 Reaktionsbedingungen

Coterminationen können auch dadurch verursacht werden, daß zu verschiedenen Zeiten in der Reaktion nicht die richtige Temperatur herrschte. Besonders wenn man die Markierungsreaktion bei über 20°C durchführt, kommt es unter Umständen in Primernähe zu Coterminationen.

Diese Schwierigkeit kann man umgehen, indem man, wie in Protokoll 3.2 empfohlen, die Reaktionsmischung beim Reaktionsstart vom Eis nimmt. Bei den Terminationsreaktionen verhält es sich ähnlich. Sie sollten bei mindestens 37°C durchgeführt werden; daher sorgt man am besten dafür, daß sie mindestens eine Minute vorgewärmt werden. Terminationsreaktionen laufen am besten bei 40–45°C ab, können jedoch, falls erforderlich, auch bei höheren Temperaturen durchgeführt werden. Man kann Glycerin zusetzen, um die T7-DNA-Polymerase bei höheren Temperaturen zu stabilisieren; dann muß man allerdings die Gelelektrophoresebedingungen abändern (Abschnitt 6.4.2).

### 8.2.6 dITP

Da dITP nicht so effizent eingebaut wird wie dGTP, steigt die Anzahl der Coterminationen. Daher verbietet sich der routinemäßige Einsatz von dITP; es ist jedoch von unschätzbarem Wert, um Kompressionen zu verhindern.

## 8.3 Kompressionen

Kompressionen sind Bereiche im Gel, in denen das regelmäßige Bandenmuster durch das ungewöhnliche Wanderungsverhalten bestimmter Banden gestört wird (Abbildung 8.2). In Extremfällen kann sich sogar die Reihenfolge zweier Banden umkehren. Schuld daran ist Sekundärstruktur, die sich auf die Mobilität im Gel auswirkt. Da G-C-Basenpaare stabiler sind als A-T-Paare, findet man diese Schwierigkeiten besonders häufig in Matrizen, die viel GC enthalten. Da Sekundärstrukturprobleme selten dieselben Banden betreffen, wenn man den entsprechende Bereich in beiden Richtungen sequenziert, kann man auf diese Weise zuverlässig Anomalien aufdecken. Sequenzierungsfehler in Veröffentlichungen sind wahrscheinlich vor allem auf Kompressionen zurückzuführen; es müssen daher unbedingt immer beide Stränge einer Matrize (also in beide Richtungen) sequenziert werden. Alle Maßnahmen, um Kompressionen zu verhindern, beruhen darauf, das Ausmaß an Sekundärstrukturbildung im Gel zu verringern.

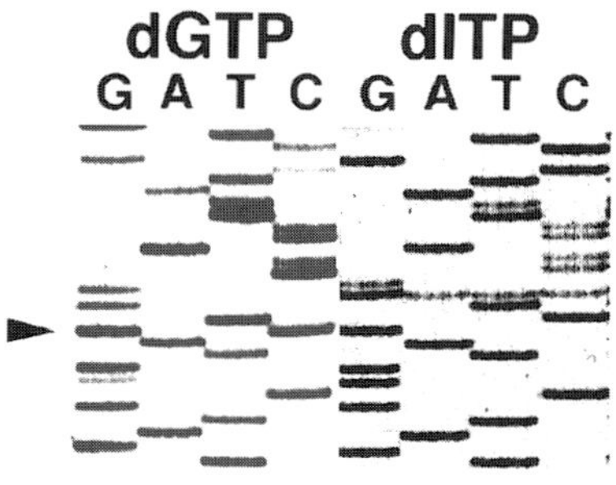


**8.2** Kompressionen sind Verzerrungen des Bandenabstands. Im abgebildeten Fall ist das Bandenmuster bei der Sequenzierung mit dGTP so gestört, daß die Reihenfolge zweier Banden nicht mehr genau bestimmt werden kann (Pfeilspitze). Bei einer erneuten Sequenzierung derselben Matrize mit dITP verschwindet die Kompression. Man beachte, daß die dITP-Sequenz einen falschen Kettenabbruch enthält, der in den dGTP-Reaktionen fehlt.

### 8.3.1 Basenanaloga

Da I-C-Basenpaare weniger stabil sind als G-C-Paare, kann man Kompressionen verhindern, indem man in den Reaktionsansätzen dGTP durch Basenanaloga wie dITP ersetzt (Abbildung 4.5). Leider kann man dITP-Reaktionen nicht so weit lesen wie dGTP-Reaktionen; außerdem neigen sie stärker zu Coterminationen (Abschnitt 6.2) und anderen Artefakten. Man benutzt daher dITP beim Sequenzieren nicht routinemäßig, sondern nur, um voraussichtliche Kompressionen zu unterdrücken. Reaktionen mit markierten ddNTPs bilden eine Ausnahme – falsche Abbrüche werden dabei total unterdrückt, so daß man in diesem Fall dITP routinemäßig verwenden kann. Es gibt für den gleichen Zweck auch noch andere Basenanaloga wie 7-Desaza-dGTP. Meiner Ansicht nach verhindert jedoch dITP Kompressionen sehr gut. Der Sequenase® v2.0-Kit (Amersham/USB) enthält dGTP- und dITP-Reaktionsansätze sowie Pyrophosphatase, um eine Pyrophosphovolyse zu verhindern – einen langsamen DNA-Abbau, der ein besonderes Problem bei dITP-Reaktionen darstellt.

### 8.3.2 Formamidgele

Formamid verringert die Schmelztemperatur der DNA und destabilisiert daher ebenfalls Sekundärstruktur. Aus diesem Grund können, wie in Abschnitt 6.5.3 besprochen, Gele auch mit Formamid hergestellt werden.

## 8.4 Literatur

1. Tabor, S.; Richardson, C. C. *Effect of Manganese Ions on the Incorporation of Dideoxynucleotides by Bacteriophage T7 DNA Polymerase and* Escherichia coli *DNA Polymerase I.* In: *Proc. Natl. Acad. Sci. USA* 86 (1989) S. 4076–4080.

# 9. Sequenzbestätigung

## 9.1 Einführung

In vielen Labors wird DNA vor allem zur Überprüfung von Abschnitten sequenziert, deren Basenfolge man bereits kennt oder zumindest vorhersagen kann. Man benötigt diese Sequenz beispielsweise, um zu bestätigen, daß ein DNA-Konstrukt oder ein PCR-Produkt die erwartete Basenfolge besitzt, oder um die Sequenz einer Allelvariante einer bekannten Basenfolge zu ermitteln. Beide Fälle werden anschließend diskutiert.

## 9.2 Überprüfung von Konstrukten

Gentechnische Verfahren ermöglichen es, neue DNA-Moleküle herzustellen. Diese können durch Ligation zweier vorher nicht zusammenhängender DNA-Moleküle entstehen oder dadurch, daß ein bereits existierendes Molekül durch gezielte Mutagenese verändert wird. Oft ist es wichtig, die Sequenz eines Teiles des neuen Moleküls genau zu bestimmen, um sicher zu sein, das es so ist, wie man es sich vorgestellt hat. So kann beispielsweise das Leseraster an der Verbindungsstelle zweier miteinander ligierter Moleküle für die richtige Expression eines Proteins entscheidend sein. Ebenso muß man die Sequenz eines gerade mutagenisierten DNA-Moleküls durch Sequenzierung bestätigen, da man sich auf die vorhandenen Verfahren nicht hundertprozentig verlassen kann.

Wenn man die Sequenz des übrigen Moleküls kennt, ist es am einfachsten, einen Primer zu synthetisieren, der etwas von der Sequenz entfernt ist, die man untersuchen möchte, und mit ihm den entsprechenden Bereich zu sequenzieren. Der Primer sollte in der Regel 150–200 Basen von der Region entfernt sein, die man untersuchen will. So kann man die Sequenz in diesem Bereich optimal auflösen. Natürlich kann man bereits vorhandene Primer verwenden, solange sie nahe genug daran sind, um die Sequenz zuverlässig darstellen zu können. Bei einem mutagenisierten Molekül kann es vorteilhaft sein, parallel dazu das ursprüngliche, nicht mutagenisierte Molekül zu sequenzieren, damit man die beiden Sequenzen direkt miteinander vergleichen kann.

## 9.3 Sequenzierung von Allelvarianten

Heutzutage will ein Genetiker die molekulare Basis der Mutanten kennen, die er untersucht. Diese liefert oft den entscheidenden Hinweis zur Identifizierung eines Genes für eine menschliche Krankheit – etwa indem sich zeigt, daß das mutmaßliche Gen bei allen oder doch den meisten Patienten, die untersucht wurden, molekulare Fehler aufweist. Sequenzunterschiede zwischen Mutante und Wildtyp können wichtige Erkenntnisse über die funktionellen Bereiche des Genprodukts liefern. Diese Information wird ebenfalls für die medizinische Diagnostik benötigt (Abschnitt 10.3).

Während man größere DNA-Umlagerungen, Insertionen und Vergrößerungen durch Wiederholungen mit Hilfe von Southern-Blots und Hybridisierungen zum Nachweis von Restriktionsfragment-Längenpolymorphismen (RFLPs) identifizieren kann, ist das bei Punktmutationen im allgemeinen nicht möglich. Andere molekulare Techniken wie Einzelstrang-Konformationspolymorphismus (SSCP, *single-strand conformation polymorphism* [1,2]) oder denaturierende Gelelektrophorese für Doppelstränge (DDGE, *double-strand denaturing gel electrophoresis* [3]) können dazu beitragen, eine Punktmutation zu lokalisieren; allerdings kann man nur mit Hilfe der DNA-Sequenzierung genau bestimmen, um welche Art molekularer Mutation es sich handelt.

Ist das Allel der Mutante kloniert, läßt sich die Sequenz problemlos mit synthetischen Oligonucleotidprimern ermitteln; als Basis für die Primersequenz dient dabei die bekannte Sequenz des Wildtypgens. Ist das Allel der Mutante noch nicht kloniert, geht es am schnellsten, indem man den gesuchten Bereich mit einer PCR (oder einer Reversen Transkriptase-(RT-)PCR) amplifiziert und dann das Reaktionsprodukt sequenziert (Kapitel 11). In beiden Fällen muß man natürlich die Wildtypsequenz kennen, um sie mit der Mutante vergleichen und den Primer entsprechend konstruieren zu können. Wenn man die Sequenzen von Wildtyp und Mutante gemeinsam bestimmen muß, wählt man am besten die Strategie des *primer walking* (Abschnitt 11.3).

Selbst wenn man die Sequenz des Wildtyps schon kennt, ist es häufig sehr nützlich, die Wildtypmatrize zusammen mit den Mutanten zu sequenzieren. Dann kann man beide Sequenzen direkt miteinander vergleichen. Selbst wenn die Qualität der Daten zu schlecht ist, um die Sequenz eindeutig bestimmen zu können, kann man bei einem solchen Vergleich oft erkennen, ob es sich um dieselbe Sequenz wie beim Wildtyp handelt.

## 9.4 Alternativen zur DNA-Sequenzierung

Es gibt verschiedene Möglichkeiten, die DNA-Sequenz eines sehr kleinen DNA-Bereichs – in der Regel ein einziges Nucleotid – zu bestimmen. Diese Verfahren werden für eine Reihe wichtiger Anwendungen genutzt, etwa bei der klinischen Diagnose von Mutationen, die für Erbkrankheiten verantwortlich sind. Von vielen wichtigen Genen, die an Krankheiten beteiligt sind, kennt man bereits die Sequenzvarianten des veränderten Allels. Es ist daher viel schneller und einfacher, auf diese bekannten Allele hin zu testen, als bei jedem Patienten die gesamte Sequenz beider Kopien des Genes zu entschlüsseln.

### 9.4.1 Restriktionsendonucleasen

Restriktionsendonucleasen sind wertvolle Hilfsmittel, um Konstrukte zu überprüfen. Da man genau weiß, wie das gewünschte Produkt aussieht, kann man oft neu geschaffene Restriktionsschnittstellen finden, in denen sich das korrekte Produkt von den in Frage kommenden Alternativen unterscheidet (Abbildung 9.1). Es geht viel schneller und ist viel billiger, ein Konstrukt durch einen Restriktionsverdau zu charakterisieren, als die DNA zu sequenzieren. Die Grenzen dieses Verfahrens sind offensichtlich:

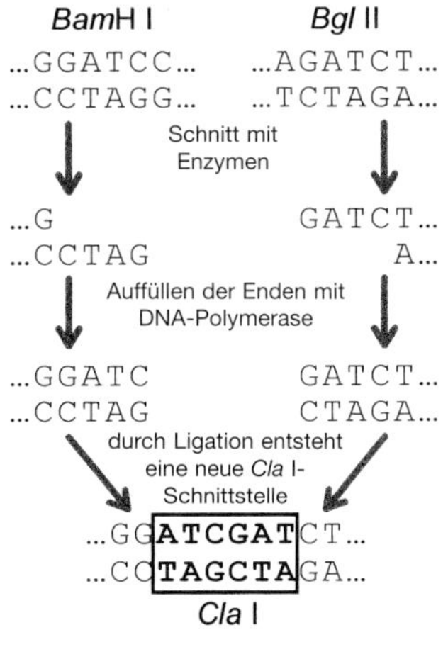


**9.1** Bestätigung einer Sequenz mit Hilfe von Restriktionsendonucleasen. Im abgebildeten Beispiel wird eine aufgefüllte *Bam*HI-Schnittstelle mit einer aufgefüllten *Bgl*II-Schnittstelle ligiert. Die zu erwartende Sequenz enthält eine neue *Cla*I-Schnittstelle, deren Existenz man durch einen Restriktionsverdau bestätigen kann. Geht bei der Fusion der beiden Moleküle eine Base verloren oder kommt eine neue Base hinzu, entsteht ein Produkt, das an der Verbindungsstelle keine *Cla*I-Schnittstelle besitzt.

Nicht alle Konstrukte besitzen eine für den entsprechenden Zweck geeignete Restriktionsschnittstelle.

Die traditionellen Marker für menschliche Mutationen sind die RFLPs. Eine RFLP-Analyse mit Southern-Blots dauert bis zu einer Woche; für diagnostische Zwecke hat man sie größtenteils durch PCR-Verfahren ersetzt. Dabei wird der Bereich, der den RFLP enthält, mit einer PCR vervielfältigt, mit der entsprechenden Restriktionsendonuclease geschnitten und durch Agarosegelelektrophorese analysiert, um zu sehen, ob eine bestimmte Restriktionsschnittstelle vorhanden ist oder nicht. Zur Überprüfung des Restriktionsverdaus eignet sich eine andere nichtpolymorphe Stelle für dasselbe Enzym im amplifizierten Bereich. RFLPs sind gute Marker für eine genetische Untersuchung. Ist aber einmal die DNA-Sequenz eines mutierten Allels bekannt, ist es für diagnostische Zwecke viel besser, direkt zu testen, ob die Mutation vorhanden ist oder nicht, als nach einem damit gekoppelten Marker zu suchen. Während sich Deletionen mit RFLPs gut nachweisen lassen, ist es sehr unwahrscheinlich, daß eine Punktmutation eine günstig gelegene Restriktionsschnittstelle erzeugt oder zerstört; dafür benötigt man daher andere Methoden.

Man kann Restriktionsendonucleasen auch dafür benutzen, um den Methylierungsgrad einer DNA zu untersuchen [4]. Die meisten CpG-Dinucleotide (98%) der menschlichen DNA sind methyliert. Eine Ausnahme bilden in der Regel die 5'-Enden von Genen; daher interessieren sich die Molekulargenetiker besonders für diese. Die Sequenz CCGG wird von *Msp*I und *Hpa*II erkannt und geschnitten; *Msp*I schneidet darüber hinaus auch $C^{Me}CGG$, *Hpa*II dagegen nicht. Stellen, die von beiden Enzymen geschnitten werden, sind daher unmethyliert, solche, die nur *Msp*I schneidet, sind dagegen methyliert. Auf diese Weise kann man nur solche CpG-Dinucleotide untersuchen, die zu einer entsprechenden Restriktionsschnittstelle gehören; um sämtliche C-Reste zu untersuchen, muß man mit Bisulfit sequenzieren (Abschnitt 10.4).

### 9.4.2 Oligonucleotidhybridisierung

Bei Oligonucleotiden, die mit der jeweils komplementären Sequenz hybridisiert sind, erkennt man Fehlpaarungen – besonders solche in der Mitte des Oligonucleotids – sehr deutlich an der Schmelztemperatur ($T_m$). Das kann man ausnutzen, um durch Hybridisierung (Anlagerung) allelspezifischer Oligonucleotide an die gewünschte DNA gezielt bestimmte Allelvarianten zu finden. Dabei arbeitet man unter stringenten Bedingungen, bei denen nur Oligonucleotide hybridisieren können, die vollkommen komplementär zum Zielmolekül sind. Das Oligonucleotid ist dabei beispielsweise radioaktiv oder durch Kopplung an ein Fluorophor oder Hapten

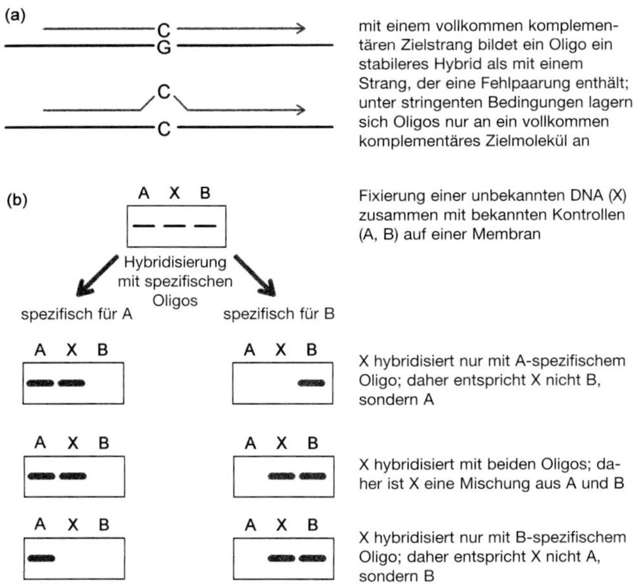


**9.2** Allelnachweis durch Oligonucleotidhybridisierung. a) Ein Hybrid wird durch eine Fehlpaarung destabilisiert. b) Bei einem „Southern-Blot" oder einem „Dot-Blot" wird eine unbekannte Probe auf einer Membran fixiert. Anschließend werden markierte Oligonucleotide, die für Allelvariante „A" oder „B" spezifisch sind, mit dieser DNA hybridisiert. Die Hybride werden – beispielsweise autoradiographisch – nachgewiesen. Aus dem Hybridisationsmuster kann man auf die Zusammensetzung der unbekannten Probe schließen. Man kann das Verfahren auch umgekehrt durchführen und eine markierte Probe an ein fixiertes Oligonucleotid hybridisieren.

markiert und läßt sich so nachweisen. Der Nachweis seiner Anlagerung ist ein Hinweis darauf, daß das spezifische Allel, für dessen Nachweis das Oligonucleotid konstruiert wurde, vorhanden ist (Abbildung 9.2) [5].

Bei dem beschriebenen Verfahren muß man jedes Oligonucleotid gesondert hybridisieren. Einfacher ist es, wenn man das Oligonucleotid fixiert und das gewünschte Gen – in der Regel ein markiertes PCR-Produkt – als Sonde benutzt [6]. Das einzige Problem besteht darin, daß sämtliche Oligonucleotide eine ähnliche Schmelztemperatur haben. Dieser „reverse Dot-Blot" hat außerdem noch den Vorteil, daß man verschiedene Oligos und Kontrollen direkt miteinander vergleichen kann.

### 9.4.3 PCR

Für eine PCR benötigt man Oligonucleotidprimer, die sich an komplementäre DNA anlagern und eine DNA-Synthese starten. Die PCR eignet sich daher für einen allelspezifischen Nachweis, wenn man Primer benutzt, die für das eine Allel spezifisch sind, aber nicht für das andere.

Dafür muß man natürlich vorher die DNA der verschiedenen Allele sequenziert haben. Bei der PCR wird die Allelspezifität durch das 3'-Nucleotid des Primers bestimmt, das zu einem Allel, aber nicht zum anderen komplementär ist. Die *Taq*-DNA-Polymerase besitzt keine 3'→5'-Korrekturlesefunktion; sie verlängert daher eine Sequenz nicht, wenn sich an ihrem 3'-Ende eine falsche Base befindet. Andere hitzebeständige Polymerasen wie *Pfu*, die eine solche 3'→5'-Korrekturlesefunktion besitzen, sind für dieses Verfahren ungeeignet.

Ein Test umfaßt in der Regel zwei PCR-Reaktionen mit derselben Substrat-DNA. Dabei arbeitet man mit einem gemeinsamen und einem allelspezifischen Primer. Jede Reaktion unterscheidet sich nur darin, daß ein anderer allelspezifischer Primer verwendet wird [7]. Anschließend untersucht man die Reaktionsprodukte in einer Agarosegelelektrophorese. Ist in einer Reaktion ein Amplifizierungsprodukt vorhanden, gibt es in dem Substrat DNA von dem Allel, zu dem der allelspezifische Primer dieser Reaktion vollkommen komplementär ist (Abbildung 9.3). Dank der extremen Empfindlichkeit der PCR eignet sich diese Art der Analyse gut für die vorgeburtliche Diagnostik.

Bei der Suche nach bekannten Allelvarianten bietet dieses PCR-Systems den entscheidenden Vorteil, daß man damit problemlos Mehrfachreaktionen (Multiplexreaktionen) durchführen kann, das heißt gleichzeitig an verschiedenen Stellen Allelvarianten nachweisen kann. In Fällen, in denen die wichtigsten Allelvarianten eines an einer Krankheit des Menschen beteiligten Genes (durch ausgiebige DNA-Sequenzierung) bekannt sind, kann man einen Patienten gleichzeitig auf jede dieser Varianten hin untersuchen [8–10]. Damit verfügt man über ein wertvolles diagnostisches Hilfsmittel. Es ist dabei sehr wichtig, daß man die Produkte solcher Multiplexreaktionen voneinander unterscheiden kann. Das erreicht man jedoch ganz einfach, indem man die gemeinsamen Primer so auswählt, daß jede Mehrfachreaktion ein Fragment einer charakteristischen Größe amplifiziert.

Eine weitere Verbesserung besteht darin, die beiden allelspezifischen Primer in einer einzigen Reaktion einzusetzen und zu ermitteln, welcher von beiden in der Testprobe als Primer fungieren kann – oder ob dazu möglicherweise sogar beide in der Lage sind [11]. Da beide Reaktionsprodukte dieselbe Größe haben, müssen die Oligonucleotidprimer unterschiedlich markiert sein. Deshalb markiert man mit Fluorophoren und weist die Markierung direkt in einer Gelelektrophorese mit beispielsweise einem halbautomatischen Sequenzierer von ABI nach [12]. Dieses Gerät ist außerdem für Multiplexreaktionen ausgelegt, so daß in einer einzigen PCR-Reaktion eine Reihe von Allelvarianten gleichzeitig getestet und auf einer einzigen Spur des Sequenzierers analysiert werden können. Auf diese Weise kann man in kurzer Zeit zahlreiche Proben untersuchen.

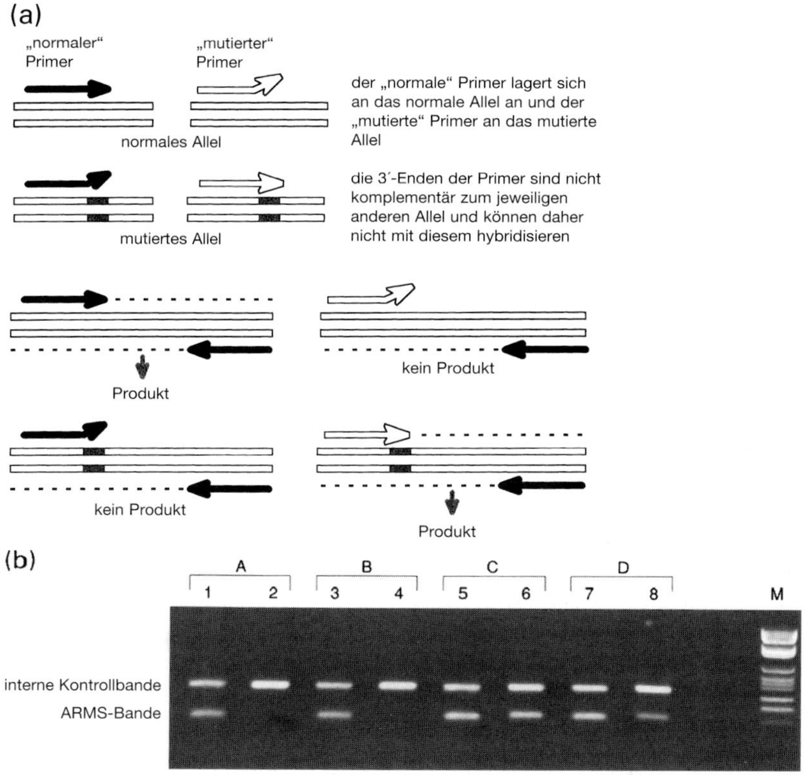


**9.3** Allelnachweis mit PCR. a) Das 3'-Ende des Primers muß zur Matrize komplementär sein, damit diese verlängert und amplifiziert werden kann. Man kann daher über eine PCR mit allelspezifischen Primern, die unterschiedliche 3'-Enden besitzen, zwischen verschiedenen Allelen unterscheiden. Dieses Verfahren wird als ARMS (*amplification refractory mutation system*), ASP (*allele-specific PCR*), PASA (*PCR amplification of specific alleles*) oder ASA (*allele-specific amplification*) bezeichnet. b) Analyse des Exons 11 der $\beta$-Hexosaminidase A. In den ungeraden Spuren befinden sich die Produkte, die mit dem gemeinsamen und dem normalen Primer hergestellt wurden, in den gradzahligen Spuren dagegen die Produkte, die mit dem gemeinsamen und dem mutierten Primer gewonnen wurden. Die Personen A und B besitzen an dieser Stelle ein normales Allel, die Personen C und D sind dagegen heterozygot. Teil (b) stammt aus Newton und Graham (1994) PCR. Spektrum Akademischer Verlag .

Die PCR ist berüchtigt für ihre Störanfälligkeit für Verunreinigungen und Artefakte; daher muß man unbedingt in jedem Test eine entsprechende Reihe von Kontrollen durchführen. In den beschriebenen Experimenten zum Nachweis von Allelen kann eine geeignete Kontrolle darin bestehen, Tests parallel mit bekannten Allelen durchzuführt. Mehrfachreaktionen enthalten zum Teil ihre eigenen internen Kontrollen – es gibt fast keinen Patienten, der mehr als ein oder zwei mutierte Varianten des untersuchten Genes besitzt; daher sollten die meisten getesteten Varianten bei ihm vom Wildtyp sein.

## 9.5 Literatur


1. Orita, M.; Iwahana, H.; Kanazawa, H.; Hayashi, K.; Sekiya, T. *Detection of Polymorphisms of Human DNA by Gel Electrophoresis as Single-Strand Conformation Polymorphisms.* In: *Proc. Natl. Acad. Sci. USA* 86 (1989) S. 2766–2770.
2. Makino, R.; Yazyu, H.; Kishimoto, Y.; Sekiya, T.; Hayashi, K. *F-SSCP: Fluorescence-Based Polymerase Chain Reaction Single-Strand Conformation Polymorphism (PCR-SSC) Analysis.* In: *PCR Methods and Applications* 2 (1992) S. 10–13.
3. Myers, R. M.; Sheffield, V. C.; Cox, D. R. In: Davies, K. (Hrsg.) *Genome Analysis: A Practical Approach.* Oxford (Oxford University Press) (1988). S. 95f.
4. Nelson, M.; McClelland, M. *Effect of Site-Specific Methylation on DNA Modification Methyltransferases and Restriction Endonucleases.* In: *Nucleic Acids Res.* 20 Suppl. (1992) S. 2145–2157.
5. Saiki, R. K.; Bugawan, T. L.; Horn, G. T.; Mullis, K. B.; Erlich, H. A. *Analysis of Enzymatically Amplified Beta-Globin and HLA-DQaDNA with Allele-Specific Oligonucleotides.* In: *Nature* 324 (1986) S. 163–166.
6. Saiki, R. K.; Walsh, P. S.; Levenson, C. H.; Erlich , H. A. *Genetic Analyis of Amplified DNA with Immobilised Sequence-Specific Oligonucleotide Probes.* In: *Proc. Natl. Acad. Sci. USA* 86 (1989) S. 6230–6234.
7. Newton, C. R.; Graham, A.; Heptinstall, L. E.; Powell, S. J.; Summers, C.; Kalsheker, N.; Smith, J. C.; Markham, A. F. *Analysis of Any Point Mutation in DNA. The Amplification Refractory Mutation System (ARMS).* In: *Nucleic Acids Res.* 17 (1989) S. 2503–2516.
8. Chamberlain, J. S.; Gibbs, R. A.; Ranier, J. E.; Nguyen, P. N.; Caskey, C. T. *Deletion Screening of the Duchenne Muscular Dystrophy Locus via Multiplex DNA Amplification.* In: *Nucleic Acids Res.* 16 (1988) S. 11141–11156.
9. Beggs, A. H.; Koenig, M.; Boyce, F. M.; Kunkel, L. *Detection of 98% of DMD/BMD Gene Deletions by Polymerase Chain Reaction.* In: *Hum. Genet.* 86 (1990) S. 45–48.
10. Ferrie, R. M.; Schwarz, M. J.; Robertson, N. H.; Vaudin, S.; Super, M.; Malone, G.; Little, S. *Development, Multiplexing, and Application of ARMS Tests for Common Mutations in the CFTR Gene.* In: *Am. J. Hum. Genet.* 51 (1992) S. 251–262.
11. Gibbs, R. A.; Nguyen, P. N.; Caskey, C. T. *Detection of Single DNA Base Differences by Competitive Oligonucleotide Priming.* In: *Nucleic Acids Res.* 17 (1989) S. 2437–2448.

12. Chehab, F. F.; Kan, Y. W. *Detection of Sickle Cell Anaemia by Colour DNA Amplification.* In: *Lancet* 335 (1990) S. 15–17.

# 10. Sequenzierung von PCR-Produkten

## 10.1 Einführung

Mit einer PCR kann man einen bestimmten DNA-Bereich zwischen zwei bekannten DNA-Sequenzen gezielt *in vitro* vervielfältigen [1–3]. Dazu synthetisiert man Oligonucleotide, die zu den bereits bekannten Sequenzen komplementär sind, und benutzt sie als Primer für die DNA-Synthese. Außer den Primern und der DNA-Matrize gehören zur Reaktion nur noch eine DNA-Polymerase, dNTPs sowie verschiedene Puffer und Salze, die für die Polymeraseaktivität erforderlich sind – speziell $Mg^{2+}$. Das Verfahren ist in Abbildung 10.1 skizziert. Dank der exponentiellen Natur der PCR können DNA-Fragmente aus winzigen Mengen an DNA-Matrize gezielt millionenfach vermehrt werden.

Seit ihrer Einführung im Jahre 1985 hat sich die PCR zu einer bedeutenden molekularbiologischen Technik entwickelt; ständig kommen neue Anwendungsmöglichkeiten hinzu. Zu den technischen Verbesserungen gehören die Einführung hitzebeständiger DNA-Polymerasen [4], von denen die bekannteste die *Taq*-DNA-Polymerase ist, sowie die Entwicklung programmierbarer Temperaturkontrollgeräte, die als Thermocyler oder *PCR*-Maschinen bezeichnet werden. Die enorme Bedeutung dieses Verfahrens wurde im Jahre 1993 durch die Verleihung des Nobelpreises für Chemie an Kary Mullis gewürdigt.

Man kann mit Hilfe der PCR Matrizen für die Sequenzierung herstellen, indem man den Bereich, für den man sich interessiert, aus einer einzigen Kolonie oder einem einzelnen Plaque amplifiziert [5,6]. Das ersetzt das übliche Verfahren, Klone wachsen zu lassen und anschließend die DNA aus der Kultur aufzureinigen. Da sich die PCR einfach automatisieren läßt, wird diese Methode bei Sequenzierungsprojekten mit hohem Durchsatz wahrscheinlich bevorzugt.

Ungereinigt eignet sich ein PCR-Produkt normalerweise nicht als Matrize für die DNA-Sequenzierung, da man davon ausgehen kann, daß einige Reaktionskomponenten – beispielsweise dNTPs und Primer – die Sequenzierungsreaktion stören. Abschnitt 5.4 beschreibt verschiedene Verfahren, um amplifizierte DNA von Verunreinigungen zu befreien.

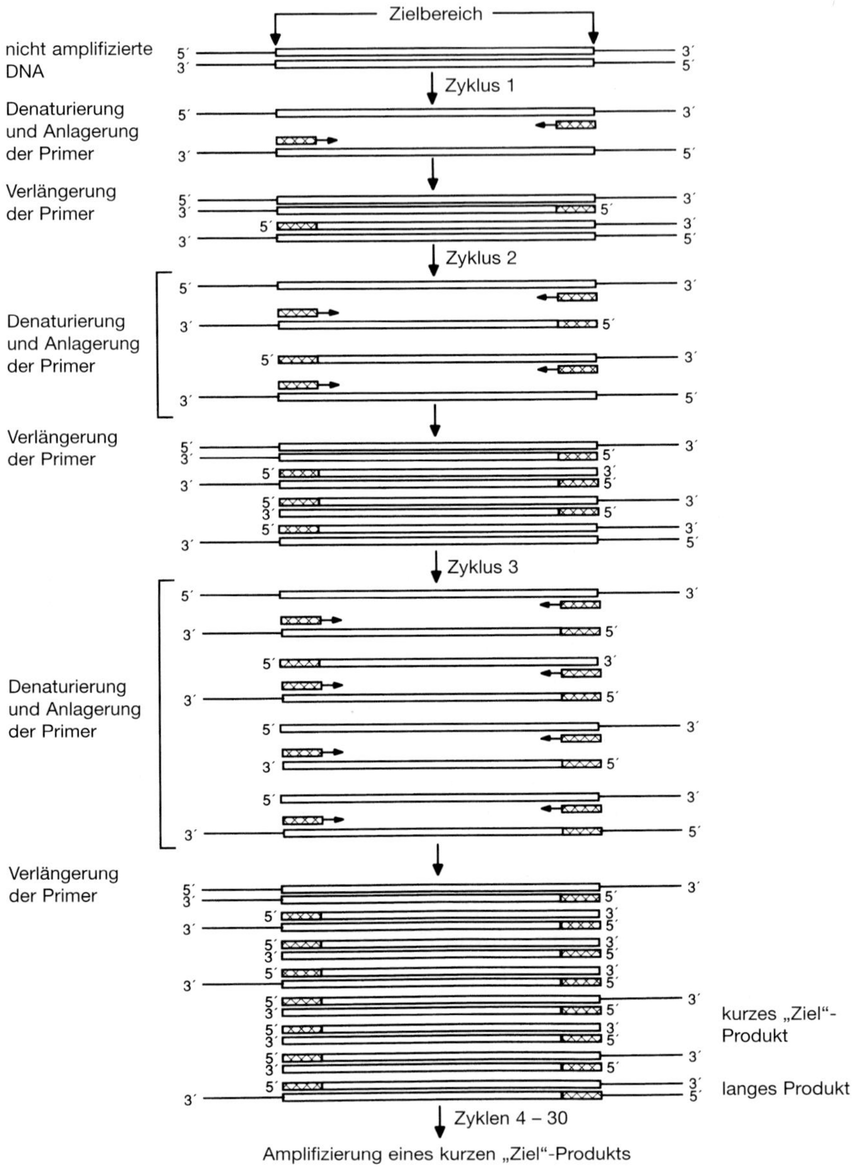


**10.1** Die Polymerasekettenreaktion. Die PCR ist ein zyklisches Verfahren, bei dem sich in jeder Runde die Anzahl der DNA-Kopien verdoppelt. Durch Erhitzen trennt man die Stränge der Ziel-DNA; anschließend kühlt man die Reaktion wieder ab, damit sich die Primer spezifisch an den Zielbereich anlagern können. In Anwesenheit aller vier dNTPs und eines geeigneten Puffers werden die Primer durch eine DNA-Polymerase verlängert und so der ursprüngliche Zielbereich kopiert. Dieser Zyklus wiederholt sich in der Regel 20–40mal. Die kurzen Produkte der „Ziel"-Sequenzen werden ab dem vierten Zyklus exponentiell vervielfältigt, die langen dagegen nur linear. Aus Newton und Graham (1994) PCR. Spektrum Akademischer Verlag.

Ausführlichere Informationen zur PCR findet man in einem anderen Band dieser Serie [7].

## 10.2 Sequenzierung von PCR-Produkten

Es gibt verschiedene Ansätze, PCR-Produkte zu sequenzieren. Am naheliegendsten ist es vielleicht, das PCR-Produkt einfach in ein Plasmid oder ein Phagemid zu klonieren und dann zu sequenzieren. Dabei muß man sich darüber im klaren sein, daß ein gereinigtes PCR-Produkt aus einem Gemisch von DNA-Molekülen besteht, deren Sequenz nicht vollkommen identisch ist. Denn da die hitzestabilen DNA-Polymerasen eine gewisse Fehlerrate haben, werden gelegentlich falsche Basen eingeführt [8]. Diese Fehler werden dann in den folgenden Replikationsrunden kopiert.

In einem einzigen Molekül eines 1-kb-PCR-Produkts, das mit einer *Taq*-DNA-Polymerase synthetisiert wurde, sind normalerweise im Vergleich zur ursprünglichen Matrize wenige – unter Umständen auch gar keine – Basen ausgetauscht. Diese Fehler treten im wesentlichen zufällig auf, so daß unterschiedliche Moleküle derselben Reaktion dieselben Fehler haben oder auch nicht haben können, wohingegen Moleküle einer anderen PCR-Amplifizierung mit identischen Matrizen, Primern und Bedingungen kaum dieselben Fehler aufweisen werden (Abbildung 10.2). Es sind noch andere hitzebeständige Polymerasen mit einer geringeren, aber noch bestimmbaren Fehlerrate erhältlich, beispielsweise die *Pfu*-DNA-

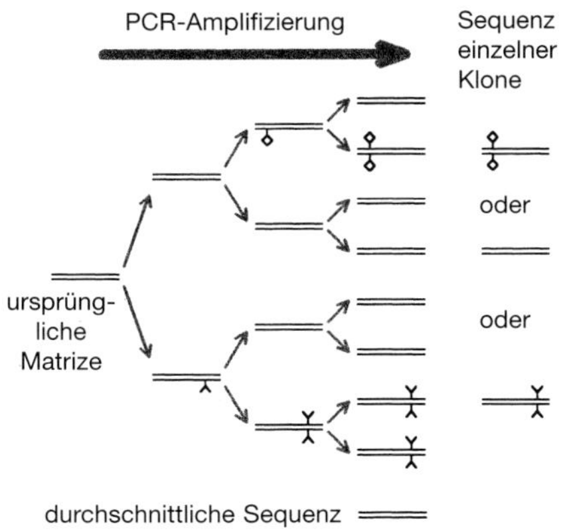


**10.2** Fehler in der PCR. Die DNA-Replikation während der PCR hat eine erhebliche Fehlerquote. Da die Fehler in den folgenden Replikationsrunden vermehrt werden, besteht das Endprodukt aus einer Mischung von Molekülen; bei vielen wurden gegenüber der ursprünglichen PCR-Matrize einzelne Basen ausgetauscht. Sequenziert man alle zusammen, findet man für jede Position die dominierende Base. Bei der Klonierung isoliert man aus dem Ansatz ein einzelnes Molekül, das allerdings unter Umständen nicht exakt der ursprünglichen Matrize entspricht.

Polymerase, deren Kopiergenauigkeit zwölffach höher liegen soll als die der *Taq*-Polymerase.

### 10.2.1 Sequenzanalyse von PCR-Produkten

Die mangelhafte Kopiergenauigkeit der PCR hat entscheidende Konsequenzen für die Sequenzierung von PCR-Produkten. Bei der Subklonierung eines PCR-Produkts selektiert man ein Molekül aus dem Ansatz und vermehrt es klonal. Will man mit der PCR eine DNA für eine Subklonierung synthetisieren und dabei eventuell zweckmäßige Restriktionsschnittstellen einführen oder eine schwer zugängliche Matrize amplifizieren, dann ist es wichtig, den Subklon zu sequenzieren. Dadurch stellt man sicher, daß der Subklon die gewünschte Sequenz hat und nicht irgendwelche unerwünschten Mutationen enthält. Will man dagegen die Basenfolge der DNA-Matrize bestimmen, die in der ursprünglichen PCR benutzt wurde, ist es wichtig, sich nicht von den bei der Amplifizierung aufgetretenen Fehlern der Polymerase in die Irre führen zu lassen. Dafür gibt es zwei Möglichkeiten.

**Sequenzierung unabhängiger Subklone** Da es unwahrscheinlich ist, daß bei voneinander unabhängigen Polymerasekettenreaktionen erneut dieselben Fehler auftreten, kann man ein PCR-Produkt jeweils von drei unabhängigen Amplifizierungen subklonieren und anschließend sequenzieren. Sequenzvariationen innerhalb der Subklone sind dann auf Polymerasefehler zurückzuführen. Da diese Fehler selten sind, sollte jeder Fehler nur in einem der drei Subklone auftauchen, so daß man die Sequenz der ursprünglichen PCR-Matrize rekonstruieren kann.

**Direkte Sequenzierung des PCR-Produkts** Meist sequenziert man das PCR-Produkt direkt. Wenn in der ersten Runde bei der Amplifizierung einer Matrize, die nur in sehr geringer Kopienzahl vorliegt, keine Fehler unterlaufen, sind auch die Reaktionsprodukte weitgehend fehlerfrei. Die überwiegende Mehrheit der Moleküle wird daher die richtige Base besitzen. Sequenziert man viele Molekülen gleichzeitig, gibt die *durchschnittliche* Sequenz an jeder Position die Sequenz der Matrize in der ursprünglichen PCR wider (Abbildung 10.2).

### 10.2.2 Kopiergenauigkeit anderer Polymerasen

Die hier besprochenen Schwierigkeiten mit der unzureichenden Kopiergenauigkeit der Polymerasen treten auch in anderen Zusammenhängen auf.

Bei einer PCR-Reaktion verschärft sich aufgrund der etwa 20 Zyklen der DNA-Synthese das Problem, aber selbst Reaktionen, die nur einen Schritt erfordern, können schon zu Fehlern führen. Beispielsweise kopieren Reverse Transkriptasen relativ ungenau. Daher muß man vorsichtig sein, wenn man für cDNA-Varianten einen Polymorphismus in den Genen verantwortlich macht, von denen diese Sequenzen stammen, anstatt in ihnen Fehler zu sehen, die während der reversen Transkription eingeführt wurden. Ähnlich verhält es sich mit dem Auffüllen der Enden durch eine Klenow- oder T4-DNA-Polymerase und der anschließenden Ligation der glatten Enden; man weiß, daß dabei ziemlich häufig eine Base eingefügt wird oder verloren geht, so daß man die Sequenz durch eine weitere Sequenzierung oder andere Untersuchungen an der Verbindungsstelle bestätigen muß, um sicher zu sein, daß sie die gewünschte Basenfolge hat.

## 10.3 Nachweis von Mutanten durch Sequenzierung von PCR-Produkten

Genetiker wollen die molekulare Basis der Mutanten kennen, mit denen sie arbeiten. Kliniker benötigen einen verläßlichen Test für die Mutanten, die zu Erbkrankheiten führen. Normalerweise ist es viel zu zeitaufwendig, das mutierte Gen auf traditionelle Weise zu klonieren, indem man aus einem mutierten Gewebe eine Genbank erstellt. Außerdem sind unter bestimmten Umständen wie etwa einer vorgeburtlichen Untersuchung nur geringe Mengen DNA vorhanden. Daher amplifiziert man die DNA, die man untersuchen will, mit einer PCR. Da die optimale Größe für eine PCR und die Sequenzierung nur wenige hundert Basen beträgt, ein Gen aber in der Regel mindestens einige Kilobasen lang ist, kann das bedeuten, daß mehrere überlappende Amplifizierungen erforderlich sind.

Es ist relativ einfach, eine homozygot rezessive Mutation nachzuweisen, da die gesamte amplifizierte DNA die mutierte Sequenz enthält. Sequenziert man alle PCR-Produkte zusammen, findet man dann an der Mutationsstelle eine andere Sequenz als im Wildtyp. Oft ist es sinnvoll, zum direkten Vergleich neben den Proben aus dem Experiment eine Wildtypkontrolle mitlaufen zu lassen. Viel schwerer läßt es sich dagegen abschätzen, wie groß der Anteil der Allelformen ist. In Proben aus der Keimbahn von Heterozygoten dürfte das Verhältnis 50 : 50 sein; bei gemischten Viruspopulationen, mRNAs oder modifizierten DNAs ist jedoch jedes Verhältnis möglich. Um die Häufigkeit verschiedener Allele nachweisen und quantifizieren zu können, muß man sorgfältig die Signalstärke normalisieren und die PCR-Bedingungen optimal einstellen, um zu vermeiden, daß einzelne Varianten unterschiedlich stark vermehrt werden

[9]. Wie man dabei vorgeht, wird in Abschnitt 10.4 am Beispiel des 5-Methylcytosin (5-MeC)-Nachweises beschrieben.

Noch einfacher ist es, dominante Mutationen nachzuweisen oder Träger von rezessiven Mutationen oder Polymorphismen zu identifizieren. Jede Person besitzt entweder zwei Kopien des Wildtypgens, zwei mutierte Kopien oder jeweils eine Kopie von jedem; man muß daher nur diese drei Möglichkeiten unterscheiden können. Bei der PCR werden beide Gene amplifiziert; bei der Sequenzierung findet man daher eine Mischung aus Wildtypsequenz und mutierter Sequenz. Bei Punktmutationen erscheinen dann an der Mutationsstelle die entsprechenden Basen (Abbildung 10.3).

Diagnostiklabors erfordern einen großen Durchsatz und müssen jede Mutation schnell und präzise erkennen können. Ihre Situation ist wie geschaffen für die automatische Sequenzierung (Kapitel 7). Leider machen es unterschiedlichen Signalstärken bei den Farbterminatoren (Ab-

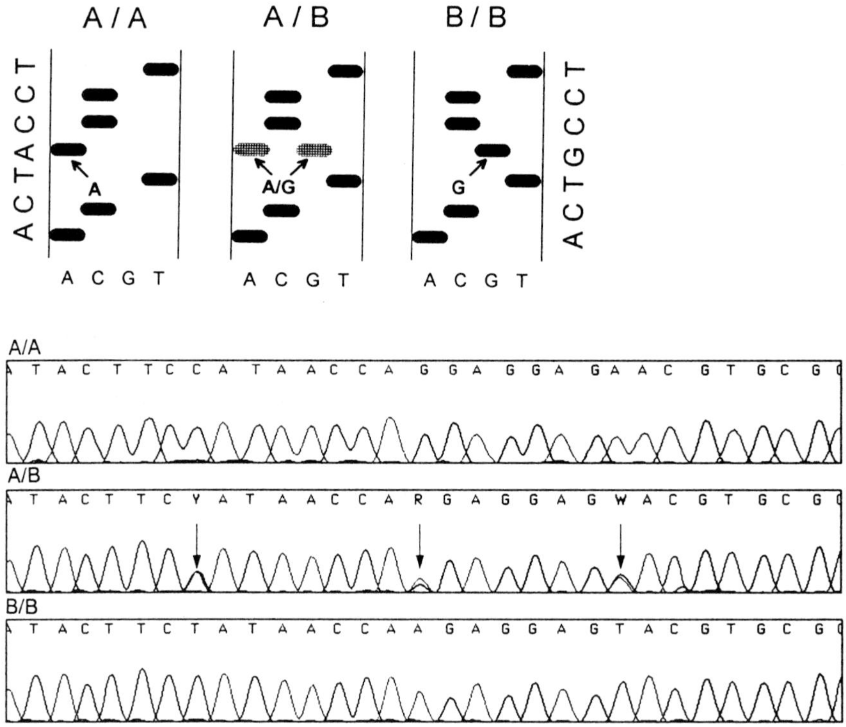


**10.3** Nachweis von Heterozygoten. Eine Heterozygote enthält an einer bestimmten Stelle in der Sequenz zwei verschiedene Basen. Vergleicht man sie mit homozygoten Kontrollmatrizen, kann man ihre Existenz bestätigen und einen Sequenzierungsartefakt ausschließen. Die automatischen Sequenzdaten stammen vom HLA-DRB1-Gen; sie wurden mit Hilfe von Farbprimern gewonnen. Wiedergabe aus [10] mit freundlicher Genehmigung von Perkin-Elmer Applied Biosystems Division.

schnitt 7.3.1) sehr schwer, Heterozygote nachzuweisen. Mit Farbprimern (Abschnitt 7.3.2) ist die Interpretation leichter: Bei Homozygoten findet man gleich starke Signale, bei Heterozygoten dagegen an der Mutationsstelle zwei Signale, von denen jedes halb so stark ist wie bei einem Homozygoten. Für die Sequenzierung mit Farbprimern benötigt man allerdings einen Satz farbmarkierter Primer, die in der Lage sind, sich an die Sequenzierungsmatrize – in diesem Fall ein PCR-Produkt – anzulagern. Das heißt, man muß entweder in das PCR-Produkt die Sequenz eines Standardfarbprimers einbauen oder einen speziellen Satz Farbprimer synthetisieren.

### 10.3.1 Primer mit Anhängen

Bei dieser Technik besitzt ein PCR-Primer an seinem 5'-Ende zusätzlich die –21M13-Sequenz und der andere die M13-Rev-Primersequenz. Man kann dann das PCR-Produkt mit Standardfarbprimersätzen sequenzieren: mit –21M13 vom einen Ende aus und mit M13 Rev vom anderen (Abbildung 10.4). Die beiden Primer haben die folgende Sequenz:

| **Primer** | **Sequenz** |
|---|---|
| –21M13 | 5'-TGTAAAACGACGGCCAGT |
| M13 Rev | 5'-CAGGAAACAGCTATGACC |

**Vorteile** Der Hauptvorteil dieser Methode besteht darin, daß beide Stränge in einer einzigen PCR-Reaktion sequenziert werden können. Außerdem kann man, da nur zwei Arten von Sequenzierungsprimern verwendet werden, die Reaktionsbedingungen optimieren, standardisieren und möglicherweise sogar automatisieren.

**Nachteile** Bei der Synthese der PCR-Primer sind noch zusätzlich die oben angegebenen 18 Basen anzuhängen. Das erhöht die Kosten für die Primer, besonders, da man lange Primer vor dem Einsatz unter Umständen noch reinigen muß.

### 10.3.2 Maßgeschneiderte Farbprimer

Bei dieser Methode werden die PCR-Primer weder verlängert, noch werden sie von bestimmten Sequenzen abgeleitet. Man sequenziert das PCR-Produkt mit speziell angefertigten Farbprimern (Abbildung 10.5). Diese sollten so konstruiert sein, daß sie zu einem internen Bereich des PCR-Produkts komplementär sind, so daß Primerartefakte aus der PCR-Reakti-

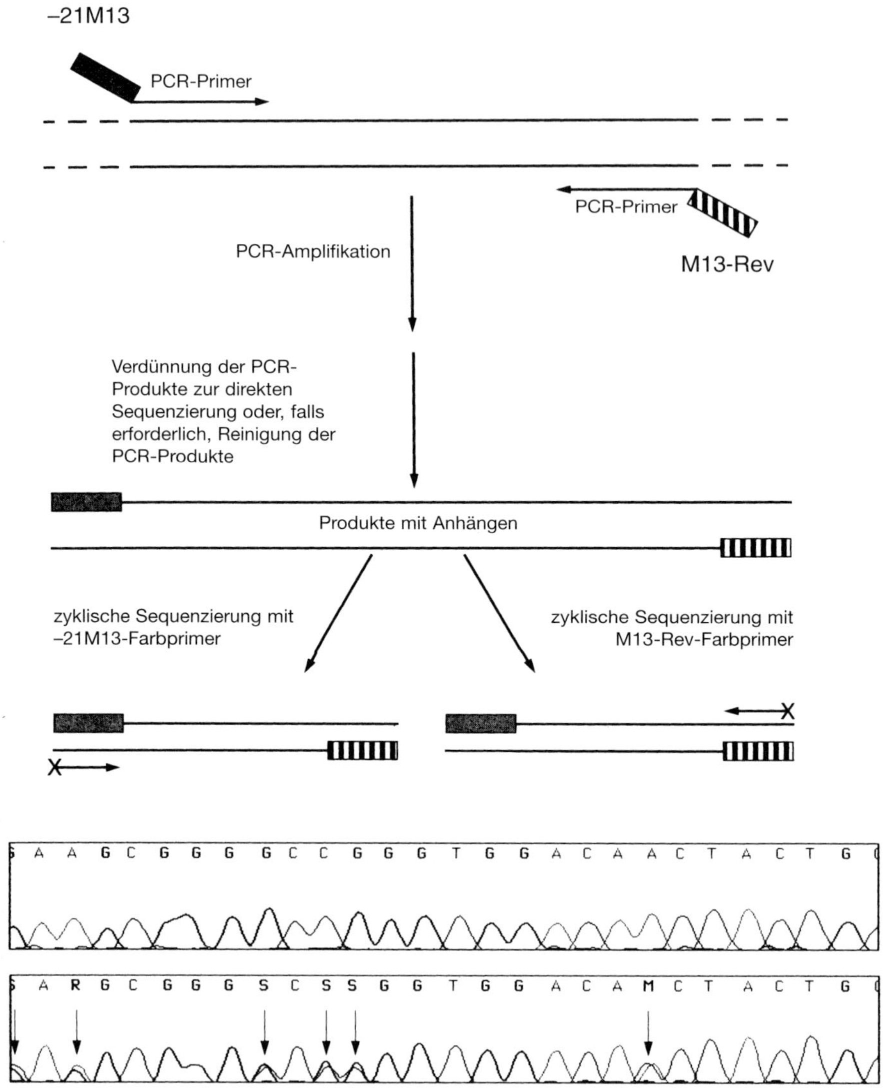


**10.4** Verwendung von PCR-Primern mit Anhängen und ein typischer Sequenzausdruck. Wiedergabe aus [10] mit freundlicher Genehmigung von Perkin-Elmer Applied Biosystems Division.

on nicht die Sequenzierungsreaktion beeinträchtigen. Auf diese Weise kann man, indem man ein einzelnes langes PCR-Produkt mit mehreren Farbprimern sequenziert, die Anzahl der PCR-Reaktionen, die man durchführen muß, auf ein Minimum reduzieren.

**Vorteile** PCR-Primer sind billiger; man kann vorhandene Oligonucleotide nutzen und lange PCR-Produkte mit unterschiedlichen Primersät-

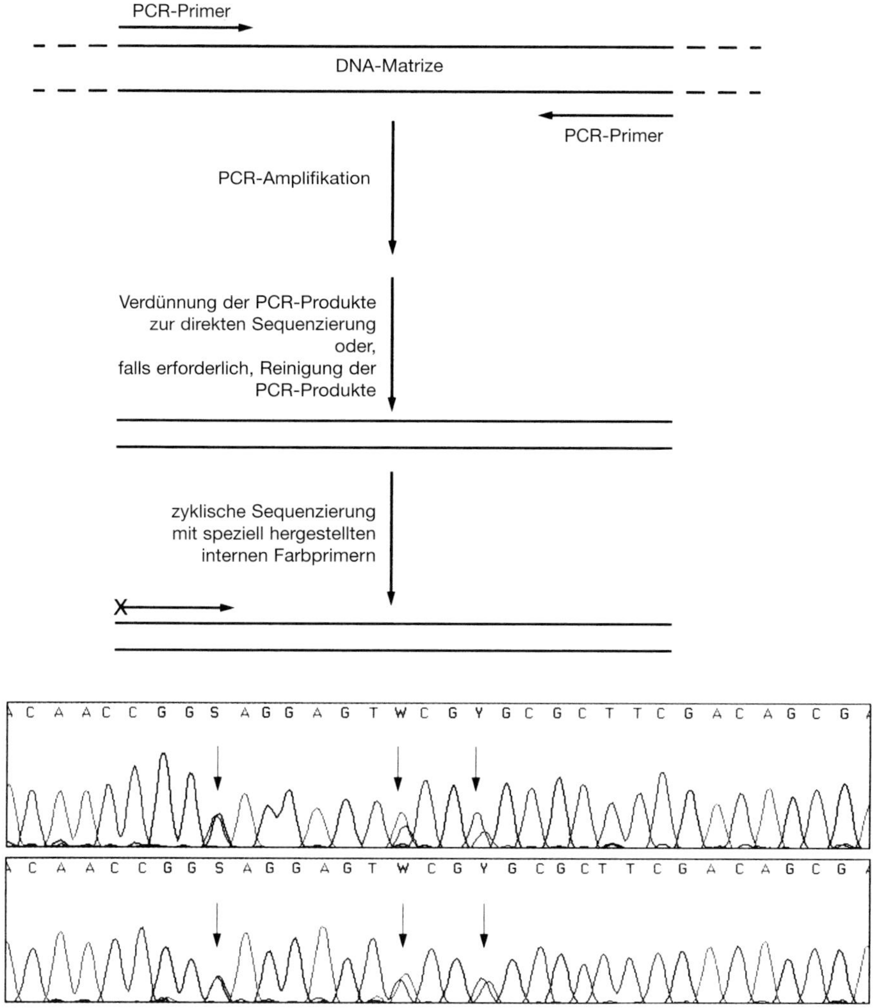


**10.5** Einsatz gängiger Farbprimer und typischer Sequenzausdruck. Wiedergabe aus [10] mit freundlicher Genehmigung von Perkin-Elmer Applied Biosystems Division.

zen sequenzieren. Diese Methode toleriert mehr Primerartefakte in der Matrize, da Sequenzierungs- und PCR-Primer nicht komplementär sind.

**Nachteile** Man muß spezielle Farbprimer anfertigen lassen, die viel teurer sind als Standardprimer. Soll der Bereich mehrmals sequenziert werden, lohnen sich unter Umständen diese zusätzlichen Kosten pro Probe. Spezialprimer sollten die ersten fünf Basen des M13-Rev-Primers (5'-CAGGA-3') tragen. Dann kann eine Korrektursoftware die Mobilitäts-

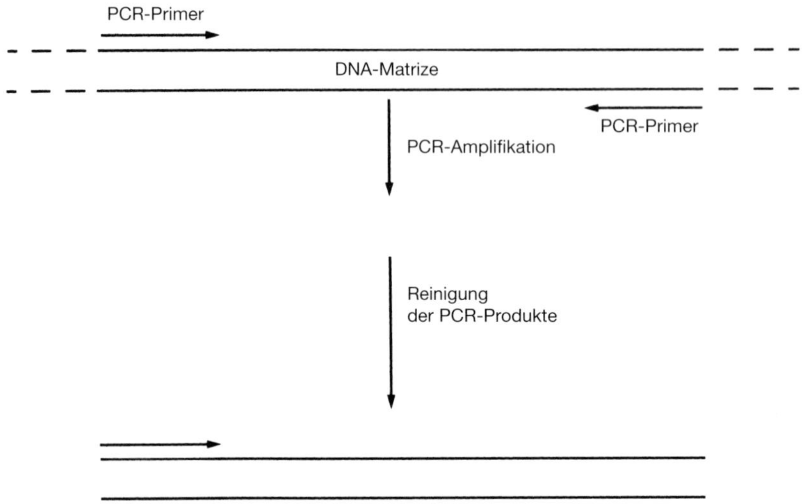


zyklische Sequenzierung unter Verwendung von Farbterminatoren mit dem AmpliTaq-FS-Enzym und einem unmarkierten Sequenzierungsprimer; dies kann einer der PCR-Primer oder ein interner Primer sein. Dargestellt ist ein PCR-Primer.

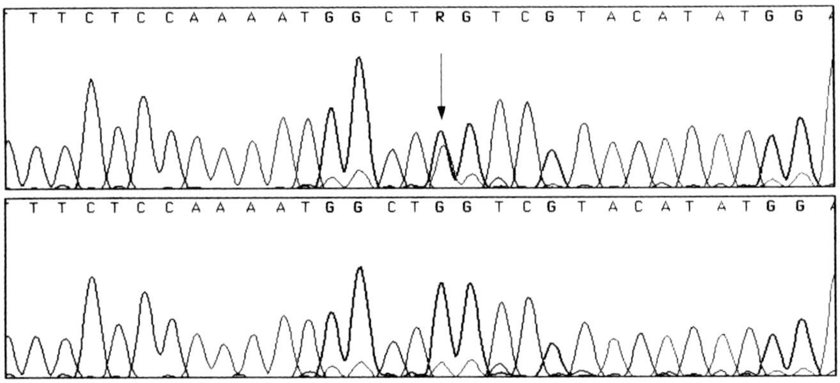


**10.6** Nachweis einer Heterozygote mit Farbterminatoren. Wiedergabe aus [10] mit freundlicher Genehmigung von Perkin-Elmer Applied Biosystems Division.

effekte ausgleichen, die bei Fragmenten mit einer Länge von bis zu etwa 50 Basen auftreten (Abschnitt 7.3.2).

## 10.3.3 Farbterminatoren

Trotz der variablen Signalstärke kann man Heterozygote auch mit Farbtermimatoren nachweisen (Abbildung 10.6). Allerdings muß man, um verläßliche Ergebnisse zu erzielen, beide Stränge sequenzieren und jede offensichtliche Abweichung vom Wildtyp sorgfältig auf beiden Stängen überprüfen. Das ist natürlich wesentlich arbeitsintensiver als das Verfahren mit den Farbprimern, das viel weniger manueller Kontrolle bedarf. Andererseits sind weder verlängerte noch von bestimmten Sequenzen abgeleitete Primer erforderlich; daher ist der Einsatz von Farbterminatoren wahrscheinlich erheblich billiger.

### 10.3.4 Nachweis von Heterozygoten

Kompressionen, Coterminationen sowie andere Sequenzartefakte können falschpositiv und falschnegativ auf Heterozygote verweisen. Es ist daher auf jeden Fall die zuverlässigste Art, eine Heterozygote zu bestätigen,

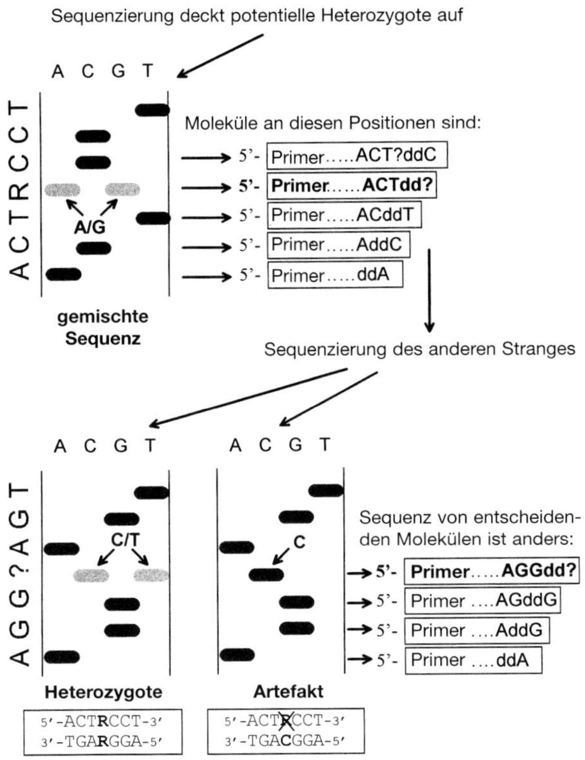


**10.7** Bestätigung einer Heterozygote. Wenn man an einer Position zwei verschiedene Basen findet, kann es dafür zwei Gründe geben: Es haben zwei verschiedene Matrizen vorgelegen (dann handelt es sich um eine Heterozygote), oder eine Sekundärstruktur hat ein Sequenzierungsartefakt verursacht. Sequenziert man den Bereich auf dem anderen Strang, haben die so entstandenen Moleküle eine völlig andere Struktur. Weist man bei ihnen wiederum zwei verschiedene Basen nach, bestätigt sich, daß eine Heterozygote vorliegt, gelingt das nicht, hat sich wohl aufgrund einer Sekundärstruktur ein Fehler in die ursprüngliche Sequenz eingeschlichen.

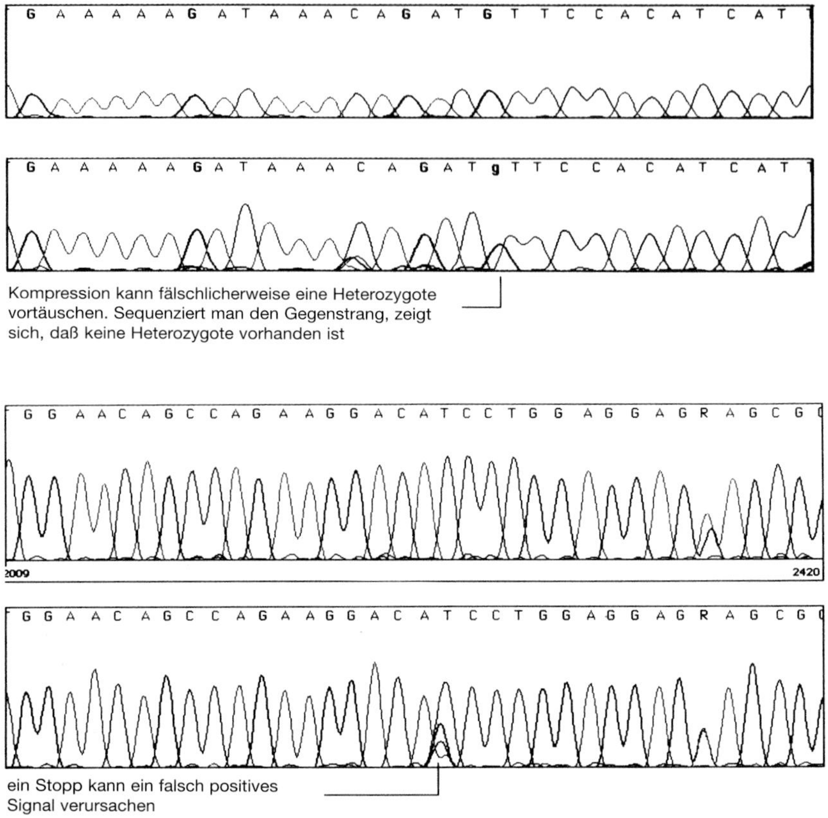


**10.8** Kompressionen oder Coterminationen können wie Heterozygote aussehen. Arbeitet man mit Farbprimern, kommt es leicht zu Kompressionen oder Coterminationen, die man beide mit Heterozygoten verwechseln kann. Sequenziert man den anderen Strang, läßt sich das Problem in der Regel lösen. Wiedergabe aus [10] mit freundlicher Genehmigung von Perkin-Elmer Applied Biosystems Division.

indem man den Bereich in entgegengesetzter Richtung sequenziert. Es ist sehr unwahrscheinlich, daß dabei dasselbe Nucleotid an einem sequenzspezifischen Artefakt beteiligt ist, da es im zweiten Strang andere Nachbarsequenzen besitzt als in der ursprünglichen Sequenz (Abbildungen 10.7 und 10.8).

## 10.4 Sequenzierung methylierter DNA

Eine Bisulfitbehandlung ist eine effiziente Art, in der DNA einzelne 5-MeC-Reste nachzuweisen [11,12]. Unter Bedingungen, bei denen 5-MeC-Reste nicht angegriffen werden, desaminiert Natriumbisulfit Cytosinreste in DNA-Einzelsträngen zu Uracil. Anschließend kann die DNA über eine PCR amplifiziert werden. U- und T-Reste werden dabei zu T, und nur MeC-Reste werden als Cytosin (C) vervielfältigt. Anschließend kann man die Sequenz eines PCR-Produkts mit der eines Kontroll-PCR-Produkts aus unbehandelter DNA vergleichen (Abildung 10.9). Ob ein Cytosin methyliert ist oder nicht, läßt sich durch direkte Sequenzierung des PCR-Produkts ermitteln. Das Methylierungsmuster einzelner Moleküle bestimmt man dagegen dadurch, daß man einzelne Moleküle des PCR-Produkts subkloniert und sequenziert. Das ist recht einfach: Jeder Rest ist entweder ein C oder ein T. Viel schwerer ist es dagegen, im PCR-Produkt über eine direkte Sequenzierung das genaue Verhältnis von C zu T quantitativ zu bestimmen. Bei einem kürzlich publizierten Verfahren [12] verwendet man in der ersten PCR einen biotinylierten Primer sowie einen Primer mit einem –21M13-Anhang, um das Produkt mit Magnetkügelchen als Festphase (Dynal AS, Oslo, Norwegen) einzufangen; anschließend sequenziert man es direkt mit –21M13-Farbprimern (Abschnitte 5.4.1 und 10.3.1). Für jeweils zwei Reaktionen (C und T beziehungsweise A und G) benutzt man dasselbe Fluorochrom (FAM), um die Signalstärken direkt vergleichen zu können. Da eine Software für Sequenzanalysen die unterschiedliche Beladung und die Eigenschaften der vier Farbstoffe

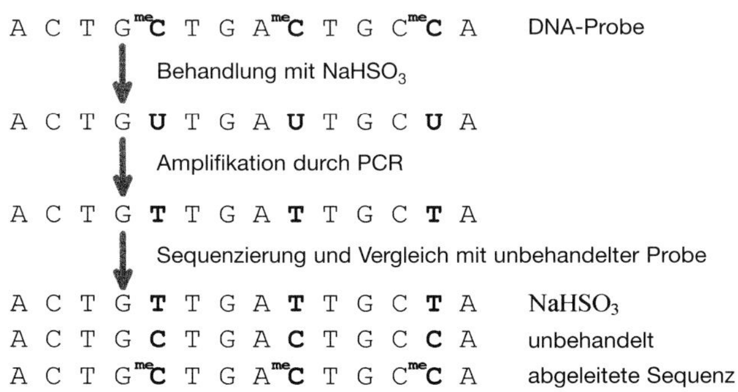


**10.9** Nachweis von 5-Methylcytosin. Unter Bedingungen, bei denen Cytosin, aber nicht 5-MeC desaminiert wird, behandelt man die DNA, die untersucht werden soll, mit Natriumbisulfit. Anschließend amplifiziert man die modifizierte DNA durch eine PCR. Dabei wird eine U wie ein T repliziert und ein 5-MeC wie ein C. Die amplifizierte DNA wird dann sequenziert, und die Sequenz mit einer identischen Probe verglichen, die nicht mit Natriumbisulfit behandelt wurde; daraus leitet man dann das Methylierungsmuster in der ursprünglichen DNA-Probe ab.

in jeder Reaktion normalisiert, wurde statt dessen eine ABI GENESCAN-Analyse vorgenommen, bei der solche Korrekturen unterbleiben.

## 10.5 Literatur


1. Saiki, R. K.; Scharf, S.; Faloona, R.; Mullis, K. B.; Horn, G. T.; Erlich, H. A.; Arnheim, N. *Enzymatic Amplification of Beta-Globin Genomic Sequences and Restriction Site Analysis for Diagnosis of Sickle Cell Anemia.* In: *Science* 230 (1985) S. 1350–1354.
2. Mullis, K. B.; Faloona, F.; Scharf, S.; Saiki, R.; Horn, G.; Erlich, H. *Specific Enzymatic Amplification of DNA* in vitro*: the Polymerase Chain Reaction.* In: *Cold Spring Harbor Symp. Quant. Biol.* 51 (1986) S. 263–273.
3. Mullis, K. B.; Faloona, F. A. *Specific Synthesis of DNA* in vitro *via a Polymerase-Catalysed Chain Reaction.* In: *Methods Enzymol.* 155 (1987) S. 335–350.
4. Saiki, R. K.; Gelfand, D. H.; Stoffel, S.; Scharf, S. J.; Higuchi, R.; Horn, G. T.; Mullis, K. B.; Erlich, H. A. *Primer-Directed Enzymatic Amplification of DNA with a Thermostable DNA Polymerase.* In: *Science* 239 (1988) S. 487–491.
5. Walsh, P. S.; Metzger, D. A.; Higuchi, R. *Chelex 100 as a Medium for Simple Extraction of DNA for PCR-Based Typing from Forensic Material.* In: *BioTechniques* 10 (1991) S. 506–513.
6. Krishnan, B. R.; Blakesley, R. W.; Berg, D. E. *Linear Amplification DNA Sequencing Directly from Single Phage Plaques and Bacterial Colonies.* In: *Nucleic Acids Res.* 19 (1991) S. 1153.
7. Newton, C. R.; Graham, A. *PCR.* 2. Auflage. Heidelberg (Spektrum Akademischer Verlag) 1997.
8. Tindall, K. R.; Kunkel, T. A. *Fidelity of DNA Synthesis by the* Thermus aquaticus *DNA Polymerase.* In: *Biochemistry* 27 (1988) S. 6008–6013.
9. Larder, B. A.; Kohli, A.; Kellam, P.; Kemp. S. D.; Kronick, M.; Henfrey, R. D. *Quantitative Detection of HIV-1 Drug Resistance Mutations by Automated DNA Sequencing.* In: *Nature* 365 (1993) S. 671–673.
10. *Comparative PCR Sequencing.* California (Perkin-Elmer/ABI) 1995.
11. Grigg, G. W.; Clark, S. J. *Sequencing 5-Methylcytosine Residues in Genomic DNA.* In: *BioEssays* 16 (1995) S. 431–436.
12. Paul, C. L.; Clark, S. J. *Cytosine Methylation: Quantation by Automated Genomic Sequencing and GENESCAN™ Analysis.* In: *BioTechniques* 21 (1996) S. 126–133.

# 11. Strategien für die Entschlüsselung neuer Sequenzen

## 11.1 Einführung

Damit man unbekannte Sequenzen mit Hilfe der Kettenabruchmethode ermitteln kann, müssen sie neben einem kurzen Abschnitt mit einer bekannten Basenfolge liegen. Dann läßt sich mit Sequenzierungsprimern, die zu der bekannten Sequenz komplementär sind, die Abfolge einiger hundert angrenzender Basen bestimmen. Für *de novo*-Sequenzierungsprojekte müssen jedoch häufig sehr viel mehr Basen neu bestimmt werden. cDNAs sind beispielsweise in der Regel einige tausend Basen lang, und die Länge von Cosmiden liegt bei etwa 50 Kilobasen. Ein Extremfall ist das *Human Genome Project*; dafür muß das gesamte menschliche Genom von ungefähr $3 \times 10^9$ Basen präzise sequenziert werden. In diesem Kapitel werden die verschiedenen Verfahren und Strategien vorgestellt, mit denen man trotz der begrenzten Reichweite der einzelnen Sequenzierungsreaktionen lange DNA-Segmente sequenzieren kann.

Dieses Gebiet wird sich durch die Genomsequenzierungprojekte enorm verändern. In den nächsten Jahren oder Jahrzehnten wird das menschliche Genom sowie die Genome der meisten wichtigen biologischen Modellorganismen entschlüsselt werden. Dann wird man Klone dieser Organismen eher sequenzieren, um die Sequenz zu bestätigen, als um sie neu zu bestimmen; dabei wird man nach Mutationen, Varianten, Spleißstellen und so weiter suchen. Die Forscher von heute wollen jedoch nicht mehrere Jahre darauf warten, bis ihr Gen in einem Genomprojekt sequenziert wird!

## 11.2 Gezielte und ungezielte Strategien

Auf irgendeine Weise muß jeder Teil der langen unbekannten DNA so nah an eine bekannte Sequenz herangebracht werden, daß die unbekannte Sequenz bestimmt werden kann. Man kann die Strategien, mit denen das erreicht werden soll, grob in gezielte und ungezielte einteilen. Bei letzteren werden nach einem Zufallsmuster Sequenzen aus verschiedenen Tei-

**Tabelle 11.1: Zusammenfassung von Strategien für eine *de novo*-Sequenzierung**

| Methode | Vorteile | Nachteile |
|---|---|---|
| Primerwanderung | einfach; minimale Arbeitszeit; man erhält eine Gruppe von Primern, die die gesamte Sequenz überspannt | langsam; teuer; schwer zu automatisieren |
| Restriktionsverdau und anschließende Subklonierung | Aufbau des Contig ist kaum störanfällig gegenüber Wiederholungssequenzen; frühe Erstellung einer Restriktionskarte | erheblicher Arbeitsaufwand; schwer zu automatisieren; beruht darauf, daß die Restriktionsschnittstellen gut verteilt sind |
| „Schrotschuß"-Sequenzierung | billig; schnell; leicht zu automatisieren | gegen Ende ineffizient, da dann viele Bereiche mehrfach sequenziert werden |
| Deletionsreihe | Aufbau des Contig ist kaum störanfällig gegenüber Wiederholungsssequenzen; Deletionen können für eine funktionelle Analyse hilfreich sein | es kann unter Umständen schwierig sein, die Deletionsreihen zu erstellen |
| Sequenzierung mit Hilfe von Transposons | billig; schnell; leicht zu automatisieren | erfordert spezielle Stämme; Inserts können nur innerhalb der Reichweite der PCR analysiert werden |

len der unbekannten DNA bestimmt. Hat man genügend solcher Sequenzen zusammen, läßt sich daraus die Gesamtsequenz erstellen. Dazu werden mit Hilfe eines Computerprogramms, das nach überlappenden Sequenzen sucht, sämtliche Sequenzen zu einer zusammenhängenden Sequenz, einem „Contig", zusammengefaßt (Kapitel 15). Bei einer gezielten Strategie wird die unbekannte DNA in einer bestimmten Reihenfolge sequenziert, so daß man weiß, welcher Teil der unbekannten DNA in der jeweiligen Reaktion gerade entschlüsselt wird. Das bedeutet, daß man die einzelnen Sequenzen per Hand zu einer einzigen zusammenhängenden Sequenz zusammenfügen kann; in der Praxis werden dafür jedoch immer Computer benutzt (Kapitel 15). In Tabelle 11.1 sind einige gezielte und ungezielte Strategien zusammengestellt, die anschließend ausführlich beschrieben werden.

## 11.3 Die Technik der Primerwanderung (*primer walking*)

Die einfachste Strategie wird als Primerwanderung (*primer walking*) bezeichnet (Abbildung 11.1). Dabei stellt man anhand des am weitesten entfernten Sequenzabschnitts, der in der vorherigen Sequenzierungsreaktion noch korrekt sequenziert wurde, einen neuen Sequenzierungsprimer her. Mit diesem Primer sequenziert man dann den nächsten unbekannten Abschnitt der Matrize. Auf diese Weise wird die Sequenz Schritt für Schritt methodisch entschlüsselt, wobei man von den Enden ausgeht und sich in die Mitte vorarbeitet.

Dieses Verfahren ist relativ langsam, da man die Sequenz nur von den Enden her bestimmen kann. Bei jedem Schritt muß man sequenzieren, eine Gelelektrophorese durchführen, die Daten analysieren sowie einen neuen Primer konstruieren und synthetisieren. Der ganze Vorgang dauert mindestens einige Tage, wahrscheinlich sogar länger, wenn man den Primer bei einem extremen Lieferanten bestellt. Muß nur eine kurze cDNA sequenziert werden, kann man vielleicht hinnehmen, daß es so lange dauert, allerdings nicht bei einer langen cDNA – geschweige denn bei einem Cosmid. Zudem kann man diesen Prozeß nur schwer automatisieren. In jeder Reaktion ist ein anderer Primer erforderlich. Diese können auch nicht gleichzeitig hergestellt werden, da man für jeden von ihnen auf die Daten aus der vorherigen Reaktion angewiesen ist.

Die Technik der Primerwanderung ist außerdem relativ teuer. Für jeden Schritt muß ein neuer Sequenzierungsprimer synthetisiert werden. Bis vor

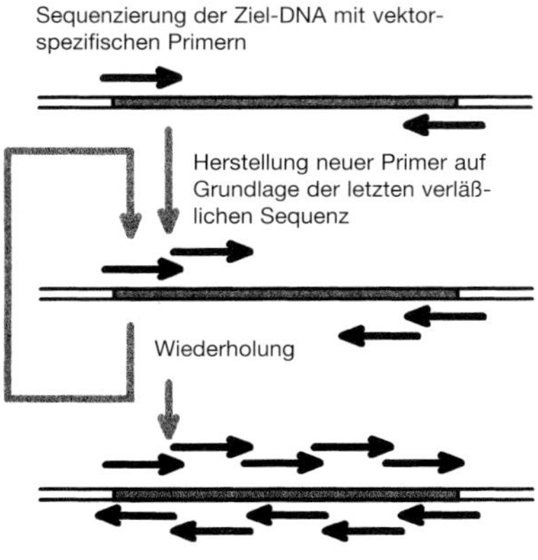


**11.1** Primerwanderung (*primer walking*). Die beiden Enden der zu untersuchenden DNA werden mit vektorspezifischen Primern, etwa „universellen" Primern, sequenziert. Auf der Grundlage der neugewonnenen Sequenzdaten synthetisiert man dann neue Primer. Dieser Prozeß wird so oft wiederholt, bis der gesamte Bereich, der untersucht werden soll, sequenziert ist.

kurzem konnten sich daher nur die finanziell am besten gestellte Labors dieses Verfahren leisten. Da jedoch die Kosten für die Oligonucleotidsynthese in den letzten Jahren drastisch gesunken sind, ist das kein entscheidender Einwand mehr gegen dieses Verfahren.

Die Primerwanderung hat mehrere Vorteile. Sie ist, was Planung und technischen Aufwand anlangt, einfach, man muß nicht subklonieren oder andere Eingriffe vornehmen, die zu einer Umstrukturierung von Klonen oder anderen Problemen führen könnten. Der Wissenschaftler muß daher wenig Zeit am Labortisch verbringen und hat, während die Sequenz langsam bestimmt wird, viel Zeit für andere Dinge.

Bei der Primerwanderung werden darüber hinaus eine Reihe von Sequenzierungsprimern synthetisiert, welche die gesamte Sequenz abdekken. Muß man eine Sequenz mehrfach bestimmen, etwa um mutierte Allele zu sequenzieren, bilden diese Primer ein wertvolles Hilfsmittel.

Wird eine einzige große Matrize mehrfach sequenziert, lohnt es sich, darauf zu achten, daß sie von optimaler Qualität ist, da dann die „Schrittlänge" so groß wie möglich ist und Fehler und Mehrdeutigkeiten in der Sequenz sich auf ein Minimum reduzieren. Reinigt man den einen Strang einer Phagemidmatrize mit Hilfe eines Helferphagen (Protokolle 5.1 und 5.2) und den anderen mit Hilfe eines Quick-Strand-Kits (NBL; Abbildung 5.2), kann man die gesamte Sequenzierung mit einer Einzelstrangmatrize durchführen.

## 11.4 Restriktionsverdau und Subklonierung

Zumindest theoretisch kann man von jeder bekannten Restriktionsschnittstelle aus Sequenzdaten bestimmen. Dafür muß man nur mit dem Restriktionsenzym schneiden und ein geeignetes Fragment so subklonieren, daß sich die unbekannte Sequenz, die sich neben der Restriktionsschnittstelle befindet, in der Nähe der bekannten Vektorsequenz wiederfindet. Dann kann man die unbekannte Sequenz mit einem Primer ermitteln, der zu dem Vektor komplementär ist. Es bietet sich oft an, ein Fragment aus dem unbekannten Klon zu deletieren, indem man den Klon an zwei oder mehr Stellen schneidet und die entstandenen Moleküle anschließend erneut mit einer DNA-Ligase zusammenfügt. Da es unwahrscheinlich ist, daß die benutzten Enzyme kompatible kohäsive Enden erzeugen, muß man die Enden in der Regel mit einer Klenow- oder T4-DNA-Polymerase in glatte Enden umwandeln. Dieses Verfahren ist in Abbildung 11.2 dargestellt.

Für diesen Ansatz benötigt man unbedingt eine genaue Restriktionskarte, die alle paar hundert Basen geeignete Restriktionsschnittstellen enthält. Ein erfahrener Molekularbiologe kann zwar sehr schnell eine Restrikti-

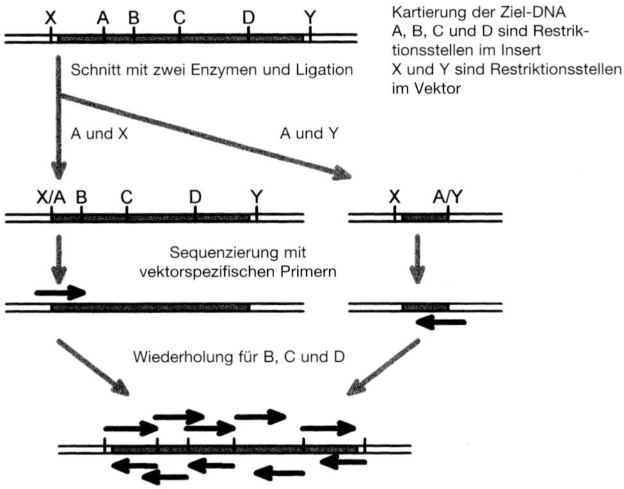


**11.2** Restriktionskartierung und Subklonierung. Man erstellt eine detaillierte, genaue Restriktionskarte der entsprechenden DNA. Mit ihrer Hilfe erzeugt man Deletionen, durch die verschiedene Teile der DNA, die man sequenzieren will, in die Nähe bekannter Vektorsequenzen gelangen. Alternativ kloniert man Fragmente in einen anderen Vektor. Diese Subklone werden mit vektorspezifischen Primern, wie beispielsweise „universellen" Primern, sequenziert. Am Ende ist, wie hier gezeigt, die Sequenz in der Regel nicht vollständig, da manche Abschnitte nur in einer Richtung sequenziert wurden. Lücken können mit speziell angefertigten Primern entschlüsselt werden.

onskarte erstellen – wie dabei die Restriktionsschnittstellen verteilt sind, bleibt allerdings dem Zufall überlassen. Es wird daher höchstwahrscheinlich nicht genügend Schnittstellen geben, die ausreichend verteilt sind, um einen großen Klon ausschließlich auf diese Weise vollständig sequenzieren zu können. Im allgemeinen kann man jedoch mit diesem Verfahren einen Großteil der Sequenz entschlüsseln. Da die Sequenz, die man erhält, auf der Restriktionskarte basiert, weiß man, wo noch Lücken klaffen und wie groß sie sind; dadurch kann man die nächsten Schritte besser planen.

Dieser Ansatz läßt sich nur schwer automatisieren, da er zahlreiche spezielle Subklonierungen erfordert, die bei jedem Sequenzierungsprojekt anders ausfallen. Meist arbeitet man mit diesem Verfahren, indem man nur einige Restriktionsstellen verwendet, die über einen großen unbekannten Klon verteilt sind. Jede dieser Stellen bietet einen Einstiegspunkt in die unbekannte Sequenz, von dem aus man mit Primern in jede Richtung wandern kann. Durch Kombination dieser beiden Methoden kann man im Vergleich zu einer Sequenzierung, die nur auf einer Primerwanderung beruht, die für ein Sequenzierungsprojekt erforderliche Zeit erheblich reduzieren.

## 11.5 „Schrotschuß"-Verfahren

Man kann ein großes Stück DNA nach dem Zufallsprinzip in viele kleinere Fragmente zerschlagen. Anschließend subkloniert man sie, sequenziert ihre Enden und sammelt die entsprechenden Sequenzdaten mit Hilfe eines Computers, um die Sequenz des langen DNA-Stücks später wieder zusammenzusetzen [1]. Man bezeichnet diese Methode als „Schrotschuß"-Sequenzierung (Abbildung 11.3). Auf diese Weise erhält man schnell etwa 90 Prozent der gewünschten Sequenzdaten; dann wird dieser Ansatz allerdings weniger effektiv, weil es immer wahrscheinlicher wird, daß jedes weitere zufällig ausgewählte Sequenzfragment nur noch bereits bekannte Daten enthält. Es geht daher im allgemeinen schneller, die wenigen noch unbekannten Bereiche mit Hilfe speziell synthetisierter Oligonucleotidprimer zu entschlüsseln [2].

Ein großes DNA-Stück kann auf drei verschiedene Arten in Fragmente zerlegt werden: durch Verdau mit Restriktionsenzymen, durch Ultraschall oder durch DNase I-Verdau in Gegenwart von $Mn^{2+}$. In jedem Fall muß man zuerst die Ziel-DNA zu reinigen – und zwar getrennt von der Vektor-DNA; anderenfalls würde ein Teil der entstandenen Fragmente nur Vektor-DNA enthalten.

### 11.5.1 Häufig schneidende Restriktionsendonucleasen

Durch Verdau mit häufig schneidenden Restriktionsenzymen wie *Sau*3A oder *Taq*I entstehen Fragmente, die man über ihre kohäsiven Enden leicht umklonieren kann. Sequenziert man diese Subklone, findet man gelegentlich an Stellen, an denen zwei unabhängige Restriktionsfragmente miteinander ligiert wurden, Artefakte. Es ist daher wichtig, jedes dieser Fragmente separat zu bearbeiten, wenn man die Sequenzdaten zu einem Contig zusammenstellt (Kapitel 15). Die Verbindungsstelle kann man leicht daran erkennen, daß sie die Erkennungssequenz für das benutzte Restriktionsenzym besitzt (beispielsweise GATC für *Sau*3A). Benutzt man nur ein einziges Enzym, ergeben sich keine überlappenden Fragmente, so daß sich kein Contig zusammenstellen läßt. Daher muß man, um einen Satz überlappender Sequenzen zu erhalten, mindestens zwei Enzyme unabhängig voneinander verwenden. Der wesentliche Nachteil dieses Ansatzes ist, daß die Fragmente nicht wirklich zufällig entstehen, sondern sich danach richten, wie die Schnittstellen für die benutzten Restriktionsenzyme verteilt sind. Da sich kleine Fragmente besser klonieren lassen als größere, passiert es oft, daß sie mehrmals sequenziert werden, die größeren dagegen überhaupt nicht.

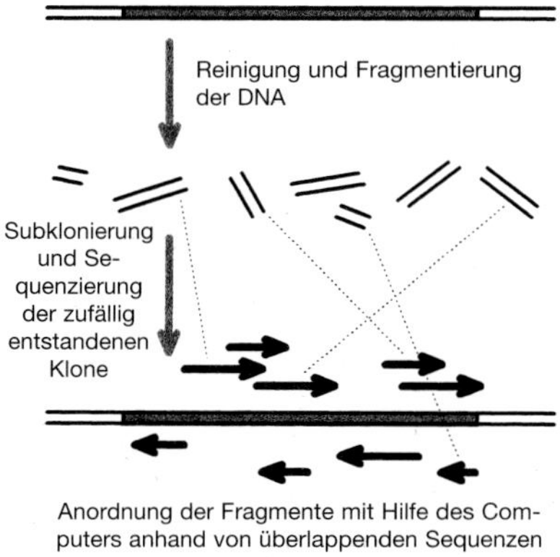


**11.3** „Schrotschuß"-Sequenzierung. Man fragmentiert die DNA mit Hilfe von Enzymen oder Scherkräften. Diese zufälligen Fragmente werden subkloniert und dann mit vektorspezifischen Primern, beispielsweise „universellen" Primern, sequenziert. Die Sequenzdaten werden im Computer gesammelt. Auf diese Weise erhält man den größten Teil der Sequenz zwar sehr schnell, jedoch nicht lückenlos, wie die Abbildung zeigt. In der Regel synthetisiert man dann spezielle Primer, um über die Lücken hinwegzusequenzieren.

### 11.5.2 Ultraschall

Große DNA-Moleküle sind sehr empfindlich gegenüber Scherkräften. DNA kann daher mit Ultraschall in Fragmente von 500–1000 bp zerlegt werden – der idealen Größe für eine Zufallssequenzierung [3]. Da diese Methode effizient ist und wirklich dem Zufall gehorcht, nimmt man sie meist für eine „Schrotschuß"-Sequenzierung (aber siehe unten).

### 11.5.3 DNase I-Verdau

DNase I aus Pankreas schneidet in Gegenwart von $Mg^{2+}$ einen Strang einer doppelsträngigen DNA. In Gegenwart von $Mn^{2+}$ schneidet sie dagegen beide Stränge und führt damit einen Doppelstrangbruch ein. Man kann das ausnutzen, um wie bei der Verwendung von Ultraschall Zufallsfragmente zu erzeugen; das Verfahren ist jedoch weniger effizient und schwerer zu kontrollieren.

## 11.6 Sequenzierung mit Hilfe von Transposons

Bei den bisher beschriebenen Verfahren bringt man eine unbekannte Sequenz in die Nähe einer bekannten Sequenz, die komplementär zum Primer ist, indem man die unbekannte Sequenz neben eine bekannte Vektorsequenz versetzt. Eine andere Möglichkeit besteht darin, eine bekannte Sequenz in die unbekannte DNA zu einzufügen und dort mit der Sequenzierung zu beginnen [4,5]. Dafür kann man ein Transposon – etwa das Transposon $\gamma\delta$ (Tn *1000*) – verwenden, das vollkommen zufällig in Ziel-DNA hineinspringt. Diese Technik wird in Abbildung 11.4 beschrieben. Die Transposonsequenz ist bekannt und kann um Bindungsstellen für Standardprimer angereichert werden. Anfangs springt das Transposon zwar zufällig in die DNA, man kann aber die so entstandenen Klone durch Restriktionskartierung oder noch schneller durch eine PCR mit Primern, die für den Vektor und das Transposon spezifisch sind, in Gruppen einteilen. Es würde den Rahmen dieses Buches sprengen, die Einzelheiten dieses Verfahrens und die dafür erforderliche Bakteriengenetik zu schildern; dies alles ist bei Strathmann *et al.* eingehend beschrieben [6].

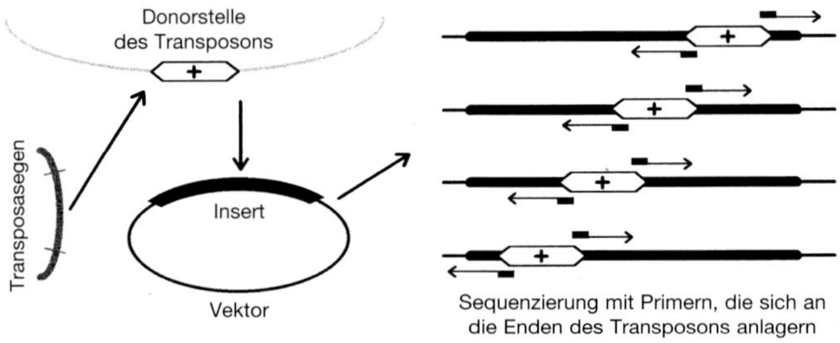


**11.4** Sequenzierung mit Hilfe von Transposons. In das Transposon wurde ein Selektionsmarker (+) eingebaut, mit dessen Hilfe man die Plasmide selektionieren kann, in die das Transposon eingedrungen ist. Man ermittelt die Stelle, an der das Transposon sich befindet, über eine PCR oder eine Restriktionskartierung. Ausgewählte Klone werden dann sequenziert.

## 11.7 Deletionsreihen

Deletionsreihen werden für die Sequenzierung hergestellt, um nach und nach immer entferntere Bereiche der unbekannten DNA in die Nähe der Primerbindungsstelle des Vektors zu bringen; zu diesem Zweck entfernt man Stück für Stück die dazwischenliegende DNA. Hierfür eignet sich am besten Exonuclease III (ExoIII), welche die DNA nach und nach auf vorhersagbare Weise abbaut [7]. Ein wesentlicher Vorteil besteht darin, daß man die Vektor-DNA vor der Exonuclease schützen kann und deshalb nach der Exonucleasebehandlung nicht noch zusätzlich umklonieren muß (Abbildung 11.5).

ExoIII entfernt Nucleotide vom 3'-OH-Ende doppelsträngiger DNA her. Dafür müssen allerdings die 3'-Enden zurückspringend oder glatt sein – mit vorstehenden Enden funktioniert es nicht (Tabelle 11.2). Man kann daher die Vektor-DNA schützen, indem man sie mit zwei Enzymen

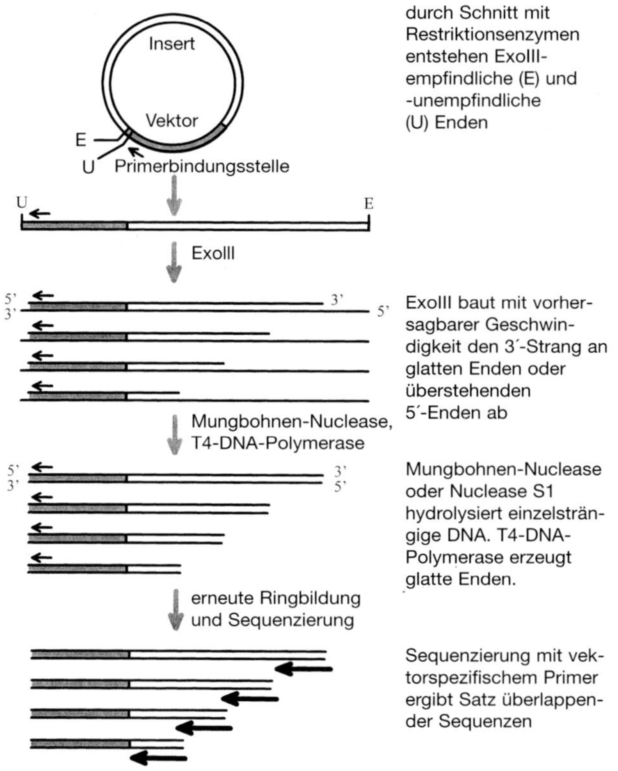


**11.5** Herstellung einer Deletionsreihe mit Hilfe von Exonuclease III (ExoIII).

schneidet: einem, das Exonuclease-empfindliche, und einem anderen, das Exonuclease-unempfindliche Enden erzeugt (etwa *Kpn*I oder *Sac*I); dabei muß die resistente Stelle zwischen der Primerbindungsstelle und der unbekannten Sequenz liegen (Abbildung 11.5). Dabei ist zu beachten, daß Restriktionsenzyme zwei benachbarte Schnittstellen nicht immer effizient schneiden (Abschnitt 11.7.3). Anschließend baut man einen der beiden Stränge mit einem Überschuß an ExoIII ab. Der andere Strang wird anschließend mit einer einzelstrangspezifischen Nuclease wie der Mungbohnen-Nuclease entfernt. Diese erzeugt allerdings nur einen kleinen Anteil an ligierbaren glatten Enden; daher werden die Enden mit dem Klenow-Fragment der DNA-Polymerase I oder mit T4-DNA-Polymerase behandelt, die die beide kürzeren 5'-Enden auffüllen und so klonierbare glatte Enden erzeugen. Die verkürzten Moleküle können dann mit T4-DNA-Ligase wieder zu einem Ring geschlossen werden.

Unter diesen Bedingungen schneidet ExoIII alle DNA-Moleküle im wesentlichen mit der gleichen Geschwindigkeit. Das bedeutet, daß in einer einzelnen Deletionsreaktion alle Moleküle weitgehend dieselbe

**Tabelle 11.2: glatte und überstehende Enden**

| Art der Enden | Enzym | Erkennungsstelle | Schnittstelle |
|---|---|---|---|
| 5'-überstehend | *Bam*HI | 5' GGATCC 3' | 5' G 3' |
| | | 3' CCTAGG 5' | 3' CCTAG 5' |
| | *Eco*RI | 5' GAATTC 3' | 5' G 3' |
| | | 3' CTTAGG 5' | 3' CTTAA 5' |
| glatt | *Eco*RV | 5' GATATC 3' | 5' GAT 3' |
| | | 3' CTATAG 5' | 3' CTA 5' |
| | *Sma*I | 5' CCCGGG 3' | 5' CCC 3' |
| | | 3' GGGCCC 5' | 3' GGG 5' |
| 3'-überstehend | *Kpn*I | 5' GGTACC 3' | 5' GGTAC 3' |
| | | 3' CCATGG 5' | 3' C 5' |
| | *Sac*I | 5' GAGCTC 3' | 5' GAGCT 3' |
| | | 3' CTCGAG 5' | 3' C 5' |

Glatte und 5'-überstehende Enden können von ExoIII abgebaut werden, 3'-überstehende Enden dagegen nicht. Man kann 5'-überstehende Enden vor ExoIII schützen, indem man sie mit Thionucleotiden auffüllt.

Menge DNA verloren haben. Man erstellt daher eine Deletionsreihe einfach dadurch, daß man der Exonucleasereaktion in regelmäßigen Zeitabständen Proben entnimmt.

Der ExoIII-Verdau ist im allgemeinen die beste Methode, um eine Deletionsreihe herzustellen. Sie hat jedoch einige Tücken, die aus dem bisher Gesagten nicht sofort ersichtlich sind. Die häufigsten Schwierigkeiten werden im folgenden besprochen.

Im Handel sind eine Reihe von Kits erhältlich, mit denen man ExoIII-Deletionsreihen erstellen kann; es gibt aber auch zuverlässige und billigere Protokolle [7–9].

### 11.7.1 Die Exonuclease schneidet zu schnell oder zu langsam

Die Exonuclease schneidet die DNA ihres Substrats zwar mit gleichbleibender Geschwindigkeit, sie arbeitet jedoch bei verschiedenen Substratpräparationen unterschiedlich schnell. Der Grund dafür sind vermutlich Verunreinigungen in der DNA-Präparation. Das kann man verhindern, indem man mehr DNA präpariert und beim Exonucleaseverdau sehr viel häufiger Proben entnimmt, als der Berechnung nach notwendig sind. Schneidet das Enzym dann nahezu mit der angegebenen Geschwindigkeit, erhält man die gewünschten Deletionen bereits im ersten Reaktionsansatz. Ist das nicht der Fall, kann man die Reaktion mit einem Teil des restlichen Substrats wiederholen; dabei wählt man die richtigen Zeitpunkte anhand der tatsächlichen Verdaugeschwindigkeit aus, die man im vorangegangenen Experiment ermittelt hat.

Schneidet die Exonuclease überhaupt nicht, könnte das daran liegen, daß das Enzym defekt ist; es ist aber auch möglich, daß die Enden der Substrat-DNA aufgrund eines fehlerhaften Restriktionsenzyms nicht Exonuclease-empfindlich waren (siehe unten).

### 11.7.2 Die Exonuclease baut die DNA vollständig ab

ExoIII kann die DNA sowohl von Einzelstrangbrüchen aus als auch von den Enden her abbauen, die durch entsprechende Restriktionsendonucleasen erzeugt wurden. Es ist daher wichtig, daß die Substrat-DNA überwiegend frei von Einzelstrangbrüchen ist. Das trifft auf DNA zu, die auf einem CsCl-Gradienten gereinigt wurde, möglicherweise aber nicht auf DNA, die man auf andere Weise gereinigt hat – etwa mit einem handelsüblichen Kit. Mit den meisten Kits erhält man, wenn man sie richtig benutzt, vollkommen zufriedenstellende Ergebnisse; im Gegensatz zur CsCl-Reinigung trennen die Kits jedoch eine DNA mit Einzelstrangbrüchen nicht von überspiralisierter DNA. Wie gut die Qualität der DNA ist, kann man leicht abschätzen, indem man eine kleine Menge unverdauter DNA mit einer Agarosegelelektrophorese auftrennt. Die überwiegende Mehrheit der DNA-Moleküle sollte überspiralisiert sein – und damit eine größerere Mobilität besitzen als die lineare Form; nur ein geringer Anteil sollte aus Ringen mit einem Einzelstrangbruch (geringere Mobilität als die lineare Form) oder linearen Molekülen bestehen.

### 11.7.3 Probleme bei der Klonierung von Deletionsprodukten

Ob die Deletion mit der Exonuclease geglückt ist oder nicht, kann man leicht durch eine Agarosegelelektrophorese überprüfen. Manchmal kann man aber scheinbar geeignete Deletionen nicht klonieren. Dafür gibt es zwei mögliche Erklärungen – außer der trivialen, daß ein Enzym (Polymerase, Ligase) oder ein anderes Reagenz fehlerhaft war.

Wurde die DNA mit einem der beiden ersten Restriktionsenzyme nur unvollständig geschnitten, entstehen Substratmoleküle für die Exonucleasereaktion, die entweder zwei resistente oder zwei empfindliche Enden besitzen. Viele Restriktionsenzyme schneiden gegen Ende eines linearen Moleküls nicht mehr effizient; liegen beide Schnittstellen nahe beieinander, funktioniert das zweite Enzym unter Umständen nur unzureichend oder überhaupt nicht mehr. Einige Produzenten von Restriktionsenzymen geben in ihrem Katalog an, wie effizient die Enzyme am Ende eines DNA-Moleküls schneiden (etwa New England Biolabs).

Moleküle mit zwei resistenten Enden werden natürlich nicht von der Exonuclease angegriffen; sie werden erneut ligiert und sind dann wieder mit der Matrize identisch. Moleküle mit zwei empfindlichen Enden baut die Exonuclease dagegen von beiden Enden her ab. Das bedeutet in der Regel, daß Vektorsequenzen verlorengehen. Werden essentielle Sequenzen wie der Replikationsstart oder Selektionsmarker durch die Exonuclease zerstört, kann man diese Moleküle nicht wiederfinden. Besitzen dagegen einige Substratmoleküle ein empfindliches und ein resistentes Ende und andere zwei empfindliche oder zwei resistente Enden, kann man die jeweiligen Reaktionsprodukte häufig auf einem Agarosegel als unterschiedliche Banden sichtbar machen: eine resistente Bande, die noch die ursprüngliche Größe hat, eine Bande, deren Moleküle Deletionen enthalten, sowie eine weitere Bande mit höherer Mobilität, deren Moleküle von beiden Seiten her abgebaut wurden. Unter solchen Umständen kann es einfacher sein, die entsprechende Bande aus dem Gel zu reinigen, als sich daran zu geben, die Exonucleasebehandlung zu optimieren.

Die Enden, die durch Behandlung mit Exonuclease und einzelsträngige Nuclease entstehen, sind selten vollkommen glatt. Bereits eine einzige vorstehende Base verhindert jedoch, daß sich das Molekül wieder zu einem Ring schließen kann. Es ist daher unbedingt notwendig, die Molekülenden abschließend mit einer Klenow- oder T4-DNA-Polymerase zu glätten. In diesem Zusammenhang scheint ein solche Reaktion allerdings nicht sehr effizient zu sein. Bei Klonierungsproblemen kann es daher sinnvoll sein, die DNA durch eine Phenol/Chloroform-Extraktion und anschließende Ethanolfällung von Verunreinigungen (Enzymen, DNA-Fragmenten, Salz) zu befreien und die Enden anschließend erneut aufzufüllen.

### 11.7.4 Deletionen mit Hilfe des $\gamma\delta$-Transposons

Durch Insertion eines Transposons kann man eine bekannte Sequenz in einen unbekannten DNA-Bereich einsetzen (Abschnitt 11.6). Darüber hinaus kann man mit Transposons aber auch Deletionen erzeugen [10]. Springt ein Transposon in ein Plasmid, das bereits eine Kopie eines Transposons enthält, kommt es zu einer Sequenzwiederholung. Direkte Sequenzwiederholungen wandelt das Rekombinationssystem der Wirtszelle in Deletionen um. Dabei entstehen zwar auch viele andere Produkte als die Deletion, die man haben wollte; mit positiven und negativen Selektionsmarkern kann man jedoch die gewünschten Klone selektionieren (Abbildung 11.6). Der Deletion Factory™-Kit von Life Technologies basiert auf diesem Prinzip. Er benutzt das $\gamma\delta$-Transposon, um per Zufall Deletionen einzuführen, die dann anhand von eingebauten genetischen Markern

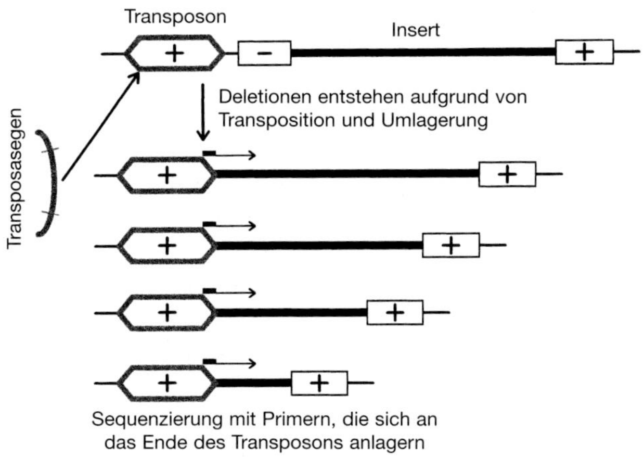


**11.6** Herstellung von Deletionen mit Hilfe von Transposons. Das Insert – die DNA, die sequenziert werden soll – wird von einem Transposon eingerahmt, in das ein positiver (+), ein negativer (–) und ein anderer positiver Selektionsmarker eingebaut wurde. Bei einer Transposition über einen Vorgang, bei dem DNA ausgeschnitten und wieder eingefügt wird, werden die Transposonsequenzen verdoppelt. Durch Rekombination wird diese Struktur wieder aufgelöst und eine Kopie des Transposons sowie die gesamte DNA dazwischen ausgeschnitten. Selektioniert man gegen den negativen, aber auf beide positive Marker, erhält man Plasmide mit einer brauchbaren Deletion. Wieviel DNA entfernt wurde, ermittelt man durch eine PCR oder Restriktionskartierung; ausgewählte Klone werden dann sequenziert.

sortiert und auf Agarosegelen der Größe nach aufgetrennt werden. Mit unterschiedlichen Markerkombinationen kann man von beiden Enden einer Matrize her Deletionen erzeugen. Dieses System ist vor allem dafür gedacht, in großen Ziel-DNAs (>5 kb) Deletionsreihen zu erzeugen; es besitzt eine *cos*-Stelle, in die Insertionen von bis zu 40 kb kloniert werden können.

## 11.8 Literatur

1. Bankier, A. T.; Weston, K. M.; Barrell, B. G. *Random Cloning and Sequencing by the M13/Dideoxynucleotide Chain Termination Method.* In: *Methods Enzymol.* 155 (1987) S. 51–93.
2. Sulston, J.; Du, Z.; Thomas, K.; Wilson, R. *et al. The* C. elegans *Genome Sequencing Project: a Beginning.* In: *Nature* 356 (1992) S. 37–41.
3. Berg, C. M.; Wang, G.; Strausbaugh, L. D.; Berg, D. E. *Transposon-Facilitated Sequencing of DNAs Cloned in Plasmids.* In: *Methods Enzymol.* 218 (1993) S. 279–306.

4. Kasai, H.; Isono, S.; Kitakawa, M.; Mineno, J.; Akiyama, H.; Kurnit, D. M.; Berg, D. E.; Isono, K. *Efficient Large-Scale Sequencing of the* Escherichia coli *Genome: Implementation of a Transposon- and PCR-Based Strategy for the Analysis of Ordered Lambda Phage Clones.* In: *Nucleic Acids Res.* 20 (1992) S. 6509–6515.
5. Strathmann, M.; Hamilton, B. A.; Mayeda, C. A.; Simon, M. I.; Meyerowitz, E. M.; Palazzolo, M. J. *Transposon-Facilitated DNA Sequencing.* In: *Proc. Natl. Acad. Sci. USA* 88 (1991) S. 1247–1250.
6. Henikoff, S. *Unidirectional Digestion with Exonuclease III in DNA Sequence Analysis.* In: *Methods Enzymol.* 155 (1987) S. 156–165.
7. Alphey, L. *DNA Sequencing.* In: Glover, D.; Hames, B. D. (Hrsg.) *DNA Cloning I – Core Techniques.* Oxford (Oxford University Press) 1995. S. 225–260.
8. Sambrook, J.; Fritsch, E. F.; Maniatis, T. *Molecular Cloning: A Laboratory Manual.* Cold Spring Harbor (Cold Spring Harbor Laboratory Press) 1989.
9. Wang, G.; Blakesley, R. W.; Berg, D. E.; Berg, C. M. *pDUAL: a Transposon-Based Cosmid Cloning Vector for Generating Nested Deletions and DNA Sequencing Templates* in vivo. In: *Proc. Natl. Acad. Sci. USA* 90 (1993) S. 7874–7878.

# 12.
# Einführung in die Bioinformatik und das Internet

Andy Brass, Universität Manchester, Großbritannien

*„Zwei Monate im Labor können leicht einen ganzen Nachmittag am Computer ersparen“. Alan Bleasby*

## 12.1 Einführung

Dieser Teil des Buches soll zeigen, wie Techniken und Hilfsmittel der Bioinformatik dazu beitragen können, Sequenzierungsprojekte durchzuführen und Informationen über die Struktur und Funktion von sequenzierten Genen und Genprodukten zu erlangen. Das Ziel ist nicht, einen umfassenden Überblick über die Bioinformatik zu geben, vielmehr soll ein Molekularbiologe ausreichend informiert werden, um sicher ein angemessenes Spektrum an Analysen durchführen zu können.

## 12.2 Die Bioinformatik ist ein theoretisches Fachgebiet, das auf vorhandenem Wissen aufbaut

Die Bioinformatik ist ein theoretisches Fachgebiet, das allein anhand von Sequenzdaten versucht, Voraussagen über eine biologische Funktion zu machen. Als solche ist sie eine große Hilfe für die Planung von Experimenten. Es ist jedoch wichtig, sich klarzumachen, daß sich die Bioinformatik grundsätzlich von allen anderen „mathematischen“ oder „axiomatischen“ theoretischen Disziplinen unterscheidet.

Noch ist es nicht möglich, aus einer Aminosäuresequenz die Funktion des Proteins abzuleiten. Dazu reicht unsere Kenntnis der Mechanismen, die der Molekularbiologie zugrundeliegen, noch bei weitem nicht aus. Was wir aber tun können, ist zu fragen, ob eine Sequenz, deren Funktion bereits bekannt ist, der unbekannten Sequenz in irgendeiner Weise ähnelt.

Je nachdem, in welcher Hinsicht sich beide Sequenzen ähneln, kann man dann auf die Funktion der unbekannten Sequenz schließen. Auf diese Weise kommen die meisten Voraussagen der Bioinformatik zustande: Man vergleicht die unbekannte Sequenz mit dem biologischem Wissen, das bereits vorhanden ist.

Der entscheidende Unterschied zwischen „axiomatischen" Disziplinen und solchen, die auf bereits Bekanntem aufbauen, zeigt sich in der Rolle, welche die bereits gewonnenen Erkenntnisse spielen. Die Herausforderung und die Leistung der Bioinformatik liegt darin, dieses Wissen möglichst effizient zu nutzen.

## 12.3 Zugang zu Bioinformatikprogrammen

Internet und World Wide Web (WWW) haben vor kurzem die Kommunikation mit Hilfe von Computern revolutioniert und den Zugang zu Ressourcen der Bioinformatik sehr erleichtert. Wenn sich ein im Labor tätiger Molekularbiologe heutzutage einen Personalcomputer (PC) anschafft und einen Internetanschluß legen läßt, verfügt er sofort und kostenlos über sämtliche öffentlich zugängliche Sequenzdatenbanken sowie über ein breites Spektrum an analytischen Hilfsmitteln. Wir nehmen daher an, daß der Leser bereits einen Zugang zum Internet sowie einen Browser (etwa Mosaic, Netscape oder Microsoft Internet Explorer) hat oder zumindest leicht erhalten kann. Vielerorts gibt es außerdem einen Zugang zu Bioinformatiksoftware, die auf Workstations mit UNIX-Systemen läuft. Die Genetics Computing Group (GCG) stellt für solche Workstations eine umfassende Reihe von Bioinformatikprogrammen zur Verfügung. Obwohl solche Programmangebote manchmal erwähnt werden, wenn es im Internet keine Alternative gibt, wird sich dieses Buch vor allem auf die Möglichkeiten konzentrieren, die am weitesten verbreitet und zugänglich sind, und das sind solche aus dem Internet.

### 12.3.1 Wie bekommt man einen Zugang zu Programmen im Internet?

Aufgrund der weltweiten Verbreitung des Internet gehen wir davon aus, daß der Leser in der Lage ist, einen gängigen Browser für das Internet (in der Regel Netscape oder Microsoft Internet Explorer) zu benutzen. Alle anderen, die noch keine Erfahrung mit diesen Einrichtungen haben, können auf eine Vielzahl leicht verständlicher Einführungen zurückgreifen.

Um jedoch die im Internet zugänglichen Bioinformatikeinrichtungen vollständig nutzen zu können, gibt es eine Reihe weiterer Einrichtungen, die der Benutzer kennen sollte; sie werden im folgenden vorgestellt.

### 12.3.2 Navigation im Internet oder: Wie finde ich, was ich suche?

Das Internet ist enorm groß und wächst schnell. Häufig ist es nicht einfach, die Hilfsmittel zu finden, die man für eine bestimmte Fragestellung benötigt. Es gibt jedoch eine Reihe von Strategien, die dem Leser helfen, das zu finden, was er sucht.

**Stellen, an denen Ressourcen für die Bioinformatik aufgelistet sind** Zunächst einmal haben viele Leute Seiten im Internet erstellt, auf denen sie versuchen, Ressourcen zur Bioinformatik zusammenzustellen. Wenn man eine dieser Seiten aufschlägt, wird man rasch die für die Bioinformatik gängigsten Ressourcen finden. In Tabelle 12.1 sind eine Reihe von Seiten samt Adresse aufgelistet. Es lohnt sich, diese zu markieren. Dabei handelt es sich allerdings nur um einen Bruchteil aller verfügbaren Links – bei jeder Suche im Internet (siehe unten) wird man noch auf viele andere stoßen, die sich vielleicht als nützlicher erweisen.

**Tabelle 12.1: Internetseiten, die Listen mit Programmen und Ressourcen für die Bioinformatik im Internet enthalten**

| Internetadresse | Kommentar |
|---|---|
| http://www.public.iastate.edu/~pedro/research_tools.html | Pedros Programme zur biomolekularen Forschung – bekannt aber allmählich überholt |
| http://expasy.hcuge.ch/www/amos_www_links.html | Amos Bairochs persönliche Sammlung bevor zugter Internetadressen – einschließlich der wahrscheinlich umfangreichsten Sammlung von Verknüpfungen zu Datenbanken und Datenbankressourcen |
| http://expasy.hcuge.ch/tools.html | Liste von Programmen für die Sequenzanalyse |
| http://ahsc.arizona.edu/~lei/genetics/tools.htm | gut strukturierte Seite mit vielen Verknüpfungen zu anderen Seiten, Beschreibungen von Ressourcen und Möglichkeiten, Internetrecherchen durchzuführen |
| http://www.incyte.com/Globe/bioinfo.html | gut strukturiert und umfassend Suchmaschi- |
| http://www.ebi.ac.uk/htbin/bwurld.pl | Suchmaschine, mit der man biologisch relevante Adressen im Internet finden kann |

**Suchmaschinen für das Internet** Da im Internet ständig neue Ressourcen zur Bioinformatik auftauchen, sind entsprechende Listen möglicherweise nicht mehr auf dem neusten Stand. Es gibt aber im Internet viele verschiedene Suchmaschinen, mit denen man anhand von Schlüsselbegriffen nach solchen Ressourcen suchen kann. Einige der nützlicheren Maschinen dieser Art und ihre Adressen sind in Tabelle 12.2 zusammengestellt. Man sollte bedenken, daß keines dieser Programme besonders ausgefeilt ist. Man muß sich daher oft durch viel Irrelevantes, wenn auch Unterhaltsames durchkämpfen, bis man auf etwas stößt, das man gebrauchen kann. Infoseek hat den Vorteil, daß es angibt, zu wieviel Prozent ein Treffer dem Gesuchten entspricht.

**Tabelle 12.2: Internetadressen für Internetsuchprogramme**

| Internetadresse | Kommentar |
|---|---|
| http://altavista.digital.com/ | hilfreich, da man dort auch nach Newsgroups suchen kann |
| http://lycos.cs.cmu.edu/ | weiteres gutes Programm, um nach Schlüsselbegriffen zu suchen |
| http://www.yahoo.com/ | ordnet Internetadressen nach verwandten Bereichen |
| http://www.infoseek.com | bewertet Treffer nach prozentualer Übereinstimmung mit dem Gesuchten |
| http://www.excite.com | konzeptgestützte Suche |
| http://www.webcrawler.com | unterstützt eine Suche in Muttersprache |

Wenn eines dieser Hilfsprogramme nicht genau das findet, was man sucht, lohnt es sich, einige andere auszuprobieren, da verschiedene Programme auf etwas unterschiedliche Datensätze zurückgreifen.

**Newsgroups** Newsgroups sind eine wichtige Möglichkeit, sich über Entwicklungen in der Bioinformatik auf dem Laufenden zu halten. Um Zugang zu diesen Diskussionsforen zu bekommen, benötigt man ein spezielles Programm, um Nachrichten lesen zu können (*news reader*-Software), sowie einen Zugriff auf einen Nachrichtenserver (*news server*) – einer Stelle, von der aus man die Newsgroups erreichen kann. Das Programm zum Lesen von Nachrichten erhält man häufig zusammen mit einem Internetbrowser; zu Netscape und dem Internet Explorer von Microsoft gehört beispielsweise ein solches Programm. Man kann sie aber auch an verschiedenen Stellen im Internet bekommen, etwa unter http://www.forteinc.com. Erhält man seinen Internetzugang über einen kommerziellen Anbieter, ist der Zugriff auf den Nachrichtenserver wahrscheinlich schon im Paket enthalten. Wenn man versucht, Newsgroups von einer Universität aus zu kontaktieren, kann man sich normalerweise

**Tabelle 12.3: Newsgroups mit für die Bioinformatik wichtigen Informationen**

| Newsgroup | Kommentar |
|---|---|
| bionet. announce | Neues aus allen möglichen für Biologen interessanten Themenbereichen (moderiert) |
| bionet.biophysics | wissenschaftliche und berufliche Themen aus der Biophysik |
| bionet.celegans | wissenschaftliche Diskussion über den Organismus *Caenorhabditis elegans* |
| bionet.general | Diskussion über allgemeine biowissenschaftliche Themen |
| bionet.glycosci | Forschungsfragen, die Kohlenhydrate und glykokonjugierte Moleküle betreffen |
| bionet.immunology | Diskussionen über Forschung in der Immunologie |
| bionet.infotheory | Diskussionen über die Informationstheorie in der Biologie |
| bionet.jobs | Stellenmarkt in der Wissenschaft |
| bionet.software | Informationen über für Biologie relevante Software |

in den Nachrichtenserver einklinken, den das lokale Computerzentrum betreibt.

Unter *bionet.* findet man eine Reihe von Newsgroups, die eine ausgezeichnete Quelle für Informationen zur Bioinformatik darstellen. Eine Auswahl dieser Gruppen ist in Tabelle 12.3 zusammengestellt. Wenn man ernsthafte Schwierigkeiten hat, eine bestimmte Ressource zu finden oder zu nutzen, beantwortet eine Gruppe wie *bionet.software* die Frage in der Regel kompetent und schnell. Bei einer moderierten Newsgroup werden sämtliche Nachrichten vor dem Versand an die Gruppe von einem Moderator überprüft. Dadurch reduziert sich die Anzahl an irrelevanten Diskussionen und unsinniger E-Mails, die an die Gruppe gesendet wird, erheblich. Wenn man sehen will, wie sich das auswirkt, sollte man nur einmal die Beiträge unter bionet.general (unmoderiert) mit denen unter bionet.announce (moderiert) vergleichen.

Bei den Newsgroups gibt es das Problem, daß der Nachrichtenserver Nachrichten und entsprechende Antworten nur für relativ kurze Zeit speichert und dann wieder löscht. Sämtliche Nachrichten, die an die bionet-Newsgroups gesendet wurden, sind jedoch unter http://www.bio.net archiviert. Über die Option „Access the BIOSCI/bionet Newsgroups“ wählt man dort eine bestimmte Newsgroup aus und kann dann sehen, ob ein bestimmtes Thema bereits vorher diskutiert wurde. Das ist wahrscheinlich eine der Informationsquellen für Bioinformatik im Internet, mit der man am meisten anfangen kann. Auf die meisten Probleme wird man nicht als erster stoßen; sehr wahrscheinlich hat bereits ein anderer dasselbe Problem gehabt, es in einer bionet-Newsgroup dargestellt und eine vernünftige Antwort erhalten. Wenn die gesuchte Antwort nicht gespeichert wurde, kann man die Frage ruhigen Gewissens an die Newsgroup schicken, da man dann weiß, daß sie nicht schon zwanzigmal vorher gestellt wurde.

### 12.3.3 Benutzung von Programmen aus dem Internet

Es ist denkbar einfach, die meisten Programme aus dem Internet zu benutzen. Man muß lediglich mit einer Maus arbeiten können und wissen, wie man Textblöcke verschiebt. Will man damit beispielsweise in einer Datenbank nach Sequenzen suchen, die einer bestimmten Sequenz ähneln, geht man folgendermaßen vor:

- Man lädt die Sequenz in ein Textverarbeitungsprogramm, etwa Micosoft Word;
- dann startet man den Internetbrowser und geht zu der entsprechenden Datenquelle – dort sollte man ein Fenster sehen, in das man die Sequenz eingeben kann;
- dazu markiert man die Sequenz in dem Textverarbeitungsprogramm, indem man die Umschalttaste gedrückt hält und die Maus über die Sequenz zieht; mit [Strg]-c kopiert man die Sequenz in den Arbeitsspeicher;
- dann bewegt man die Maus zu dem Textfenster auf der Internetseite und tippt [Strg]-v, um die Sequenz in das Fenster zu kopieren.

Auf ähnliche Weise kann man die Ergebnisse einer Suche im Internet wieder in das Textverarbeitungsprogramm kopieren oder aber statt dessen die Speicherfunktion im Dateimenü des Browsers wählen.

### 12.3.4 E-Mail-Server

Einige Analysen in der Bioinformatik brauchen viel Zeit – beispielsweise das Vergleichen einer Sequenz mit einer Datenbank. Es ist einfach nicht praktikabel, wenn man versucht, solch eine Aufgabe mit einer Echtzeit-Internetschnittstelle zu lösen. Zum einen würde man zu lange vor dem Bildschirm warten, bis man Ergebnisse erhält, und zum anderen würde der Rechner, der die Analyse durchführt, dabei stark in Anspruch genommen. Es ist sinnvoller, eine solche Anwendung, für die auf so viele Daten zurückgegriffen werden muß, zu einer Zeit laufen zu lassen, wenn auf dem Zentralrechner die entsprechende Kapazität frei ist. Das erreicht man mit E-Mail-Servern. Man schickt den Auftrag als E-Mail an den Rechner, der den Service anbietet. Dort bekommt er automatisch einen Platz in einer Warteschlange zugewiesen und wird abgearbeitet, sobald die entsprechenden Ressourcen frei sind. Die Ergebisse der Analyse können dann als E-Mail an den Benutzer zurückgeschickt werden. Auf diese Weise kann man eine Reihe wichtiger Bioinformatikprogramme benutzen – einschließlich Suchprogrammen für Datenbanken und Programmen, die die Struktur voraussagen.

**Tabelle 12.4: E-Mail-Adressen von Servern mit nützlichen Bioinformatikprogrammen**

| E-Mail-Adresse | kurze Beschreibung |
|---|---|
| blast@ncbi.nlm.nih.gov | meldet eine BLAST-Datenbankrecherche an |
| blitz@ebi.ac.uk | beantragt eine Datenbankrecherche, die mit dem Smith-Waterman-Algorithmus durchgeführt werden soll |
| geneid@bir.cedb.uwf.edu | identifiziert Gene anhand von DNA-Sequenzdaten |
| grail@ornl.gov | erkennt Exons in genomischer DNA |
| mowse@dl.ac.uk | identifiziert Proteine aufgrund einer massenspektrometrischen Untersuchung von Proteasefragmenten |
| nnpredict@celeste.ucsf.edu | Vorhersage von Sekundärstruktur (neuronales Netzwerk) |
| predictprotein@embl-heidelberg.de | wahrscheinlich das genaueste erhältliche Verfahren zur Vorhersage der Sekundärstruktur in Proteinen |
| pythia@anl.gov | ermöglicht es, in menschlicher DNA repetitive Elemente (beispielsweise L1, MERx, LTR) zu finden; dient auch dazu, Alu-Sequenzen zu identifizieren und sie Unterfamilien zuzuordnen |
| signalp@cbs.dtu.dk | erkennt Signalpeptide in Proteinsequenzen |
| tmap@embl-heidelberg.de | sagt aus Proteinsequenzdaten Transmembranhelices voraus |

Auf dem expasy-Server findet man in der Datei ftp://expasy.hcuge.ch/databases/info/serv_ema.txt eine vollständigere Liste der Serviceangebote.

Da die Nachricht mit dem Auftrag automatisch bearbeitet wird, ist es wichtig, daß sie das richtige Format besitzt. Nahezu sämtliche E-Mail-Server (Tabelle 12.4) versenden, wenn man ihnen ein E-Mail zuschickt, in dem nur das Wort *help* („Hilfe“) steht, eine Bedienungsanleitung.

### 12.3.5 Zugang zu nützlicher Software auf fremden Computern – anonymes ftp

Häufig findet man Hinweise auf Bioinformatiksoftware, die im Internet erhältlich ist, besonders in Newsgroups wie bionet.software. Beispielsweise gibt es jetzt eine Reihe von Programmen, mit denen man auf einem

PC mit einer schönen, intuitiven Windowsschnittstelle Vergleiche zwischen mehreren Sequenzen redigieren kann. In der Regel macht derjenige, der die Software entwickelt hat, irgendwo – etwa in der Newsgroup bionet.software – eine Ankündigung, in der er erklärt, was die Software kann, und die Adresse einer ftp-Stelle nennt, von der man sie erhalten kann (Tabelle 12.5). ftp bedeutet Dateiübertragungsprotokoll (*file transfer protocol*) und ist die wichtigste Methode, mit der man im Internet Dateien überträgt. In der allgemeinen Software, die den Zugang zum Internet ermöglicht, ist meistens auch Software enthalten, mit der man das ftp benutzen kann.

**Tabelle 12.5: Adressen anonymer ftp-Seiten, die nützliche Software und Datenbanken für die Bioinformatik enthalten**

| Adresse | Kommentar |
|---|---|
| ftp://ftp.ebi.ac.uk/pub/software/ | reichhaltige Sammlung von Software und Datenbanken aus dem European Bioinformatics Institute |
| http://ncbi.nlm.nih.gov/Home.html | Internetadresse für die ftp-Seite des NCBI |
| http://iubio.bio.indiana.edu/ | umfassende Sammlung von Software für UNIX, Mac und DOS |

In der Datei ftp://expasy.hcuge.ch/databases/info/serv_ftp.txt findet man eine ausführlichere Adressenliste.

Protokoll 12.1 beschreibt, wie man vom ftp-Standort ftp.dcs.ed.ac.uk eine Arbeitsversion des Programms Rasmol bekommt. Rasmol wurde von Roger Sayle von Glaxo Wellcome geschrieben. Es ist ein schönes Programm, mit dem man auf einem PC oder einem Mac dreidimensionale Bilder von Proteinstrukturen ansehen und drehen kann; es ermöglicht darüber hinaus, beispielsweise das Rückgrat von Proteinen oder Sekundärstrukturen zu berechnen und zu zeigen. Es ist daher unverzichtbar für jeden, der an Proteinstrukturen interessiert ist, und zudem kostenlos über das Internet erhältlich. Die ftp-Stelle für Rasmol wurde mit Hilfe von Alta Vista (Abschnitt 12.3.2) gefunden, wobei Rasmol als Suchbegriff eingegeben wurde. Es lieferte außerdem die Information, daß sich die Rasmol-Software im Verzeichnis pub/rasmol befindet.

## 12.4 Etikette im Internet

Die meisten Bioinformatikprogramme laufen auf Computern und Anlagen, die andere Leute bezahlt haben. Der Service wird der Allgemeinheit aus Gefälligkeit zur Verfügung gestellt und nicht, weil sie ein Recht

**Protokoll 12.1:** Wie kopiert man eine Software von einer anonymen ftp-Stelle?

1. Mit Hilfe von Netscape oder anderen Browsern kann man sich in die ftp-Stelle ftp://ftp.dcs.ed.ac.uk einloggen. Benutzt man im URL statt des traditionelleren http ftp, kann man auf den anonymen ftp-Server zugreifen, ohne beim Einloggen einen Namen oder ein Paßwort angeben zu müssen. Anschließend klickt man zweimal auf die entsprechenden Ordner, bis man zu den erforderlichen zip-Dateien kommt. Durch Klikken lädt man sie auf den eigenen Rechner. Netscape fragt dann, unter welcher Bezeichnung man die Dateien speichern will; man muß sie dann nur noch dekomprimieren.
2. Dekomprimierung der Dateien. Jetzt sollten sich die Dateien rasmol.zip und rasmenu.zip auf der Festplatte befinden. Man erstellt ein neues Verzeichnis, unter dem man die beiden Dateien abspeichert. Dann dekomprimiert man sie mit dem pkunzip-Programm (falls man das Programm noch nicht besitzt, kann man es sich von fast allen ftp-Stellen herunterladen).

   ```
   c:\>pkunzip -d rasmol.zip
   c:\>pkunzip -d rasmenu.zip
   ```

   Wenn man jetzt zurück zu Windows geht und sich das Verzeichnis mit den zip-Dateien ansieht, sollte man das rasmol-Symbol sehen. Jetzt nur noch ein Doppelklick und man kann mit der Software arbeiten.

darauf hat. Daraus ergeben sich für den Benutzer zwei Verpflichtungen. Zum einen sollte er das System nicht mißbrauchen, indem er viele Aufträge gleichzeitig losschickt. Zum anderen sollte er, wenn er eine Software entwickelt oder Datensätze zusammengetragen hat, die auch für andere interessant sein könnten, darüber nachdenken, ob er im Internet nicht eine eigene Web-Seite aufbauen will, um sie – Geben und Nehmen – der Allgemeinheit zugänglich zu machen.

Viele Anfänger haben mit den Newgroups Probleme. Sie schicken ihnen entweder ungeeignete Fragen oder solche, die schon viele Male gestellt wurden. Oft geben Newsgroups regelmäßig sogenannte „Faqs" (*frequently asked questions*) heraus – häufig gestellte Fragen; wenn man eine Gruppe noch nicht so gut kennt, ist es sinnvoll, diese Datei durchzulesen, um zu sehen, ob sie die Antwort auf die eigene Frage enthält. Man kann aber auch die bionet-Archive unter www.bio.net durchsuchen. Jedenfalls sollten in den bionet-Newsgroups möglichst nur sinnvolle Nachrichten ausgetauscht werden.

Am effektivsten läßt sich das Internet nutzen, wenn die US-Amerikaner schlafen; daher arbeitet man in Europa am besten morgens. Nachmittags wird der Betrieb im Internet spürbar größer, und entsprechend sinkt die Leistung. Nutzer in den USA müssen nur sehr früh aufstehen.

# 13. Sequenzdatenbanken

Andy Brass, Universität Manchester, Großbritannien

## 13.1 Hintergrund

Man kann die Bioinformatikdatenbanken grob in zwei Typen einteilen: primäre und sekundäre. Primäre Datenbanken enthalten Originaldaten aus der Biologie. Das können DNA-Sequenzen sein oder Proteinstrukturinformationen aus der Kristallographie. Sekundäre Datenbanken versuchen, den Wert primärer Datenbanken zu erhöhen, damit sie für bestimmte Spezialanwendungen besser geeignet sind – etwa die EPD-Datenbank, die eukaryotische Promotorsequenzen enthält, oder PROSITE, die Datenbank mit allgemeinen Struktur- oder Funktionsmotiven von Proteinen.

Ein Datenbankeintrag besteht in der Regel aus zwei Teilen: der Rohsequenz und einer Anmerkung, in der beschrieben wird, in welchem biologischen Zusammenhang die Sequenz steht. Es ist wichtig, sich klarzumachen, daß die Informationen in der Anmerkung genauso wichtig und nützlich sind wie die Sequenz selbst. Mit der Sequenzierung ganzer Genome wachsen auch die Probleme mit den Anmerkungen. Oft weiß man nur sehr wenig über die Sequenzen, die die Sequenzierer ausgeben – man kennt höchstens den Zelltyp, von dem sie abstammen. Will man die Funktion einer unbekannten Proteinsequenz bestimmen, kann es sehr frustrierend sein, wenn man eine Sequenz gefunden hat, die gut übereinstimmt, und dann entdeckt, daß die Funktion dieses Proteins noch unbekannt ist.

Die Qualität der Informationen in den Anmerkungen schwankt von Datenbank zu Datenbank. Oft steht die Vollständigkeit der Daten im umgekehrten Verhältnis zu der Arbeit, die in die Anmerkung gesteckt wurde: Einige Datenbanken bieten exzellente Sequenzdaten auf Kosten der Anmerkungen, bei anderen Datenbanken fallen die Sequenzdaten spärlicher aus, dafür sind aber die Anmerkungen umso ausführlicher. Es ist noch nicht allgemein festgelegt, welches Format eine Anmerkung haben soll sowie welche Daten in welchem Umfang in sie eingehen sollen. Vieles, was in diesem Abschnitt über Anmerkungen gesagt wird, wird daher bald überholt sein. Außerdem darf man nicht vergessen, daß in sämtlichen Datenbanken zur Bioinformatik bei einem geringer Prozentsatz der Einträge entweder die Daten oder die Anmerkung nicht stimmen.

## 13.2 Primäre Datenbanken

### 13.2.1 DNA-Datenbanken

Die meisten primären Daten sind DNA-Sequenzen. Weltweit arbeiten augenblicklich drei Gruppen zusammen, um elektronische Datenbanken für DNA-Sequenzen zu erstellen (Tabelle 13.1): das European Molecular Biology Laboratory (EMBL; in Cambridge, Großbritannien), GenBank (am National Center for Biotechnology Information [NCBI], einer Abteilung der National Library of Medicine auf dem Campus der National Institutes for Health [NIH] in den USA) sowie die DNA Databank of Japan (DDBJ). Diese Gruppen tauschen täglich Informationen aus und haben gemeinsame Standards für die Einträge in die DNA-Sequenzdatenbank. Im Grunde ist jede Organisation dafür verantwortlich, Daten aus einer anderen geographischen Region zu sammeln; EMBL deckt beispielsweise Europa ab und GenBank Amerika. Anschließend werden sämtliche Informationen von den verschiedenen Standorten zusammengeführt und zwischen den drei Datenbanken ausgetauscht.

Die Datenbanken mit DNA-Sequenzen sind enorm angewachsen. Die EMBL-Ausgabe 49 vom November 1996 enthielt über 696 183 709 Basen aus 1 047 263 verschiedenen Sequenzen. Die meisten Einträge (54%) beziehen sich auf die DNA des Menschen. Insgesamt sind über 15 500 Spezies vertreten; die nächsten fünf wichtigsten Arten, was die Anzahl der Basen angeht, sind *Caenorhabditis elegans*, *Saccharomyces cerevisiae*, *Mus musculus* und *Arabidopsis thaliana*. In der Vergangenheit hat sich die Größe der Datenbank alle 22 Monate verdoppelt; aufgrund der enormen Datenflut aus ESTs hat dieses Tempo jedoch schnell zugenommen. Im EMBL verdoppeln sich die Sequenzen mittlerweile etwa alle neun Monate. Diese Wachstumsgeschwindigkeit hat entscheidende Konsequenzen für die Suchstrategie. Es kann gut sein, daß man in einem Monat

**Tabelle 13.1: Internetadressen, die Nucleotiddaten enthalten**

| Datenbank | Adresse |
|---|---|
| EMBL | www.ebi.ac.uk/ebi_docs/embl_db/ebi/topembl.html |
| GenBank | www.ncbi.nlm.nih.gov/Web/Search/index.html |
| DDBJ | www.ddbj.nig.ac.jp |

keine passende Sequenz für seine Basenfolge findet, aber bereits bei der nächsten Ausgabe der Datenbank fündig wird. Wenn man sich die Ergebnisse einer Bioinformatikanalyse notiert, ist es daher äußerst wichtig, die Ausgabe der benutzten Sequenzdatenbanken anzugeben.

In Anbetracht ihrer Größe hat man die Datenbanken mittlerweile in Abteilungen gegliedert, die hauptsächlich an den Spezies orientiert sind. So enthält etwa die EMBL-Datenbank derzeit einzelne Gruppen für ESTs, Bakteriophagen, Wirbellose, Organellen, Primaten, Nager, andere Wirbeltiere, andere Säuger, Pflanzen und Prokaryoten. Dank dieser Einteilung kann man sich bei der Suche leichter auf den jeweils relevanten Teil der Datenbank konzentrieren. Wie diese Abteilungen definiert sind, ist noch nicht endgültig entschieden; sie könnten sich daher, wenn der Leser diese Zeilen liest, bereits wieder völlig geändert haben – vor allem aufgrund des enormen Druckes durch das rasche Anwachsen der Datenbanken. Es fehlt noch eine Abteilung für Ergebnisse aus großangelegten Screeningexperimenten. Unter http://www.ebi.ac.uk/ebi_docs/embl_db/usrman/usrman.html beziehungsweise ftp://ncbi.nlm.nih.gov/genbank/gbrel.txt findet man Benutzerhandbücher für EMBL und GenBank, die weitere Einzelheiten darüber enthalten, wie die Datenbanken jeweils im Detail aufgebaut sind.

### 13.2.2 Genomdatenbanken

Eine weitere wichtige Quelle für Primärdaten sind die verschiedenen Genomprojekte. Eine Reihe von ihnen ist bereits abgeschlossen. Sie enthalten unter anderem einen Vertreter der Eukaryoten (*Saccharomyces cerevisiae*), ein Archaebakterium (*Methanococcus janeschii*) sowie drei Prokaryoten (*Haemophilus influenzae*, *Mycoplasma genitalium* und *Escherichia coli*). EMBL bietet viele Informationen zu diesen Projekten. Eine große Anzahl von Genomprojekten ist allerdings noch nicht abgeschlossen. Hierüber mehr zu berichten, würde den Umfang dieses Abschnitts sprengen. In Tabelle 13.2 sind jedoch die Internetadressen eines repräsentativen Anteils dieser Projekte aufgeführt.

### 13.2.3 Datenbanken für Proteinsequenzen

Es gibt vor allem zwei Datenbanken für Proteinsequenzen, die das Gegenstück zu den EMBL- und GenBank-Datenbanken bilden. Die SWISS-PROT-Datenbank enthält gut überprüfte und kommentierte Übertragungen von Sequenzen aus der EMBL-Datenbank. Sie wird überwiegend von der Abteilung für medizinische Biochemie der Universität Genf und dem European Bioinformatics Institute (EBI) unterhalten. In Abbildung 13.1

**Tabelle 13.2: Auswahl von Internetadressen, die Informationen über Genomprojekte enthalten**

| Organismus | Adresse |
|---|---|
| Maus | http://www.informatics.jax.org/mgd.html |
| Ratte | http://ratmap.gen.gu.se |
| Hund | http://mendel.berkeley.edu/dog.html |
| Rind | http://locus.jouy.inra.fr/cgi-bin/bovmap/intro2.pl |
| Schwein | http://www.ri.bbsrc.ac.uk/pigmap/pigbase/pigbase.html |
| Schaf | http://dirk.invermay.cri.nz |
| Huhn | http://www.ri.bbsrc.ac.uk/chickmap/chickgbase/manager.html |
| Zebrafisch | http://zfish.uoregon.edu/ |
| *Caenorhabditis elegans* | http://www.ddbj.nig.ac.jp/htmls/celegans/html/CE_INDEX.html |
| *Dictyostelium discoideum* | http://glamdring.ucsd.edu/others/dsmith/dictydb.html |
| *Drosophila* | http://morgan.harvard.edu |
| Mücke | http://klab.agsci.colostate.edu |
| *Arabidopsis* | http://genome-www.stanford.edu/Arabidopsis |
| Baumwolle | http://algodon.tamu.edu |
| Bohnen | http://scaffold.biologie.uni-kl.de/Beanref |
| Mais | http://www.agron.missouri.edu |
| Reis | http://www.staff.or.jp |
| Soja | http://mendel.agron.iastate.edu:8000/main.html |
| Bäume | http://s27w007.pswfs.gov |

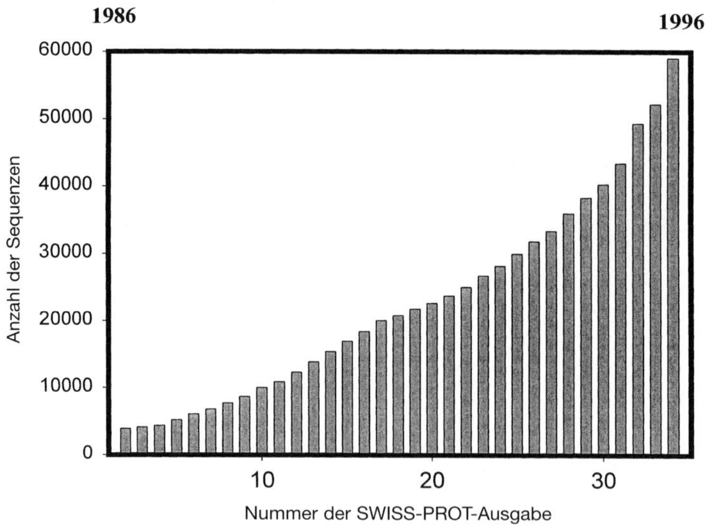


**13.1** Zunahme der Sequenzen in den SWISS-PROT-Datenbanken in den letzten zehn Jahren.

**Tabelle 13.3: Unterteilungen der PIR-Datenbank (Ausgabe 51.03)**

| Name | Kommentar | Anzahl der Einträge |
|---|---|---|
| PIR 1 | klassifizierte Einträge mit Anmerkungen | 13 572 |
| PIR 2 | Einträge mit Anmerkungen | 69 368 |
| PIR 3 | ungeprüfte Einträge | 7 508 |
| PIR 4 | unentschlüsselte oder nichttranslatierte Einträge | 196 |

ist dargestellt, wie in der SWISS-PROT-Datenbank im Laufe der Zeit die Zahl der Aminosäuresequenzen zugenommen hat. Leider werden die EMBL-Einträge erst mit Verzögerung in die richtig kommentierte Proteinversion übertragen. Eine erhebliche Anzahl von DNA-Einträgen, deren offene Leseraster (ORFs) bereits veröffentlicht sind, wurden noch nicht in SWISS-PROT übernommen. Aus diesem Grund ist kürzlich TREMBL (Translated EMBL) entstanden. TREMBL ist eine Proteindatenbank, in der sämtliche proteincodierenden Bereiche enthalten sind, die vom EMBL beschrieben wurden. Damit sind die Proteinsequenzen umfassend abgedeckt, allerdings auf Kosten der Qualität der Anmerkungen.

Zur Übertragung der GenBank hat NCBI die PIR-Datenbank aufgebaut. Sie besteht aus vier Abteilungen, die nach der Qualität der Anmerkungen eingeteilt sind (Tabelle 13.3).

Internetadressen und Kontakte zu Datenbanken mit Proteinsequenzen findet man in Tabelle 13.4. Unter http://expasy.hcuge.ch/txt/userman.txt und http://expasy.hcuge.ch/sprot/sp-docu.html erhält man alle Einzelheiten über SWISS-PROT und die offizielle Nomenklatur.

**Tabelle 13.4: Internetadressen, die Proteinsequenzdaten enthalten**

| Datenbank | Adressen |
|---|---|
| SWISS-PROT | http://expasy.hcuge.ch/sprot/sprot-top.html |
| TREMBL | http://www.ebi.ac.uk/pub/databases/trembl |
| PIR | http://www-nbrf.georgetown.edu/pir/ |

### 13.2.4 Datenbanken für Proteinstrukturen

In der Proteindatenbank (PDB) (http://pdb.pdb.bnl.gov/) sind dreidimensionale Proteinstrukturen gespeichert, die experimentell ermittelt wurden. Es gibt zwar in der PDB nicht so viele Einträge wie in den Proteinsequenzdatenbanken, ihre Anzahl steigt jedoch exponentiell. Die gespeicherten Strukturen wurden mit Hilfe von Röntgenstrahlen oder Kernspinresonanz (NMR) bestimmt. Für die Proteinsequenzen aus der PDB gibt es die NRL-3D-Datenbank. Sie ermöglicht nur Sequenzvergleiche mit Proteinen, deren Struktur bereits bekannt ist (weitere Einzelheiten in Abschnitt 17.2).

## 13.3 Anmerkungen in primären Sequenzdatenbanken

Zur Zeit haben die Sequenzanmerkungen der verschiedenen Datenbankzentren noch kein gemeinsames Format. Zwar enthalten alle im Prinzip dieselbe Information, doch wird sie in unterschiedlicher Form präsentiert. Entscheidender als Formatierungsfragen ist jedoch, daß die Anmerkungen zu Einträgen in DNA- und Proteinsequenzdatenbanken zu ein und demselben Gen jeweils unterschiedliche Informationen enthalten. Abbildung 13.2 zeigt als Beispiel den Kommentar zu einem Eintrag in die EMBL-Datenbank; die Datenfelder werden in Tabelle 13.5 erklärt.

```
ID   LISOD       standard; DNA; PRO; 756 BP.
XX
AC   X64011; S78972;
XX
DT   28-APR-1992 (Rel. 31, Created)
DT   30-JUN-1993 (Rel. 36, Last updated, Version 6)
XX
DE   L.ivanovii sod gene for superoxide dismutase
XX
KW   sod gene; superoxide dismutase.
XX
OS   Listeria ivanovii
OC   Prokaryota; Bacteria; Firmicutes; Regular asporogenous rods.
XX
RN   [1]
RA   Haas A., Goebel W.;
RT   "Cloning of a superoxide dismutase gene from Listeria ivanovii by
RT   functional complementation in Escherichia coli and
RT   characterization of the gene product.";
RL   Mol. Gen. Genet. 231:313-322(1992).
XX
RN   [2]
RP   1-756
RA   Kreft J.;
RT   ;
RL   Submitted (21-APR-1992) on tape to the EMBL Data Library by:
RL   J. Kreft, Institut f. Mikrobiologie, Universitaet Wuerzburg,
RL   Biozentrum Am Hubland, 8700 Wuerzburg, FRG
XX
DR   SWISS-PROT; P28763; SODM_LISIV.
XX
FH   Key             Location/Qualifiers
FH
FT   source          1..756
FT                   /organism="Listeria ivanovii"
FT                   /strain="ATCC 19119"
FT   RBS             95..100
FT                   /gene="sod"
FT   CDS             109..717
FT                   /gene="sod"
FT                   /EC_number="1.15.1.1"
FT                   /product="superoxide dismutase"
FT                   /db_xref="PID:g44011"
FT                   /db_xref="SWISS-PROT:P28763"
FT                   /translation="MTYELPKLPYTYDALEPNFDKETMEIHYTKHHNIYVTKLNEAVSG
FT                   HAELASKPGEELVANLDSVPEEIRGAVRNHGGGHANHTLFWSSLSPNGGGAPTGNLKAA
FT                   IESEFGTFDEFKEKFNAAAAARFGSGWAWLVVNNGKLEIVSTANQDSPLSEGKTPVLGL
FT                   DVWEHAYYLKFQNRRPEYIDTFWNVINWDERNKRFDAAK*"
FT   terminator      723..746
FT                   /gene="sod"
XX
SQ   Sequence 756 BP; 247 A; 136 C; 151 G; 222 T; 0 other;
```

**13.2** Anmerkung eines EMBL-Eintrags (Zugriffscode X64011). In Tabelle 13.5 werden die benutzten Begriffe kurz erklärt.

**Tabelle 13.5: Erläuterung der in EMBL-Anmerkungen verwendeten Begriffe**

| Code | Bedeutung | Kommentar |
|---|---|---|
| ID | Identifizierungszeichen | Diese Zeile beginnt mit dem Namen des Datenbankeintrags. Weitere Informationen beziehen sich auf den Status des Eintrags (ob er richtig überprüft wurde – in diesem Fall Standard) und die Anzahl der Basen |
| AC | Zugriffsnummer | Dies ist das einzigartige Kennzeichen des Eintrags; es wird nie verändert. Wurden zwei Einträge zu einem zusammengefaßt, sind beide Zugriffsnummern angegeben. |
| DT | Datum | Hier sind zwei Daten angegeben: der Zeitpunkt der Erstveröffentlichung der Datei und wann sie zum letzten Mal auf den neuesten Stand gebracht wurde. |
| DE | Beschreibung | formlose Beschreibung des Gens |
| KW | Schlüsselbegriffe | Begriffe, die das Genprodukt beschreiben |
| OS | Organismus (Spezies) | Name des Organismus |
| OC | Organismus (Klassifizierung) | kurze taxonomische Einordnung der Spezies; diese ist nicht allzu gründlich und sollte daher mit Vorsicht behandelt werden |
| OG | Organelle | Angabe, ob das Gen in einer bestimmten Organelle gefunden wurde |
| RN | Nummer der Literaturangaben | In diesem und den nächsten Feldern sind Literaturangabe und -verweise zum jeweiligen Eintrag abgespeichert. |
| RC | Bewertung | |
| RP | Literaturstelle | |
| RX | Querverweis | |
| RA | Autoren | |
| RT | Titel | |
| RL | Herkunft der Literaturstelle | |
| DR | Querverweise auf andere Datenbanken | siehe Text |
| FH | Überschrift zum Eigenschaftsfeld | Überschrift zum Eigenschaftsfeld |
| FT | Daten im Eigenschaftsfeld | siehe Text |
| CC | Kommentare | formlose Kommentare zum Eintrag |
| XX | Leerzeile | |
| SQ | Sequenzüberschrift | Daten zu Größe und Zusammensetzung der Sequenz |
| leer | Sequenzdaten | endlich: die Sequenz selbst |
| // | Schlußzeile | markiert das Ende eines Eintrags |

Auf das Feld für Querverweise in der Datenbank muß noch genauer eingegangen werden. Viele sekundäre Datenbanken greifen auf Informationen aus primären Datenbanken zurück. So enthält beispielsweise die Datenbank OMIM (Online Mendelian Inheritance in Man) Einträge zu

**Tabelle 13.6: Einige Datenbanken, auf die in der DR-Zeile der Sequenzdatenbanken verwiesen wird**

| Datenbank | Kommentar |
|---|---|
| SWISS-PROT | Datenbank für Proteinsequenzen |
| EMBL | DNA-Sequenzdatenbank. In einer Proteindatenbank gibt die DR-Zeile den DNA-Eintrag an, von dem die Sequenz abgeleitet wurde |
| OMIM | Online-Version von *Mendelian Inheritance in Man*; liefert Informationen darüber, ob die Sequenz an einer Erbkrankheit beteiligt ist |
| PROSITE | Datenbank mit Motiven, die in Proteinen konserviert sind (siehe unten) |
| HSSP | Datenbank mit Proteinen, die zu Proteinen bereits bekannter Struktur homolog sind; erleichtert es, die Faltung eines Proteins zu be stimmen |
| PDB | Datenbank mit Proteinstrukturen; hat die Sequenz eine bekannte Struktur? |
| MEDLINE | Abstract der Veröffentlichung, auf die in der RL-Zeile verwiesen wurde |
| PIR | entsprechender Proteineintrag in PIR |

menschlichen Erbkrankheiten. Wenn sich ein OMIM-Eintrag auf ein bekanntes sequenziertes Gen bezieht, wird auf dieses Gen mit Hilfe seiner Zugriffsnummer hingewiesen. Wäre dies der Fall, so würde die DR-Zeile das Schlüsselwort OMIM sowie den Namen des OMIM-Eintrags enthalten, der sich auf die EMBL-Sequenz bezieht. In Tabelle 13.5 wird unter DR lediglich auf die Proteinsequenz dieses Genes in SWISS-PROT verwiesen und darüber hinaus auf die Zugriffsnummer und das Identifizierungszeichen für den SWISS-PROT-Eintrag. Die DR-Zeile ist daher eine wertvolle Hilfe, wenn es um Verbindungen zwischen der ursprünglichen Datenbank und anderen Datenbanken mit Informationen zu der fraglichen Sequenz geht. In Tabelle 13.6 sind einige Datenbanken aufgelistet, auf die man in der DR-Zeile stoßen kann.

Das andere wichtige Feld in der Anmerkung, das näher erläutert werden muß, ist FT (*feature table*), das Feld für die Eigenschaften. Das FT ist ein Versuch, in computerlesbarer Form möglichst viel Information über die Sequenz und ihre Funktion zu vermitteln. Die drei wichtigsten DNA-Datenbanken (EMBL, GenBank und DDBJ) haben sich auf eine gemeinsame Sprache geeinigt, in der sie diese Eigenschaften beschreiben. Diese Sprache wird ausführlich unter http://www.ebi.ac.uk/ebi_docs/embl_db/ft/feature_table.html erläutert.

Eine Reihe von DNA-Einträgen enthält mehr als ein ORF. Man benutzt das PID-Identitätsszeichen im Eigenschaftsfeld, um jedes ORF einzeln eindeutig zu charakterisieren. Dies ist eine wichtige neue Zusatzinformation in der Anmerkung. Dadurch kann man eine Reihe verschiedener Einträge bei SWISS-PROT mit derselben Sequenz im EMBL koppeln, und weiß dann genau, welcher ORF in der EMBL-Sequenz welchem Eintrag bei SWISS-PROT entspricht.

## 13.4 Systeme, die beim Auffinden von Daten helfen

Es gibt eine Reihe von Systemen, die Benutzern einen einfachen unmittelbaren Zugriff auf die Daten von Sequenzdatenbanken ermöglichen. Die beiden bekanntesten und zugänglichsten sind das in den USA entwickelte Entrez sowie das SRS (*Sequence Retrieval System*) von Theore Etzold (EMBL).

Die SRS-Software wird in ganz Europa an zahlreichen Standorten benutzt. Sie ist ein flexibles System, mit dem man auf viele verschiedene Datenbanken zugreifen kann. Daher sind über SRS je nach Standort etwas unterschiedliche Datenbanken zugänglich – je nachdem, auf welche Datenbanken der lokale Systemverwalter den Zugriff freigibt. So ist beispielsweise die OWL-Datenbank eine nichtredundante Datenbank von Proteinsequenzen, in der alle nichtredundanten Proteinsequenzeinträge sämtlicher wichtiger Proteindatenbanken gesammelt sind. Auf diese Datenbank kann man mit Hilfe des SRS-Service über SEQNET (http://www.seqnet.dl.ac.uk/srs/srsc) zugreifen. OWL ist allerdings nicht vom SRS am EBI (siehe unten) aus verfügbar.

Sequenzen erhält man in der Regel über eine Zugriffsnummer (etwa aus einer Veröffentlichung) oder über Informationen aus der Sequenzanmerkung. Der Vorteil von SRS liegt darin, daß man damit von einem Menü aus auf sämtliche wichtigen Datenbanken zugreifen und mit den entsprechenden Schnellverknüpfungen zu den DR (Querverweis-)Feldern kommen kann. Man kann daher mit SRS ein breites Spektrum von Datenbanken mit einer gemeinsamen Schnittstelle durchsuchen und den Verknüpfungen zu verwandten Informationen in anderen Datenbanken nachgehen.

Die Benutzung von SRS ist denkbar einfach. Abbildung 13.3 zeigt die erste Seite, die man sieht, wenn man mit SRS am EBI (http://www.ebi.ac.uk/srs/srsc) verbunden wird. Um Sequenzdaten zu erhalten, wählt man mit einem Mausklick die erste Möglichkeit, „Search sequence libraries". Daraufhin erscheint ein neues Bild (Abbildung 13.4). Um auszuwählen, in welchen Datenbanken man suchen will, klickt man die entsprechenden Datenbanken an und trägt dann in die Textfelder weiter unten entsprechende Suchbegriffe ein. Man kann diese mit einer Reihe logischer Operationen (and, or, not) verbinden und so einen bestimmten Suchbegriff auf ein bestimmtes Gebiet aus der Anmerkungsinformation eingrenzen. Man startet die Suche mit einem Klick auf „DO-QUERY". Es gibt noch

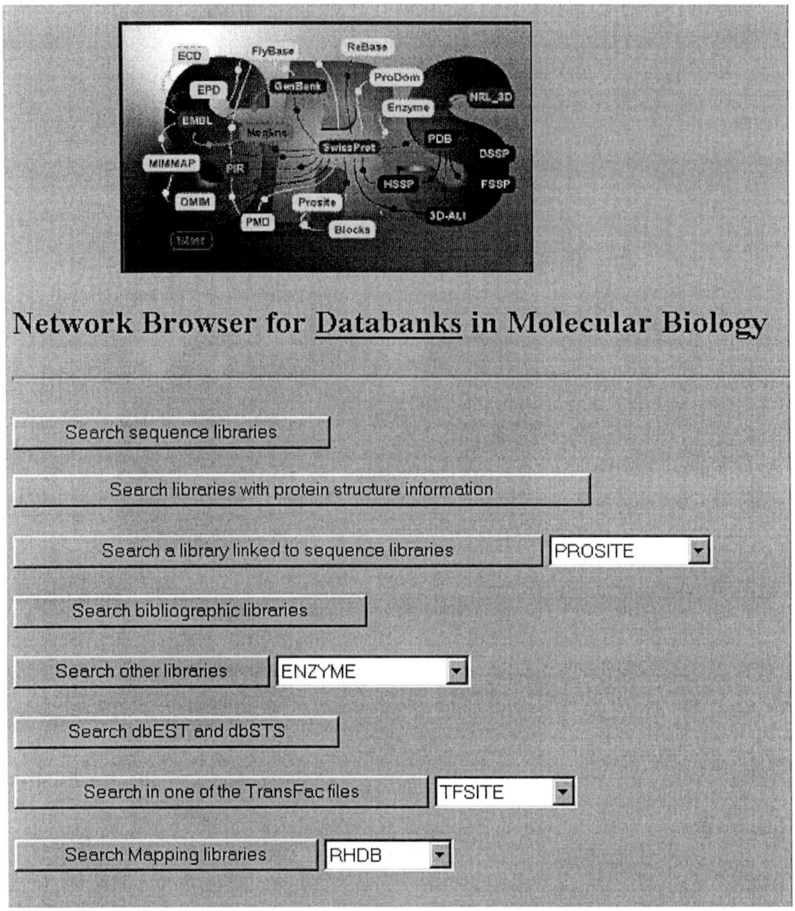


**13.3** SRS-Begrüßungsseite. Um in den Datenbanken für DNA- oder Proteinsequenzen nach einem Eintrag zu suchen, klickt man auf das Feld „Search sequence libraries“.

weitere Möglichkeiten: Man kann das Format ändern, in dem die Daten ausgegeben werden, und bestimmen, welche Informationen zu den gefundenen Einträgen ausgegeben werden. Brauchbare Einträge können auf dem eigenen Computer mit Hilfe der Speicheroption des Internetbrowsers abgespeichert werden. Weitere Informationen über SRS findet man im Handbuch, das vielerorts erhältlich ist, beispielsweise unter http://www.sanger.ac.uk/srs/srsman.html.

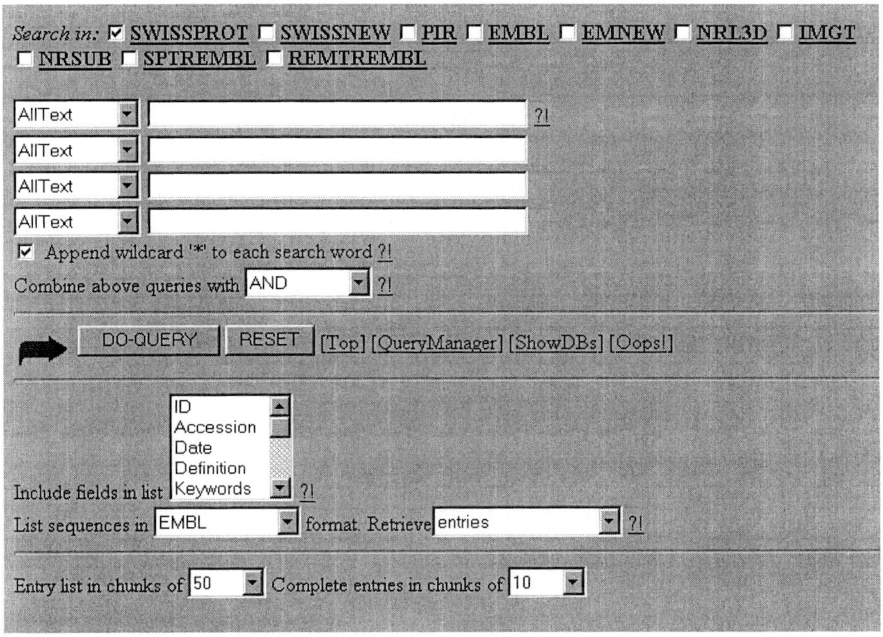


**13.4** SRS-Seite, auf der man eine Recherche in der Sequenzdatenbank durchführen kann. Will man eine bestimmte Datenbank durchsuchen, klickt man sie an – in diesem Fall SWISS-PROT – an und gibt in die nächsten Felder die entsprechenden Suchbegriffe ein. Um die Suche zu starten, klickt man auf das Feld „DO-QUERY".

## 13.5 Einspeisung einer Sequenz in eine Datenbank

Viele Zeitschriften akzeptieren keine Arbeit mit Sequenzdaten, solange die Sequenz nicht zuerst in einer der Sequenzdatenbanken hinterlegt wurde. Wie das geschehen sollte, hängt davon ab, wo man sich befindet: Sequenzen, die in Europa ermittelt wurden, werden am EMBL eingespeist, Sequenzen aus Amerika bei GenBank und solche, die in Japan oder im Pazifischen Raum gefunden wurden, werden zur DDBJ gesandt. Auf der Homepage jeder dieser Datenbanken wird ausführlich erklärt, wie man Daten elektronisch hinterlegt. Unter http://www.ebi.ac.uk/subs/emblsubs.html findet man beispielsweise ein Internetformular, mit dem man Einträge ans EMBL übermitteln kann. Hat dieses die Daten erhalten, bekommen diese eine Zugriffsnummer, auf die man sich bei der Publikation beziehen kann. Die Sequenz erscheint erst mit einer gewissen Verzögerung in der Datenbank, damit das Datenbankpersonal genügend Zeit hat, den Eintrag mit einer vollständigen Anmerkung zu versehen und die Daten beim Eintrag zu überprüfen.

# 14. Sequenzvergleich und Datenbankrecherche

Andy Brass, Universität Manchester, Großbritannien

## 14.1 Einführung

Beim Sequenzabgleich (*alignment*) versucht man, zwei oder mehr Sequenzen (DNA oder Protein) so auszurichten, daß Bereiche, in denen sich die Moleküle strukturell oder funktionell ähneln, besonders hervorgehoben werden. Falls die unbekannte Sequenz irgendeine Ähnlichkeit mit bekannten Sequenzen hat (im Idealfall solchen, deren Struktur und Funktion bekannt ist), kann man sie so identifizieren und ihre Struktur und Funktion vorhersagen.

Mit der im Internet vorhandenen Software kann man Sequenzen auf viele verschiedene Arten miteinander vergleichen. Um brauchbare Ergebnisse zu erhalten, sollte man jedoch mehr über Aufbau und Funktion solcher Programme wissen. Sequenzen zu vergleichen, ist keine triviale Aufgabe für einen Computer; vielmehr können die Ergebnisse je nachdem, welches Programm und welche Programmparameter man wählt, sehr unterschiedlich ausfallen. Übersieht man aufgrund eines falschen Parameters eine schwache, aber signifikante Übereinstimmung, kann dies teuer zu stehen kommen – nicht zuletzt dadurch, daß die Versuche länger dauern.

## 14.2 Bewertungsmatrices

Es ist nicht einfach, zwei Sequenzen optimal einander zuzuordnen. Man muß eine Möglichkeit finden, jede Zuordnung so zu bewerten, daß die Übereinstimmung mit der biologisch größten Relevanz die höchste Punktzahl erhält.

Wenn man die folgenden beiden Aminosäurevergleiche (den Einbuchstabencode findet man in Tabelle B.2) nur anhand der Anzahl der gemeinsamen Reste beurteilen würde, würden beide mit fünf Übereinstimmungen unter neun Aminosäuren gleich abschneiden:

```
a)  TTYGAPPWCS          b)  TTYGAPPWCS
     TGYAPPPWS              TGYAPPPWS
     *  ***  *              *  *  ***
```

Während allerdings bei der Zuordnung (a) nur solche Reste (A,P, S und T) konserviert sind, die recht häufig vorkommen, sind es im Abgleich (b) seltenere Aminosäuren wie W (Tryptophan) und Y (Tyrosin). Bei der Bewertung übereinstimmender Aminosäuren muß auch berücksichtigt werden, inwieweit sie biologisch und chemisch miteinander verwandt sind.

Eine Übereinstimmung von C und C ist wichtiger als eine von S und S, da Cystein eine recht seltene Aminosäure ist, die ganz besondere Eigenschaften hat, während Serin relativ häufig vorkommt. Ebenso sollte eine Übereinstimmung von D und E bewertet werden, da die beiden Reste chemisch verwandt sind und in den beiden Proteinen, die man miteinander vergleicht, dieselbe Aufgabe erfüllen könnten. Ein V-K-Paar sollte dagegen negativ zu Buche schlagen; beide Reste sind so verschieden, daß es unwahrscheinlich ist, daß sie in den beiden Proteinen dieselbe Funktion erfüllen.

Aus der Bewertungsmatrix geht hervor, wie jede einzelne Übereinstimmung zu bewerten ist. Beim Vergleich von DNA sind diese Matrices relativ einfach. Eine, die häufig verwendet wird, ist die folgende:

| | **A** | **C** | **G** | **T** |
|---|---|---|---|---|
| **A** | 0,9 | – 0,1 | – 0,1 | – 0,1 |
| **C** | – 0,1 | 0,9 | – 0,1 | – 0,1 |
| **G** | – 0,1 | – 0,1 | 0,9 | – 0,1 |
| **T** | – 0,1 | – 0,1 | – 0,1 | 0,9 |

Dabei wird jedes Basenpaar, das übereinstimmt, mit 0,9 bewertet; jedes Paar, das nicht paßt, mit – 0,1. Auf diese Weise erhält die folgende Zuordnung einen Wert von 4,3 [=(5 × 0,9) + (2 × – 0,1)]:

```
GCGCCTC
GCGGGTC
***  **
```

Bei Proteinen ist es schon etwas schwieriger, mit Bewertungsmatrices zu arbeiten, da hier keine Matrix universell eingesetzt werden kann. In den Werten der Matrix soll sich widerspiegeln, wie sich eine Aminosäure im Laufe der evolutionären Entwicklung einer bestimmten Proteinfamilie in eine andere verwandeln kann. Je nach Proteinfamilie und dem Grad der zu erwartenden Übereinstimmungen muß man daher andere Bewertungsmatrices verwenden.

**Tabelle 14.1: Häufige Bewertungsmatrices**

| Bewertungsmatrix | Kommentar |
|---|---|
| BLOSUM62 | gute, robuste Matrix für allgemeine Zwecke; wird normalerweise gewählt |
| PAM40 | gut geeignet, um Sequenzen zu finden, die sich erst in jüngster Zeit auseinanderentwickelt haben |
| PAM120 | weitere Matrix für allgemeine Zwecke |
| PAM250 | wird benutzt, um Sequenzen zu finden, die sich vor längerer Zeit auseinanderentwickelt haben (etwa 25% der Sequenz ist identisch); gilt als nicht sehr selektiv |

Die beiden bekanntesten Matrixtypen für Proteine, denen man voraussichtlich begegnet, sind die PAM-Matrices, die in den 80er Jahren von Margaret Dayhoff [1] erarbeitet wurden, sowie die von Henikoff und Henikoff [2] entwickelten jüngeren BLOSUM-Matrices (Tabelle 14.1). Die PAM-Matrices entstanden aus einem Sequenzabgleich von Cytochromproteinen. Die BLOSUM-Matrices wurden anhand der umfassenderen Vergleiche entwickelt, die man mittlerweile mit den größer gewordenen Sequenzdatenbanken anstellen kann.

Zum Schluß noch ein Hinweis auf ein semantisches Problem im Zusammenhang mit Sequenzvergleichen. Oft wird angenommen, die Begriffe Homologie und Ähnlichkeit seien austauschbar. Das ist ein Fehler. Wenn man zwei Sequenzen als homolog bezeichnet, bedeutet das, daß sie evolutionär miteinander verwandt sind und aus einem gemeinsamen Vorfahren hervorgegangen sind. Wenn man dagegen sagt, sie sind ähnlich, bedeutet das nur, daß sie sich in ihrer Abfolge ähneln. Beide Begriffe dürfen nicht miteinander verwechselt werden.

## 14.3 Bewertung von Lücken

Ein andere wichtige Gruppe von Parametern beim Sequenzvergleich bestimmt, wie Insertionen und Deletionen bewertet werden. Im Rahmen der Evolution können Sequenzen Bausteine dazubekommen oder auch verlieren. Manchmal sind an diesen Vorgängen nur ein oder zwei Reste beteiligt, es können aber auch ganze Domänen integriert werden. Das muß sich im Bewertungssystem, das Lücken negativ verbucht, niederschlagen.

Es gibt zwei Parameter für die Beurteilung von Lücken: Einer bewertet, daß eine Lücke neu entsteht, und der andere, daß eine Lücke vergrößert wird. Im ersten Fall werden Punkte für die Entstehung einer einzelnen Lücke abgezogen, im zweiten führt die Vergrößerung einer bereits geöffneten Lücke zu einer schlechteren Bewertung. Mit folgender Gleichung kann man den Punktabzug, $W_k$, ermitteln, der bei Öffnung einer Lücke der Länge k in Rechnung gestellt werden muß:

$$W_k = a + bk$$

Dabei entspricht a dem Punktabzug für das Öffnen der Lücke, und b dem Abzug für die Erweiterung der Lücke. Wie es sich auswirkt, wenn diese Werte verändert werden, ist in Tabelle 14.2 aufgeführt. Wenn man nicht bereits vorher weiß, nach welcher Art Übereinstimmung man sucht, lohnt es sich, bei den Vergleichen verschiedene Werte für a und b einzugeben und damit einmal einige große Insertionen und ein anderes Mal kleine Insertionen oder Deletionen zu erlauben.

**Tabelle 14.2: Auswirkung unterschiedlicher Parameter für die Eröffnung und Vergrößerung einer Lücke auf die Art des erhaltenen Sequenzabgleichs**

| Abzug für die Einführung einer Lücke | Abzug für die Erweiterung einer Lücke | Kommentar |
|---|---|---|
| groß | groß | sehr wenige Insertionen oder Deletionen; eignet sich für einen guten Abgleich sehr nahe verwandter Proteine |
| groß | gering | einige große Insertionen; eignet sich Fälle, in denen wahrscheinlich eine gesamte Domäne inseriert wurde |
| gering | groß | viele kleine Insertionen; eignet sich für weniger stark verwandte homologe Proteine |

## 14.4 Vergleich zweier Sequenzen

Um zwei Sequenzen einander zuzuordnen, haben sich zwei algorithmische Verfahren bewährt. Der Needleman-Wunsch-Algorithmus [3] errechnet die beste Gesamtzuordnung zweier Sequenzen, einschließlich der kürzesten Sequenz. Der Smith-Waterman-Algorithmus [4], eine Variante des Needleman-Wunsch-Algorithmus, optimiert die Anordnung für den lokalen Vergleich zweier Sequenzen. Beide Algorithmen können sowohl für Protein- als auch für Nucleinsäuresequenzen benutzt werden. Beide liefern für die jeweilige Bewertungsmatrix und die jeweiligen Punktabzüge für Lücken die Anordnung mit dem größtmöglichen Punktwert. Die errechnete Anordnung muß aber nicht unbedingt biologisch relevant sein (Abschnitt 14.7). Über anonyme Dateiübertragungsprotokolle (ftp) kann man verschiedene Software für den paarweisen Sequenzvergleich abrufen – bei der GCG beispielsweise die Programme BESFIT und GAP. Im Word Wide Web gibt es nur wenige Stellen, an denen man zwei Sequenzen miteinander vergleichen kann:

**Name:** ALIGN
**Adresse:** http://genome.eerie.fr/fasta/align-query.html
**Kommentar:** Versucht, zwei vom Anwender eingegebene Sequenzen einander optimal zuzuordnen. Man kann die Bewertungsmatrix auswählen; wie Lücken bewertet werden, liegt dagegen fest.

**Name:** Align
**Adresse:** http://www.mips.biochem.mpg.de/mips/programs/align.html
**Kommentar:** Ermöglicht nur den Vergleich von Sequenzen aus Datenbanken; Sequenzen des Anwenders werden nicht angenommen.

## 14.5 Vergleich mehrerer Sequenzen

Die erwähnten Algorithmen für die paarweise Zuordnung errechnen nachweislich immer die größtmögliche Übereinstimmung zwischen zwei Sequenzen. Dies gilt nicht mehr, sobald man mehr als zwei Sequenzen gleichzeitig vergleicht. Jede automatisch erstellte Zuordnung mehrerer Sequenzen kann nur eine erste Annäherung sein. Daher sollte man diese stets selbst noch einmal überprüfen, um sicher zu sein, daß sie auch optimal ist. In Verbindung mit biologischem Wissen ist das menschliche Auge bisher immer noch viel besser als jeder Computer in der Lage, bei Gegenüberstellungen mehrerer Sequenzen Muster herauszufinden. Im Internet gibt es zahlreiche Programme für solche mehrfachen Sequenzvergleiche – seit kurzem etwa CINEMA [5], das nicht nur Sequenzen gegeneinander abgleicht, sondern auch eine benutzerfreundliche Schnittstelle hat, mit der man die Resultate problemlos durch Anzeigen und Anklicken bearbeiten kann. CINEMA macht deutlich, wie gut sich Java-Programmiersprachen für die Bioinformatik eignen.

Aus dem Repertoire der Bioinformatik sind besonders mehrfache Sequenzvergleiche homologer Sequenzen eine große Hilfe für den Benutzer. Man kann sie mit einer Folge zielgerichteter Mutagenese-Experimente vergleichen, an der man erkennen kann, welcher Rest gegen welchen anderen ausgetauscht werden kann, ohne daß ein Protein (oder eine DNA) seine Funktion verliert. Sie bieten darüber hinaus die Möglichkeit, mehr über die Tertiärstruktur um den Rest herum zu erfahren. Bereiche, die hochgradig konserviert sind, sind höchstwahrscheinlich aktive Zentren, während äußerst variable Bereiche oder solche, die Insertionen oder Deletionen enthalten, eher auf Schleifen hinweisen. Wie mehrfache Sequenzvergleiche bei der Voraussage von Proteinstrukturen helfen, wird in den Kapiteln 16 und 17 beschrieben. Es gibt viel Literatur über die Theorie des multiplen Sequenzvergleichs; vieles davon findet man im Internet. ftp-Adressen bieten darüber hinaus zahlreiche Programme, mit denen man diese Sequenzvergleiche auf allen gängigen Computergeräten durchführen kann. Es folgt eine Auswahl entsprechender Adressen im Internet:

**Name:** ClustalW [6]
**Adresse:** http://dot.imgen.bcm.tmc.edu:9331/multi-align/Options/clustalw.html
**Kommentar:** ClustalW gehört zu den meistbenutzten Programmen für den multiplen Sequenzvergleich. Wer es sich kopieren will, kann es von mehreren ftp-Seiten kostenlos auf seinen Computer laden.

**Name:** CIMEMA2
**Adresse:** http://www.biochem.ucl.ac.uk/bsm/dbbrowser/CINEMA2/
**Kommentar:** Neuere Version des Java-Editors für den Vergleich mehrerer Sequenzen. Es läßt sich gut damit arbeiten, da der Benutzer die Zuordnung verändern kann und da Bereiche, in denen Aminosäuren ähnliche Eigenschaften haben, farblich hervorgehoben werden.

**Name:** Match-Box [7,8]
**Adresse:** http://www.fundp.ac.be/sciences/biologie/bms/matchbox_submit.html
**Kommentar:** Versucht Proteine nicht nur anhand der Sequenz, sondern auch über die Eigenschaften ihrer Aminosäuren miteinander zu korrelieren; befindet sich noch im Versuchsstadium.

An dieser Stelle muß betont werden, daß es bei mehreren Sequenzen nicht „die“ beste Zuordnung gibt und daß der Benutzer die Ergebnisse der automatischen Vergleichsprogramme häufig noch durch eigene Analyse verbessern kann.

## 14.6 Vergleich von Sequenzen mit einer Datenbank

Eine Sequenz mit einer Datenbank zu vergleichen, um Ähnlichkeiten herauszufinden, ist eines der gängigsten und aussagekräftigsten Verfahren in der Bioinformatik. Im Grunde genommen macht man nichts anderes, als zwei Sequenzen miteinander zu vergleichen, dies allerdings zigtausendmal. Konsequent alle Paare miteinander zu vergleichen, würde allerdings sehr viel Zeit kosten. Man ist daher gezwungen, mit Annäherungen zu arbeiten, um den Zeitaufwand bei der Suche in vernünftigen Grenzen zu halten. Die beiden Programme, die am häufigsten benutzt werden, um eine unbekannte Sequenz mit einer Sequenzdatenbank abzugleichen, sind FASTA [9] und BLAST [10].

FASTA arbeitet mit einer Variante des Wilbur-Lipman-Algorithmus; es probiert über Annäherungen diverse Zuordnungen aus und konzentriert sich dabei nur auf solche, die wahrscheinlich signifikant sind. FASTA sollte zwar deutliche Übereinstimmungen nicht übersehen, versagt allerdings manchmal bei schwachen, aber signifikanten Ähnlichkeiten. Es sucht nach generellen Übereinstimmungen.

BLAST (*Basic Local Alignment Search Tool*) sucht mit einem Ansatz, der auf der Übereinstimmung kurzer Sequenzfragmente sowie auf einem leistungsfähigen Statistikmodell beruht nach den besten lokalen Übereinstimmungen zwischen der unbekannten Sequenz und der Datenbank. Man muß sich dabei darüber im klaren sein, daß BLAST nur kontinuierliche Sequenzen einander zuordnen kann; eine Zuordnung, an der Insertionen und Deletionen beteiligt sind, wird als eine Folge von Übereinstimmungen einzelner Fragmente gewertet. Es wurden bereits mehrere Programme geschrieben (beispielsweise BEAUTY [11]), um die Datenausgabe von BLAST besser den Gegebenheiten anzupassen.

Es gibt viele Varianten von BLAST und FASTA, die jeweils für verschiedene Arten des Sequenzvergleichs geeignet sind; sie sind in Tabelle 14.3 zusammengefaßt. Da BLAST und FASTA unterschiedlich arbeiten, lohnt es sich in der Regel, beide Programme laufen zu lassen: Unter Umständen findet eines signifikante Übereinstimmungen, die das andere übersieht, und umgekehrt.

Wenn weder BLAST noch FASTA signifikante Übereinstimmungen entdecken, gibt es noch eine dritte, zeitintensivere Möglichkeit. An eini-

**Tabelle 14.3: BLAST- und FASTA-Programme zum Vergleich einer Sequenz mit einer Datenbank**

| Programm | Sonden-typ | Art der Datenbank | Kommentar |
|---|---|---|---|
| BLASTP | p | p | vergleicht eine Aminosäuresequenz mit einer Datenbank für Proteinsequenzen |
| BLASTN | n | n | vergleicht eine Nucleotidsequenz mit einer Datenbank für Nucleotidsequenzen |
| BLASTX | n | p | vergleicht eine in sämtliche Leseraster übertragene Nucleotidsequenz mit einer Daten bank für Proteinsequenzen |
| TBLASTN | p | n | vergleicht eine Aminosäuresequenz mit einer Datenbank für Nucleotidsequenzen, die dynamisch in alle sechs Leseraster übertragen wurde |
| TBLASTX | n | n | vergleicht die in sechs Leseraster übertragene Nucleotidsequenz mit einer Datenbank für Nucleotidsequenzen, die dynamisch in alle sechs Raster übertragen wurde |
| FASTA | p<br>n | p<br>n | sucht eine Datenbank für Protein- oder DNA-Sequenzen nach ähnlichen Sequenzen ab |
| TFASTA | p | n | vergleicht eine Proteinsequenz mit einer DNA-Sequenzdatenbank, wobei die DNA-Sequenzdatenbank permanent übersetzt wird |
| FASTX | n | p | vergleicht eine Nucleotidsequenz, die in sämtliche Leseraster übertragen wurde, mit einer Datenbank für Proteinsequenzen |

n: Nucleinsäuresequenz oder Datenbank für Nucleinsäuresequenzen; p: Proteinsequenz oder Datenbank für Proteinsequenzen.

gen Orten können Benutzer eine vollständige Smith-Waterman-Suche durchführen, bei der die unbekannte Sequenz mit Hilfe von Programmen wie BLITZ [12] mit einer Datenbank verglichen wird. BLITZ wurde für leistungsfähige Parallelrechner entwickelt, auf denen man eine solche Suche einfacher durchführen kann. Solche Programme laufen zu lassen, erfordert zwar viel Rechnerzeit, sie finden jedoch gelegentlich signifikante, wenn auch schwache Übereinstimmungen, die sowohl BLAST als auch FASTA übersehen.

Da der Abgleich einer Sequenz mit einer Datenbank eine so fundamentale Methode der Bioinformatik ist, bieten viele Server eine Suche mit BLAST oder FASTA an. Für die Entscheidung, mit welchem Programm man arbeiten will, gibt es eine ganze Reihen von Kriterien. Nicht alle BLAST- und FASTA-Server bieten dieselben Leistungen. Sie unterscheiden sich darin, mit welchen Datenbanken man die Suche durchführen kann, sowie wie groß die Bandbreite der Bewertungsmatrices ist, auf die man zurückgreifen kann. Eine Reihe von Servern bieten darüber hinaus erfahrenen Benutzern die Möglichkeit an, ihre Suche exakt einzugrenzen. Im allgemeinen kann man überall DNA- oder Proteinrecherchen mit einer nichtredundanten Sequenzdatenbank durchführen. Diese Datenbank sollte zumindest sämtliche Einträge von SWISS-PROT und PIR (für Proteine) beziehungsweise EMBL und GenBank (für DNA) enthalten; das ist im allgemeinen ein guter Standard. Man sollte dieses Angebot mit Maß und Ziel nutzen. Baut man ein Contig auf, genügt es beispielsweise, BLAST- oder FASTA lediglich einmal für die zusammengesetzte Sequenz in Anspruch zu nehmen, und nicht für jedes einzelne Sequenzfragment. Mit BLAST die gesamte nichtredundante Datenbank absuchen zu lassen, ist keine effiziente Art, um eine Verunreinigung in einem Klonierungsvektor aufzuspüren.

**Name des Programms:** BLAST
**Adresse:** http://www.ncbi.nlm.nih.gov/BLAST/
– die Heimatadresse von BLAST am NCBI in den USA
**Adresse:** http://swarmer.standford.edu/cgi-bin/blastq-form?options=simple_
– Stanford, USA
**Adresse:** http://dot.imgen.bcm.tmc.edu:9331/cgi-bin/seq-search/
_blast_form_ local.pl
– Baylor College, USA
**Adresse:** http://www.genome.ad.jp/SIT/BLAST.html
– das japanische Genomzentrum
**Adresse:** http://genome.eerie.fr/blast/blast-query.html
– ein französischer Server
**Adresse:** http://www.crihan.fr/www/blast.html
– ein weiterer französischer Server
**Adresse:** http://ulrec3.unil.ch/software/EPFLBLAST_form.html
– ein Server in der Schweiz

Bei einigen Servern muß man die Sequenz in FASTA-Format eingeben. Das bedeutet, daß die Sequenz mit einer Zeile beginnt, an deren Anfang ein > stehen muß; daran schließt sich dann die Sequenz an; Beispiel:

```
>Kollagensequenz
gppgppgppgppgppgpgpp
```

**Name des Programms:** FASTA
**Adresse:** http://www.ebi.ac.uk/htbin/fasta.py?request
– EBI
**Adresse:** http://swarmer.stanford.edu/cgi-bin/fastaqform?options=simple
– Stanford, USA

**Adresse:** http://genome.eerie.fr/fasta/fasta-query.html
– ein französischer Server
**Adresse:** http://www.crihan.fr/www/fasta.html
– ein weiterer französischer Server

**Name des Programms:** BLITZ
**Adresse:** http://www.ebi.ac.uk/searches/blitz.html
**Kommentar:** Ein sehr empfindliches Suchprogramm, das allerdings sehr langsam ist. Man sollte es nur benutzen, wenn man mit FASTA und BLAST keine signifikante Übereinstimmung findet.

**Name des Programms:** BEAUTY
**Adresse:** http://dot.imgen.bcm.tmc.edu:9331/seq-search/protein-search.html
**Kommentar:** Ein verbessertes BLAST-Suchprogramm, das zusätzliche Informationen über die potentielle Funktion einer unbekannten Proteinsequenz enthält. BEAUTY ist eine der Optionen, auf dieser Seite für generelle Suchverfahren nach Proteinsequenzen.

Abbildung 14.1 zeigt einen typischen Ausdruck nach einer BLAST-Suche am BLAST-Server des NCBI in den USA. Ein C-terminales Fragment vom Kollagen X des Huhns wurde mit der nichtredundanten Datenbank für Proteinsequenzen verglichen; dabei wurden bei den Parametern Standardwerte eingesetzt. Zuerst schickt der Server eine Liste der potentiell signifikanten Übereinstimmungen. Die relevanten Werte stehen in den Rubriken „High Score" und „Smallest Sum Probability". Damit eine Übereinstimmung von Proteinsequenzen signifikant ist, sollte der Wert für „Smallest Sum Probability" möglichst klein sein – sicher unter 0,1 – und der für „High Score" so groß wie möglich. Bei DNA-Vergleichen muß man sehr viel vorsichtiger bei der Bewertung sein: Der Wert für „Smallest Sum Probability" kann unter 0,0001 liegen und die Übereinstimmung dennoch zufällig sein. Abbildung 14.2 zeigt einen typischen Ausdruck nach einer FASTA-Suche am FASTA-Server des EBI in Großbritannien. Der signifikante statistische Wert ist hier der z-Wert. Für einen signifikanten Treffer sollte dieser Wert möglichst groß sein. Ein weiterer nützlicher statistischer Wert ist der Vergleichswert (*alignment score*); wieder gilt: je größer, desto besser.

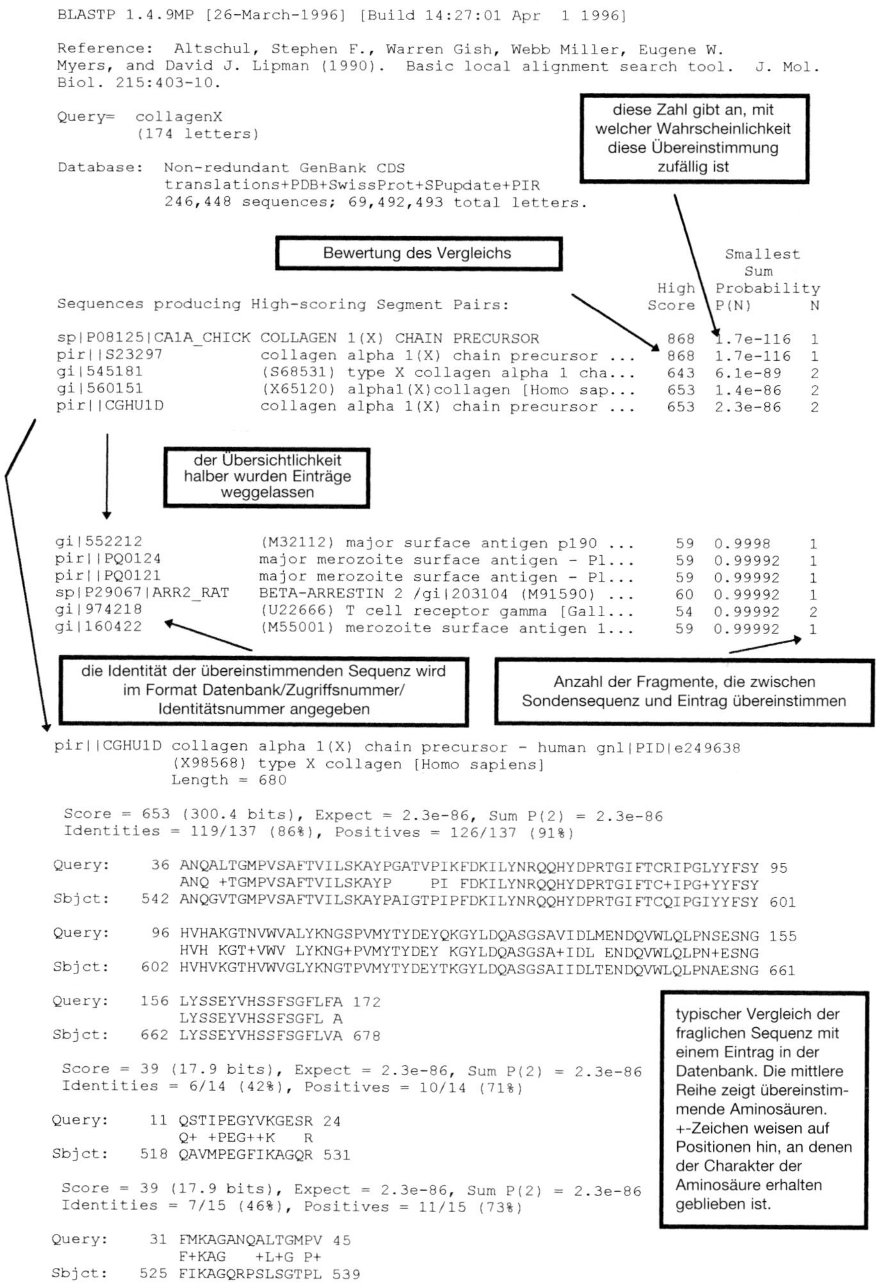


**14.1** Ergebnis einer BLAST-Suche mit dem C-terminalen Ende des Hühnerkollagens X. In den Kästen wird erklärt, wie das Ergebnis zu interpretieren ist.

```
FASTA searches a protein or DNA sequence data bank
 version 3.0t71 November, 1996
Please cite:
 W.R. Pearson & D.J. Lipman PNAS (1988) 85:2444-2448

2120a0a8.seq: 174 aa
 >collagen X
 vs  SWISS-PROT Protein Sequence Database (rel34) library
searching /ebi/services/data/gcg/gcgswissprot/swissprot.seq 6 library

FASTA (3.06 Sept, 1996) function (optimized, BL50 matrix) ktup: 2
 join: 36, opt: 24, gap-pen: -12/ -2, width:  16 reg.-scaled
 Scan time: 19.900
The best scores are:                                    initn initl opt z-sc E(58776)
CA1A_CHICK collagen 1(x) chain precursor.     ( 674) 1191 1191 1191 1306.4    0
CA1A_HUMAN collagen alpha 1(x) chain precu    ( 680)  934  822  964 1058.7    0
CA1A_MOUSE collagen alpha 1(x) chain precu    ( 680)  883  798  945 1037.9    0
CA1A_BOVIN collagen 1(x) chain precursor.     ( 674)  913  798  912 1002.0    0
CA28_HUMAN collagen alpha 2(viii) chain (e    ( 635)  664  600  661  728.5    0
CA18_RABIT collagen alpha 1(viii) chain pr    ( 744)  575  575  656  722.0 1.2e-33
CA18_HUMAN collagen alpha 1(viii) chain pr    ( 744)  567  567  652  717.6 2.2e-33
CA18_MOUSE collagen alpha 1(viii) chain pr    ( 743)  638  560  641  705.6 1e-32
CA28_MOUSE collagen alpha 2(viii) chain (e    ( 170)  600  600  612  683.9 1.6e-31
COLE_LEPMA inner ear-specific collagen pre    ( 419)  289  235  367  410.5 2.8e-16
HP27_TAMAS hibernation-associated plasma p    ( 215)  290  230  337  382.2 1e-14
HP25_TAMAS hibernation-associated plasma p    ( 215)  209  127  293  334.2 4.9e-12
```

Z-Wert

Identitätscode der übereinstimmenden Sequenz in SWISS-PROT

Bewertung des Vergleichs

```
                                           10        20
collag                           GPPGPPGPPGQSTIPEGYVK-GESRELSGM
                                 :::::::::::..:.:..: :.  .::::
CA1A_M AGIATKGLNGPTGPPGPPGPRGHSGEPGLPGPPGPPGPPGQAVMPDGFIKAGQRPRLSGM
        480       490       500       510       520       530

         30        40        50        60        70        80
collag SFMKAGANQALTGMPVSAFTVILSKAYPGATVPIKFDKILYNRQQHYDPRTGIFTCRIPG
        ...:  :...::::::::::::::::.. .:: ::.::::::::::::::.:::::.:::
CA1A_M PLVSA--NHGVTGMPVSAFTVILSKAYPAVGAPIPFDEILYNRQQHYDPRSGIFTCKIPG
        540         550       560       570       580       590

         90       100       110       120       130       140
collag LYYFSYHVHAKGTNVWVALYKNGSPVMYTYDEYQKGYLDQASGSAVIDLMENDQVWLQLP
       .::::::::.:::.:::.:::::.:.:::::::.:::::::::::::...: ::::::::::
CA1A_M IYYFSYHVHVKGTHVWVGLYKNGTPTMYTYDEYSKGYLDQASGSAIMELTENDQVWLQLP
          600       610       620       630       640       650

        150       160       170
collag NSESNGLYSSEYVHSSFSGFLFAQI
       :.:::::::::::::::::::: : .
CA1A_M NAESNGLYSSEYVHSSFSGFLVAPM
          660       670       680
```

Typischer Vergleich. Das Symbol : weist auf Aminosäurereste hin, die in der Sequenz der Sonde und der Datenbanksequenz übereinstimmen. Das Symbol . zeigt an, wo der Charakter der Aminosäure erhalten geblieben ist.

**14.2** Ergebnis einer FASTA-Suche, bei er das C-terminale Fragment des Hühnerkollagens X mit der SWISS-PROT-Datenbank verglichen wurde. Die Kästen machen auf die entscheidenen Aussagen des Ergebnisses aufmerksam.

## 14.7 Wann ist ein Treffer signifikant?

Es ist wichtig, zu wissen, ob eine Übereinstimmung, die bei einer Suche in einer Datenbank gefunden wurde, biologisch signifikant ist oder nicht. Diese Frage ist ausführlich untersucht worden. Danach gilt für generelle Vergleiche von Proteinen, daß Sequenzen, die über eine Strecke von mindestens 80 Aminosäuren zu 25 Prozent oder mehr identisch sind, dieselbe Grundfaltung aufweisen sollten (detailliertere Untersuchungen in [13,14]). Liegt die Ähnlichkeit darunter, kommt man in eine Grauzone: Zwei Sequenzen, die in weniger als 25 Prozent übereinstimmen, können durchaus eine ähnliche Form und Funktion haben, es können aber auch vollkommen verschiedene Proteine sein – nur aufgrund der Zuordnung kann man das nicht entscheiden. Bei DNA-Vergleichen ist die Situation komplizierter. Wegen der Redundanz des genetischen Codes sollte man proteincodierende DNA vor Beginn der Recherche in Protein übersetzen, manuell oder mit einem Programm wie BLASTX. Stammt die DNA nicht aus einem codierenden Bereich, weiß man nicht, wie groß die Übereinstimmung sein muß, damit sie biologisch signifikant ist. Die Erfahrung lehrt, daß die Sequenzen zu mindestens 75% identisch sein sollten, damit man die Übereinstimmung als signifikant einstufen kann. Solche Statistiken sind jedoch in vielen Grenzfällen keine Hilfe – bei Werten, die signifikant sein können oder auch nicht. In derartigen Fällen sind das Wissen eines erfahrenen Biologen und die genaue Kenntnis des Systems, das für die Identifizierung potentiell interessanter Treffer genutzt wurde, durch nichts zu ersetzen.

## 14.8 Literatur

1. Dayhoff, M. O.; Schwartz, R. M.; Orcutt, B. C. *A Model of Evolutionary Change in Proteins.* In: *Atlas of Protein Sequence and Structure.* Washington D.C. (National Biomedical Research Foundation) 1978. Bd. 3 S. 345– 352.
2. Henikoff, S.; Henikoff, J. G. *Amino-Acid Substitution Matrices from Protein Blocks.* In: *Proc. Natl. Acad. Sci. USA* 89 (1992) S. 10915– 10919.
3. Needleman, S. B.; Wunsch, C. D. *A General Method Applicable to the Search for Similarities in the Amino Acid Sequence of Two Proteins.* In: *J. Mol. Biol.* 48 (1970) S. 443– 453.
4. Smith, T. F.; Waterman, M. S. *Comparison of Bio-Sequences.* In: *Adv. Appl. Math.* 2 (1981) S. 482– 489.
5. Parry-Smith, D. J.; Payne, A. W. R.; Michie, A. D.; Attwood, T. K. *CINEMA – A Novel Colour INteractive Editor for Multiple Alignments.* In: *GENECOMBIS* (1997).
6. Thompson, J. D.; Higgins, D. G.; Gibson, T. J. *CLUSTAL W: Improving the Sensitivity of Progressive Multiple Sequence Alignment through Sequence Weighting, Positions-Specific Gap Penalties and Weight Matrix Choice.* In: *Nucleic Acids Res.* 22 (1994) S. 4673– 4680.

7. Depiereux, E.; Feytmans, E. *Simultaneous and Multivariate Alignment of Protein Sequences: Correspondence Between Physicochemical Profiles and Structurally Conserved Proteins (SCR).* In: *Protein Eng.* 4 (1991) S. 603–613.
8. Depiereux, E.; Feytmans, E. *MATCH-BOX – A Fundamentally New Algorithm for the Simultaneous Alignment of Several Protein Sequences.* In: *Comput. Appl. Biosci.* 8 (1992) S. 501–509.
9. Lipman, D. J.; Pearson, W. G. *Rapid and Sensitive Protein Similarity Searches.* In: *Science* 227 (1985) S. 1435–1441.
10. Altschul, S. F.; Gish, W.; Miller, W.; Myers, E. W.; Lipman, D. J. *Basic Local Alignment Search Tool.* In: *J. Mol. Biol.* 215 (1990) S. 403–410.
11. Worley, K. C.; Wiese, B. A.; Smith, R. F. *BEAUTY: An Enhanced BLAST-Based Search Tool that Integrates Multiple Biological Information Resource into Sequence Similarity Search Results.* In: *Genome Res.* 5 (1995) S. 173–184.
12. Sturrock, S. S.; Collins, J. F. *MPsrch Version 1.3.* Edinburgh (Biocomputing Research Unit, University of Edinburgh) 1993.
13. Altschul, S. F.; Boguski, M. S.; Gish, W.; Wootton, J. C. *Issues in Searching Molecular Sequence Databases.* In: *Nature Genet.* 6 (1994) S. 119–129.
14. Argos, P.; Vingron, M.; Vogt, G. *Protein Sequence Comparison: Methods and Significance.* In: *Protein Eng.* 4 (1991) S. 375–383.

# 15. Sequenzierungsprojekte und Contiganalyse

Andy Brass, Universität Manchester, Großbritannien

## 15.1 Einführung

Ein Sequenzierungsprojekt besteht im wesentlichen aus zwei Teilen:

- Sequenzierung und Datenanalyse der einzelnen Klone;
- Suche nach überlappenden Klonen, um sie zu einer größeren zusammenhängenden Sequenz zusammenzufassen.

Jeder dieser Schritte stellt andere Anforderungen an den Computer; dieses Thema wird daher gesondert behandelt. Generell können Klone problemlos mit Hilfe des Internet analysiert werden. Allerdings stehen dort bisher noch keine Programme zur allgemeinen Verfügung, mit denen man Contigs zusammenstellen kann – vor allem weil hierzu langfristig sehr viele Daten gespeichert werden müssen. Im folgenden wird eine Reihe von Softwarepaketen vorgestellt, mit denen man auf einem PC, einem Mac oder einer Workstation Contigs zusammenstellen kann.

## 15.2 Klonanalyse

Bei einer Sequenzierungsreaktion liefert ein bestimmter Klon in der Regel Daten im Umfang von etwa 300–500 bp. Diese Sequenzdaten liegen beispielsweise in Form eines Autoradiogramms oder eines Elektropherogramms oder ähnlichem vor. Man kann sie selbst eingeben oder mit Hilfe eines Gelscanners oder eines anderen automatischen Gellesegeräts erfassen. Bei Sequenzierern benennt die Software die Basen und erstellt daraus eine Textdatei. Die Bandbreite der Methoden, mit denen eine Sequenz in einen Computer eingelesen werden kann, übersteigt den Umfang dieses

Buches. Man sollte dabei jedoch nie vergessen, daß kein Verfahren hundertprozentig genau arbeitet, und nach Möglichkeit jede Sequenz noch einmal überprüfen. Hier gehen wir jedenfalls davon aus, daß alle erforderlichen Sequenzdaten in computerlesbarer Form vorliegen. In diesem Stadium besteht die wichtigste Analyseaufgabe darin, die Qualität der Sequenzdaten zu überprüfen. Es sind im wesentlichen zwei Arten von Sequenzierungsfehlern, die man in dieser Phase aufspüren muß:

- Der Klon enthält noch Teile des Sequenzierungsvektors.
- Der Klon enthält genetisches Material des Wirtsorganismus, in dem er vermehrt wurde.

### 15.2.1 Entfernen des Sequenzierungsvektors

Mehrere Datenbanken (etwa vector-ig) enthalten umfassende Listen von Sequenzierungsvektoren [1]. Unter http://www.ncbi.nlm.nih.gov/BLAST/ kann man den Klon mit Hilfe des BLAST-Programms mit diesen Datenbanken vergleichen. Jede gute Übereinstimmung, die man dabei findet, ist ein klarer Beweis dafür, daß die Contigsequenz noch den Sequenzierungsvektor enthält. Diesen sollte man entfernen, bevor man die Analyse fortsetzt. Bei vielen guten Programme, mit denen man Fragmente zusammensetzen kann, kann man auch die Sequenz des Klonierungsvektors in das Programm eingeben; dann wird jede Übereinstimmung mit dem Vektor automatisch erkannt und entfernt (siehe unten). Obwohl dieses Verfahren so einfach ist, ist es deprimierend, wieviele Sequenzdaten in Datenbanken noch Teile von Klonierungsvektoren enthalten.

**Name der Datenbank:** vector-ig
**Adresse:** ftp://ncbi.nlm.nih.gov/repository/vector-ig

### 15.2.2 Entfernen anderer Klonierungsartefakte

Es gibt zwei Gründe, warum in einem Klon genomische Sequenzen des Wirtsorganismus, in dem die Sequenz kloniert wurde, vorhanden sein können:

- In Wirklichkeit stammt der gesamte Klon aus dem Genmaterial des Wirtes.
- Der Klon ist eine Mischung aus der gewünschten Sequenz und anderem Material, das bei der Klonierung in den Klon gelangt ist.

Beide Möglichkeiten kann man mit einem Programm wie BLASTN untersuchen, indem man die Klonsequenz mit der gesamten GenBank- oder EMBL-Datenbank vergleicht. Natürlich muß man sämtliche Sequenzen, die mit Sequenzen von *E. coli* oder *S. cerevisiae* optimal übereinstimmen, mit äußerster Vorsicht behandeln.

Organismen wie *E. coli* enthalten mobile genetische Elemente, beispielsweise Insertionssequenzen. Diese können im Laufe des Sequenzierungsprojekts in die Klone gelangen; auf diese Weise wurden einige Elemente wie IS186 [1] überhaupt erst entdeckt und identifiziert. Man sollte den BLASTN-Ausdruck daher auch auf Hinweise absuchen, ob der Klon solche mobilen Elemente oder Fragmente von ihnen aufweist. Ist das der Fall, muß man einen solchen Klon als unzuverlässig ansehen.

## 15.3 Zusammenstellung eines Contigs

Wie bereits erwähnt, hat man über das Internet keinen direkten Zugriff auf Programme, mit denen man Contigs zusammenstellen kann. Man kann sich jedoch von ftp-Stellen eine Reihe frei verfügbarer Programme direkt herunterladen und sie für diese Zwecke benutzen (Tabelle 12.5). Darüber hinaus helfen die meisten kommerziellen Softwarepakte zur Bioinformatik dabei, ein Sequenzierungsprojekt zu bewältigen. Um den Vorgang zu verdeutlichen, seien die Programme genannt, die GCG für den Aufbau von Contigs bereitstellt.

Die GCG-Programme zum Zusammenstellen von Fragmenten/Contigs sind:

| | |
|---|---|
| gelstart: | erstellt eine neue Datenbank für ein Sequenzierungsprojekt |
| gelenter: | ermöglicht, Klonsequenzen in die Datenbank einzugeben |
| gelmerge: | versucht automatisch, überlappende Klone zu finden und Contigs zu erstellen |
| gelassemble: | ermöglicht, Contigs per Hand zu bearbeiten und Widersprüche aufzulösen |
| gelview: | zeigt überlappende Klone in einem Contig in Form von Blockdiagrammen |
| geldisassemble: | löst die Elemente eines Contigs wieder auf und gibt sie wieder als einzelne Klone aus |

Andere Softwarepakete bieten ähnliche Funktionen an. Die wahrscheinlich bekannteste Alternative ist die Programmreihe Staden (in den GCG-Programmen wird Roger Staden sogar extra für seine Pionierarbeit auf diesem Gebiet gedankt, die GCG zur Erarbeitung ihrer Programme angeregt hat).

**Name des Programms:** Staden [2]
**Adresse:** http://www.mrc-lmb.cam.ac.uk/pubseq/
**Kommentar:** Homepage des Staden-Programms, einschließlich des Handbuchs und der Bestellinformation.

## 15.4 Voraussage proteincodierender Bereiche

### 15.4.1 Codierende Bereiche in cDNA

Proteincodierende Bereiche in cDNAs zu finden, ist relativ einfach. Hat man richtig sequenziert, sollte eine cDNA ein einziges ORF enthalten. Partielle cDNAs, beispielsweise ESTs, werden normalerweise vom 3'-Ende aus sequenziert und sollten den 3'-untranslatierten Bereich sowie eventuell das C-terminale Ende der proteincodierenden Region umfassen. In der Regel sucht man daher entweder nach einem großen ORF mit einem entsprechenden Start- und Stopcodon oder nach einem ORF am Beginn einer Sequenz mit einem Stopp, der in eine nichtcodierende Region, eventuell mit einem Poly(A)-Schwanz, übergeht. Man findet solche Signale ganz einfach, indem man die DNA in allen Leserastern in Protein übersetzt und das größte ORF sucht.

**Ressource:** Translation von DNA in Protein
**Adresse:** http://expasy.hcuge.ch/www/dna.html
**Kommentar:** Übersetzt eine eingegebene Sequenz in die Proteinform; geht davon aus, daß das ORF mit der ersten Base dieser Sequenz beginnt.

**Ressource:** ORF-Suchprogramm
**Adresse:** http://www.ncbi.nlm.nih.gov/gorf/gorf.html
**Kommentar:** Sucht in allen sechs Leserastern der eingegebenen Sequenz nach ORFs und kann sie dann darstellen. Ein einfach zu benutzendes Programm aus dem Internet, das viele nützliche Eigenschaften hat. Setzt voraus, daß die Sequenz im FASTA-Format eingegeben wird. Das bedeu-

tet, daß die Sequenz mit einer Titelzeile beginnt, an deren Anfang ein >-Symbol steht; Beispiel:
>meine Sequenz
ggggcacgcatcgactgactgcgcagcatgacatagc

Bei der Analyse können Komplikationen auftreten, wenn die Sequenz Fehler enthält (eine Fehlerquote von ein bis drei Prozent ist für eine Rohsequenz normal). Folgende Probleme sind möglich:

- Durch Verschiebung des Leserasters oder falsche Stopcodons können die vorausgesagten Proteine ungewöhnlich kurz ausfallen.
- Die Identifizierung des richtigen Startcodons kann Schwierigkeiten bereiten, wenn sich in der Nähe der 5'-Endes der cDNA mehrere Kandidaten befinden.

Solche Fehler können am einfachsten mit einem Programm wie BLASTX erkannt werden, das ORFs in allen sechs möglichen Leserastern mit Proteindatenbanken abgleicht. Leserasterverschiebungen erscheinen dann als Übereinstimmungen mit ähnlichen Zielproteinen in anderen Leserastern, anomale Stopcodons führen zu Übereinstimmungen von Fragmenten im selben Leseraster. Es gibt auch ein Programm im Internet, mit dem man in Klonen Leserasterverschiebungen suchen und finden kann. In beschämend vielen veröffentlichten Proteinsequenzen sind solche Fehler noch enthalten, die mit ein bißchen mehr Sorgfalt bei der Identifizierung des gesamten codierenden Bereiches zu erkennen gewesen wären.

Übereinstimmungen mit homologen Proteinen können ebenfalls dazu beitragen, das Startcodon zu finden. Im allgemeinen sollte man allerdings, solange keine anderen experimentellen Hinweise vorliegen, den ersten Start in der Sequenz wählen und behalten, daß die Sequenzdaten unter Umständen nicht eindeutig sind.

**Name des Programms:** Frameshift [3]
**Adresse:** http://ir2lcb.cnrs-mrs.fr/d_fsed/fsed.html

Ob man das richtige Leseraster gefunden hat, testet man normalerweise durch einen Vergleich mit homologen Proteinen, die sich bereits in den Datenbanken befinden. Benutzer mit Zugang zur GCG-Programmreihe können außerdem mit Hilfe von Programmen wie CODONPREFERENCE prüfen, ob die Benutzung der Codons für den speziellen Organismus, um dessen DNA es geht, in dem vorhergesagten codierenden Bereich plausibel ist. Bisher bietet das Internet nirgendwo sonst die Möglichkeit, eine ähnliche Analyse durchzuführen.

Sobald der proteincodierende Bereich feststeht, kann man diesen mit einem Programm wie TRANSLATE von der GCG oder im Internet unter http://expasy.hcuge.ch/www/dna.html in die Proteinsequenz übertragen und diese dann in einer gesonderten Datei abspeichern. Um in der cDNA weitere codierte Proteine zu finden, arbeitet man am besten mit der Proteinsequenz statt der DNA. Das liegt im wesentlichen an der Redundanz des DNA-Codes – vor allem in der dritten, der sogenannten „Wobble"-Base. Während die Basen zweier DNA-Sequenzen bei einem Vergleich unter Umständen nur zu 67 Prozent übereinstimmen, können sie auf der Proteinebene hundertprozentig identisch sein. Generell gilt: Sucht man in einer Datenbank mit Proteinsequenzen, dann ergeben sich schon bei 25prozentiger Identität verlässliche signifikante Übereinstimmungen mit anderen Proteinen; arbeitet man dagegen mit DNA, müssen die Proteine zu mehr als 40 Prozent identisch sein, damit sie eindeutig als signifikant übereinstimmend eingestuft werden können.

### 15.4.2 Codierende Bereiche in genomischer DNA

In genomischer DNA sind codierende Bereiche sehr viel schwieriger zu erkennen als in cDNA, besonders wenn es sich um höhere Eukaryoten handelt. Das Problem beruht auf der unterschiedlichen Größe von Introns und Exons und gleicht unter Umständen der Suche nach der Nadel im Heuhaufen. Exons von einigen hundert Basen können durchaus durch Introns von mehreren Kilobasen getrennt sein. Für die Software ist es dann problematisch, die korrekte Länge aller Exons zu ermitteln, ohne dabei welche zu übersehen oder Exons an falschen Stellen zu vermuten. Jeder dieser Fehler führt dazu, daß die codierende Region nicht richtig bestimmt wird. Einer so komplexen Aufgabe scheint kein Ansatz oder Algorithmus allein gewachsen zu sein. Die Software, welche die besten Voraussagen macht, versucht in der Regel, Exons auf viele verschiedene Weise zu identifizieren, und faßt dann alle Ergebnisse zu einer Prognose zusammen. Die GRAIL-Reihe ist von dieser Art Software wahrscheinlich die bekannteste.

**Name des Programms:** GRAIL [4]
**Adresse:** http://avalon.epm.ornl.gov/Grail-bin/EmptyGrailForm
**Kommentar:** Ein gutes Allzweckprogramm, um codierende Bereiche in DNA-Sequenzen zu finden.

## 15.5 DNA-Analyse

### 15.5.1 Restriktionskarten

Das wichtigste Instrument, um Restriktionskarten zu erstellen, ist REBASE, die Datenbank für Restriktionsenzyme. REBASE ist eine Sammlung von Daten über Restriktionsenzyme, Methylasen, die Mikroorganismen, aus denen sie gewonnen werden, Erkennungssequenzen, Schnittstellen, Methylierungspezifität, wo und wie man Enzyme käuflich erwerben kann sowie weitere Hinweise aus veröffentlichten und unveröffentlichten Beobachtungen.

**Name der Datenbank:** REBASE
**Adresse:** www.gdb.org/Dan/rebase/rebase.html

Die meisten Programme, die Restriktionskarten errechnen, greifen für Informationen über die diversen Typen von Restriktionsenzymen und die Stellen, an denen sie schneiden, auf REBASE zurück. In eine Reihe von Programmen aus dem Internet kann man eine Sequenz eingeben und ausrechnen lassen, wo sämtliche Restriktionsenzyme oder aber nur die vom Benutzer ausgewählten schneiden.

**Name des Programms:** WebGene
**Adresse:** http://www.bio.indiana.edu/~tjyin/WebGene/RE.html

**Name des Programms:** Webcutter
**Adresse:** http://www.medkem.gu.se/cutter/

**Name des Programms:** Webcutter2
**Adresse:** http://www.ccsi.com/firstmarket/firstmarket/cutter/cut2.html
**Kommentar:** Eine neue Version von Webcutter – zu der Zeit, als dieses Buch geschrieben wurde, noch nicht veröffentlicht.

### 15.5.2 Promotoren und andere Kontrollelemente der DNA

In zahlreichen Datenbanken findet man Informationen über Promotoren und Bindungsstellen für Transkriptionsfaktoren. Die meisten dieser Datenbanken sind über die anonyme ftp-Stelle des EBI verfügbar.

**Name der Datenbank:** EPD (*Eukaryotic Promoter Database*) [5]

**Adresse:** ftp://ftp.ebi.ac.uk/pub/databases/epd/
**Kommentar:** Um in die EPD aufgenommen zu werden, muß ein Promotor folgende Kriterien erfüllen:

- er muß von der eukaryotischen RNA-Polymerase II erkannt werden;
- er muß in höheren Eukaryoten aktiv sein;
- er muß entweder experimentell definiert worden sein, zu einem experimentell definierten Promotor homolog sein oder zumindest genügend Ähnlichkeit mit ihm aufweisen;
- er muß biologisch aktiv sein;
- er muß in der aktuellen EMBL-Ausgabe enthalten sein;
- er muß sich von anderen Promotoren der Datenbank unterscheiden.

**Name der Datenbank:** TRANSFAC [6]
**Adresse:** ftp://ftp.ebi.ac.uk/pub/databases/transfac/
**Kommentar:** TRANSFAC ist eine Datenbank mit eukaryotischen *cis*-aktiven regulatorischen DNA-Elementen und *trans*-aktiven Faktoren. Sie deckt das gesamte Spektrum von der Hefe bis zum Menschen ab.

**Name der Datenbank:** TransTerm [7]
**Adresse:** ftp://ftp.ebi.ac.uk/pub/databases/transterm/
**Kommentar:** Eine Datenbank für Terminationssignale der Translation, die auch das Umfeld von Terminations- und Initiationscodons umfaßt.

Es gibt darüber hinaus noch Software, mit der man in einer DNA-Sequenz nach den Mustern suchen kann, die in den oben erwähnten Datenbanken enthalten sind. Programme wie GRAIL (siehe oben) versuchen routinemäßig, Signale wie beispielsweise Promotorsequenzen zu finden. Zusätzlich gibt es eine Reihe von Spezialprogrammen, die so angelegt sind, daß sie mit maximaler Empfindlichkeit nach solchen Mustern suchen.

**Name des Programms:** PROMOTER SCAN [8]
**Adresse:** http://biosci.umn.edu/software/proscan/promoterscan.htm
**Kommentar:** Sucht nach Bindungsstellen für Transkriptionsfaktoren und gibt dann an, wo sich voraussichtlich RNA-Polymerase-II-Promotorsequenzen befinden.

**Name des Programms:** SIGNAL SCAN [9]
**Adresse:** http://bimas.dcrt.nih.gov:80/molbio/signal/
**Kommentar:** Findet in der Sequenz des Benutzers Homologien zu bereits veröffentlichten Signalsequenzen, vor allem zu Transkriptionselementen. Die meisten entdeckten Signalelemente haben wahrscheinlich keinerlei Bedeutung, da sie sich im falschen Milieu, dem falschen Zelltyp oder dem

falschen Organismus befinden. Folglich findet SIGNAL SCAN sehr viel mehr falsch positive als signifikante Signale.

**Name des Programms:** TFSEARCH
**Adresse:** http://www.genome.ad.jp/SIT/TFSEARCH.html
**Kommentar:** Eignet sich für eine empfindliche Suche nach Bindungsstellen für Transkriptionsfaktoren.

### 15.5.3 Voraussage von RNA-Sekundärstruktur

Es wurde bereits sehr viel Arbeit in die Entwicklung von Methoden investiert, mit denen man die Sekundärstruktur einer RNA voraussagen kann. Eine Reihe bewährter Programme wurde zu diesem Zweck entwickelt, darunter das MFOLD-Programm von Michael Zucker sowie die Vienna-Reihe für die Vorhersage von RNA-Strukturen. MFOLD ist über das GCG-Paket erhältlich, die Vienna-Programme bekommt man über ein anonymes Dateiübertragungsprotokoll. Im World Wide Web sind jedoch noch keine Programme für die Sekundärstruktur direkt verfügbar. Unter ftp://fly.bio.indiana.edu/molbio/ibmpc/pcfldsrc.uue findet man eine PC-Version von MFOLD und unter ftp://ftp.itc.univie.ac.at das Vienna-Paket für UNIX-Workstations.

## 15.6 Literatur


1. Chong, P.; Hui, I.; Loo, T.; Gillam, S. *Structural Analysis of a New GC-Specific Insertion Element IS186.* In: *FEBS Lett.* 192 (1985) S. 47–52.
2. Staden, R. *The Staden Sequence Analysis Package.* In: *Mol. Biotechnol.* 5 (1996) S. 233–241.
3. Fichant, G.; Quentin, Y. *A Frameshift Error Detection Algorithm for DNA Sequencing Projects.* In: *Nucleic Acids Res.* 23 (1995) S. 2900–2908.
4. Xu, Y.; Mural, R. J.; Einstein, J. R.; Shah, M. B.; Uberbacher, E. C. *Grail – a Multiagent Neural-Network System for Gene Identification.* In: *Proc. IEEE* 84 (1996) S. 1544–1552.
5. Bucher, P.; Trifonov, E. N. *Compilation and Analysis of Eukaryotic POL II Promoter Sequences.* In: *Nucleic Acids Res.* 14 (1986) S. 10009–10026.
6. Wingender, E. *The TRANSFAC Database.* In: *J. Biotechnol.* 35 (1994) S. 273–280.

7. Brown, C. M.; Dalphin, M. E.; Stockwell, P. A.; Tate, W. P. *The Translation Signal Database, Transterm: Organisms, Complete Genomes.* In: *Nucleic Acids Res.* 25 (1997) S. 246–247.
8. Prestridge, D. S. *Prediction of Pol II Promoter Sequences Using Transcription Factor Binding Sites.* In: *J. Mol. Biol.* 249 (1995) S. 923–932.
9. Prestridge, D. S. *SIGNAL SCAN: a Computer Program that Scans DNA Sequences for Eukaryotic Transcriptional Elements.* In: *CABIOS* 7 (1991) S. 203–206.

# 16. Prognosen zur Funktion von Proteinen

Andy Brass, Universität Manchester, Großbritannien

## 16.1 Einführung

Enthält das Contig einen proteincodierenden Bereich, versucht man als nächstes herauszufinden, welche Funktion das exprimierte Protein hat. Einige Eigenschaften von Proteinen kann man direkt aus der Sequenz ableiten: beispielsweise die Hydrophobizität, anhand der man voraussagen kann, ob eine Sequenz Transmembranhelices oder eine Leadersequenz enthält. Im allgemeinen kann man aber die Funktion einer Sequenz nur ermitteln, indem man fragt, ob das exprimierte Protein anderen Proteinen ähnelt, über deren Funktion bereits etwas bekannt ist. Das kann auf zwei Arten geschehen:

1. Man sucht nach bekannten Proteinen, deren Sequenz der des exprimierten Proteins ähnelt.
2. Man untersucht, ob das exprimierte Protein Teilsequenzen oder Muster von konservierten Aminosäuren enthält, die mit bestimmten Proteinfamilien oder Funktionen verbunden sind.

Abbildung 16.1 gibt einen Überblick über die Schritte, die zur Vorhersage der Proteinfunktion aus einer Sequenz erforderlich sind.

## 16.2 Bestimmung einer Proteinfunktion durch Vergleich der Proteinsequenz mit einer Datenbank

Proteine mit ähnlichen Sequenzen dürften ähnliche Funktionen haben. Die zuverlässigste Art, eine Proteinfunktion zu bestimmen, ist daher, eine Datenbank zu durchsuchen. Die Methoden dafür wurden in Kapitel 14 beschrieben. An dieser Stelle sei noch einmal daran erinnert, daß eine

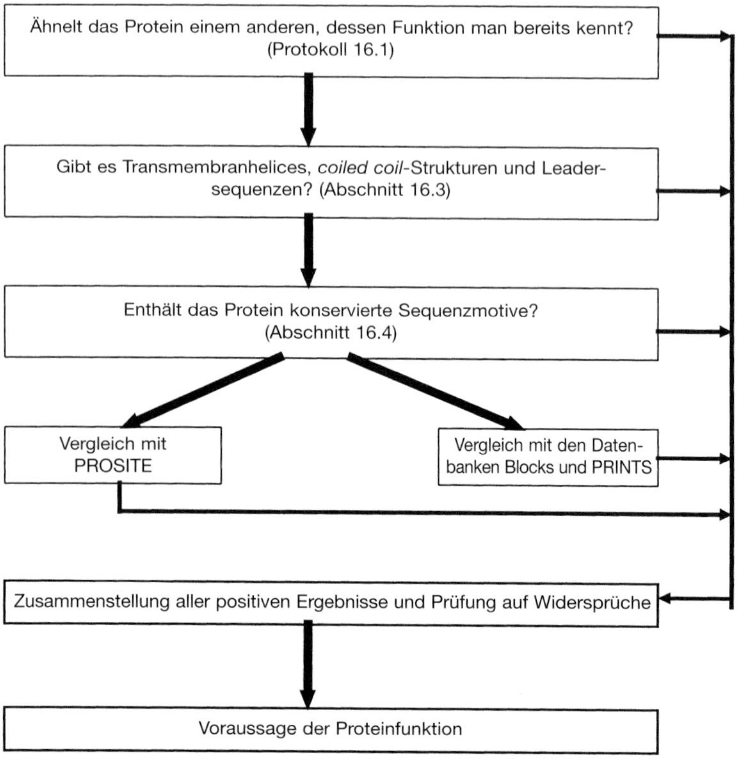


**16.1** Schema des Verfahrens, mit dem man die Proteinfunktion aus der Sequenz vorhersagt. Da viele verschiedene Methoden eingesetzt werden, stimmen die einzelnen Resultate in der Regel nicht mit einer einzigen Hypothese zur Proteinfunktion überein. Die stärkste Gewichtung sollten immer die Ergebnisse erhalten, die bei der Suche nach Übereinstimmungen gewonnen wurden; die Resultate aus dem PROSITE-Programm sollten am wenigsten gewichtet werden.

Übereinstimmung erst dann signifikant ist, wenn in einem Bereich von mindestens 80 Aminosäuren wenigstens 25 Prozent der Sequenz identisch sind.

Es gibt eine Reihe unterschiedlicher Programme, mit denen man eine Datenbank durchsuchen kann: solche, die langsamer, aber dafür empfindlich arbeiten, und andere, die schneller sind, dafür aber einiges übersehen. Mit den schnellsten Programmen wie etwa BLASTP sollte man größere Übereinstimmungen sehr leicht finden; dadurch spart man sich so zeitintensive Suchprogramme wie BLITZ. Diese setzt man nur ein, wenn man mit Programmen wie BLASTP keine signifikanten Resultate erzielt (Protokoll 16.1).

Man sollte auch an die Bedeutung der Bewertungsmatrices denken. Es sprechen einige Gründe dafür, mehrere von ihnen zu verwenden. Zum einen sollte die Bewertungsmatrix dem Grad an Übereinstimmung ent-

**Protokoll 16.1:** Funktionsbestimmung durch Vergleich einer unbekannten Sequenz mit einer Datenbank

1. Man stellt eine Verbindung mit der lokalen Internet-Stelle her, auf der BLASTP läuft (in Kapitel 13 findet man entsprechende Adressen).
2. Man gibt die Proteinsequenz ein, startet BLASTP und wählt als Bewertungsmatrix BLOSUM62. Läßt man BLAST am NCBI laufen, muß die Sequenz im FASTA-Format eingegeben werden. Das heißt, die erste Zeile sollte ein Identifizierungszeichen enthalten, das mit „>“ beginnt. Hat man beispielsweise die Sequenz

   dfgerefghalivm. . .,

   gibt man in das Feld für die Sequenz folgendes ein:

   >persönliches Identifizierungszeichen für die Sequenz

   dfgerefghalivm. . .

   Bei anderen BLAST-Servern reicht allein die Sequenzeingabe ohne die erste Zeile, die mit > beginnt.
3. Findet BLASTP eine entsprechende Sequenz (in Kapitel 13 wird erklärt, wie man eine Bewertung von BLAST interpretiert)? Und wenn, sagt das dann schon etwas über die Funktion des fraglichen Proteins aus? Manchmal ist die Übereinstimmung sehr groß, aber die Funktion des Proteins ist leider unbekannt.
4. Falls BLASTP keine Hinweise zur Funktion des Proteins liefert, sollte man es mit FASTA versuchen. Dieses Programm ist zwar langsamer als BLASTP, aber manchmal findet es signifikante Übereinstimmungen, die von BLASTP übersehen wurden.
5. Wenn weder FASTA noch BLASTP einen Hinweis auf die Proteinfunktion geben, kann man es schließlich noch mit einem Programm versuchen, das eine vollständige Smith-Waterman-Suche gegen eine Datenbank durchführt – beispielsweise BLITZ vom EBI (http://www.ebi.ac.uk/searches/blitz.html). BLASTP und FASTA arbeiten beide mit Annäherungen, um effizienter suchen zu können. Programme wie BLITZ nutzen ohne Abstriche den ursprünglichen Smith-Wa-

terman-Algorithmus. Daher benötigen sie lange Rechnerzeiten; dafür registrieren sie aber auch alles sehr genau. In der Regel eignen sich Programme wie BLITZ sehr gut, um auch noch Sequenzen aufzuspüren, die nur wenig mit der unbekannten Sequenz übereinstimmen (etwa 20–25%), in denen sich aber die Übereinstimmungen über mehrere hundert Reste erstrecken. Solche Übereinstimmungen sind zwar signifikant, werden aber unter Umständen von Programmen, die mit Annäherungen arbeiten, übersehen.

sprechen, den man findet: PAM250 eignet sich bei geringer, etwa 25prozentiger Übereinstimmung, PAM40 für Proteine, die weniger eng miteinander verwandt sind, und BLOSUM62 zur generellen Anwendung. Zum anderen kann man durch den Einsatz mehrerer Bewertungsmatrices erkennen, welche Grenzfälle immer wieder auftauchen, und hat damit eine Möglichkeit, das Rauschen zu reduzieren.

Zusätzlich zu den diversen Bewertungsmatrices kann man bei seiner Datenbankrecherche mit einer Sequenz auch die Datenbank variieren. In der Regel stehen für die Suche folgende Datenbanken zur Verfügung: eine nichtredundante Datenbank für Proteinsequenzen, SWISS-PROT und die PDB-Sequenzen. Bestimmte Stellen ermöglichen es den Anwendern, auch andere Datenbanken zu benutzen. So kann man beispielsweise unter http://www.biochem.ucl.ac.uk/bsm/dbbrowser/OWL/owl_blast.html die Datenbank für zusammengesetzte Proteinsequenz OWL mit BLASTP durchsuchen.

## 16.3 Hydrophobizität, Transmembranhelices, Leadersequenzen und Sortieren

Mehrere funktionelle Eigenschaften kann man direkt aufgrund der Proteinsequenz vorhersagen: etwa Transmembranhelices anhand von Hydrophobizitätsprofilen. Es gibt darüber hinaus eine Reihe kleiner Sequenzmotive, mit denen Zellen Proteine in bestimmte Zellkompartimente dirigieren: Am bekanntesten ist die KDEL-Sequenz am C-Terminus von Proteinen, mit der ein Protein ins endoplasmatische Reticulum geschleust wird. Im Internet gibt es einige Programme, die diese Eigenschaften ausnutzen, um die Voraussage der Proteinfunktion aus einer Sequenz zu erleichtern.

### 16.3.1 Berechnung von Hydrophobizitätsprofilen

Hydrophobizitätsprofile können mit dem ProtScale-Programm am ExPASy (http://expasy.hcuge.ch/cgi-bin/protscale.pl) erstellt und graphisch dargestellt werden. Dieses Programm ist eine sehr große Hilfe; man kann mit ihm über 50 verschiedene Proteineigenschaften berechnen, wobei jeder Aminosäure ein Wert, etwa für die Hydrophobizität, zugeordnet wird. Man gibt entweder eine Sequenz in Sequenzfenster oder einen Zugangscode für SWISS-PROT ein. Darüber hinaus muß man nur noch die Größe des Fensters angeben. Aufgrund dieses Parameters weiß das System, wie lang die Sequenz ist, die es in seine Rechnung mit einbeziehen muß, um eine bestimmte Aminosäure zu bewerten. Bei einer Fenstergröße von neun entspricht beispielsweise der Wert, der im Koordinatensystem für die Hydrophobizität der Aminosäure mit der Position *n* aufgetragen wird, dem Durchschnittswert für die Hydrophobizität der Aminosäuren *n–4* bis *n+4*. Diese Art der Kalkulation trägt dazu bei, die Daten zu glätten und die hydrophoben und hydrophilen Teile deutlicher gegeneinander abzugrenzen. In der Regel gibt man als Standardwert Fenstergröße neun an – es sei denn, man sucht nach Transmembranhelices. In diesem Fall stellt man als Fenstergröße 20 ein, da eine Transmembranhelix in der Regel aus 20 Aminosäuren besteht. Abbildung 16.2 zeigt einen typischen Ausdruck dieses Programms.

### 16.3.2 Voraussage von Transmembranhelices

Will man in Sequenzen nach Transmembranhelices suchen, kann man zwischen mehreren Möglichkeiten wählen. Die einfachste identifiziert lediglich Proteinbereiche mit einer Folge von 20 hydrophoben Aminosäuren. Darüber hinaus gibt es jedoch eine Reihe anspruchsvollerer und genauerer Algorithmen, mit denen man nicht nur die Position der Transmembranhelices vorhersagen kann, sondern auch noch, wie sie in der Membran ausgerichtet sind. Die meisten dieser Methoden beruhen auf die Untersuchung von Eigenschaften einer Reihe bekannter Transmembranhelices. Über ein anonymes ftp (Dateiübertragungsprotokoll) von ulrec3.unil.ch im Verzeichnis pub/tmbase hat man Zugang zu einer Datenbank mit natürlichen Transmembranhelices, TMbase [1]. Die entsprechende Bedienungsanleitung für TMbase findet man unter http://ulrec3.unil.ch/tmbase/TMBASE_doc.html.

Es gibt folgende Programme:

**Name:** TMPRED
**Adresse:** http://ulrec3.unil.ch/software/TMPRED_form.html

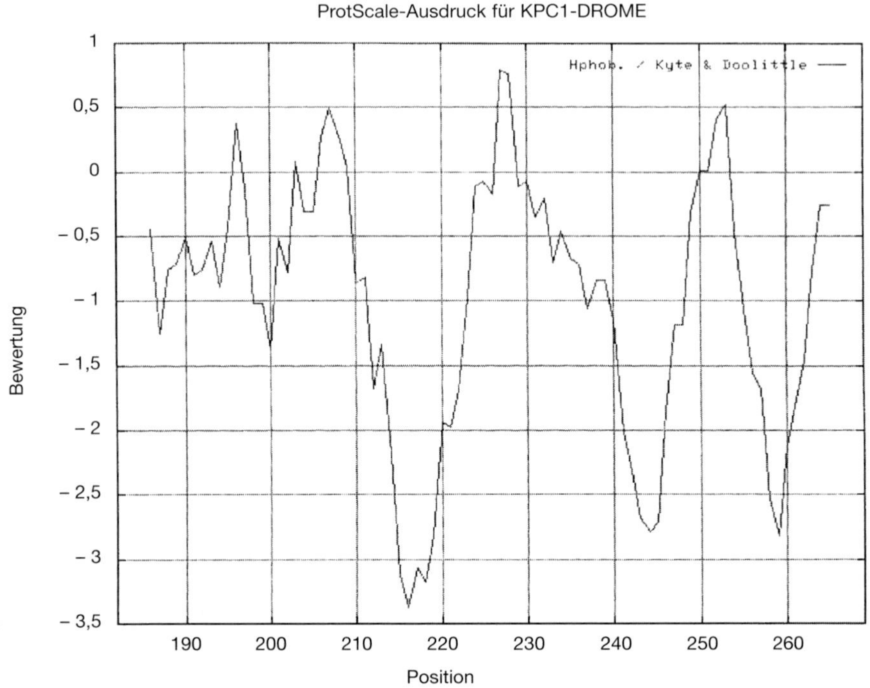


**16.2** Hydrophobizitätsprofil für KPC1-DROME (eine Proteinkinase C aus dem Gehirn von *Drosophila melanogaster*), berechnet mit dem ProtScale-Programm unter *http://expasy.hcuge.ch/cgi-bin/protscale.pl.*

**Kommentar:** Die Voraussagen basieren auf einer statistischen Analyse der TMbase-Datenbank.

**Name:** PHDhtm [2]
**Adresse:** www.embl-heidelberg.de/Services/sander/predictprotein/predictprotein.html
**Kommentar:** Ein weiteres Programm aus der hochwertigen PHD-Programmreihe.

**Name:** TMAP [3]
**Adresse:** http://www.embl-heidelberg.de/tmap/tmap_sin.html

**Name:** MEMSAT [4]
**Anonyme ftp-Stelle:** ftp.biochem.ucl.ac.uk
**ftp-Verzeichnis:** /pub/MEMSAT
**Kommentar:** Nicht im World Wide Web, sondern nur als Programm für IBM-kompatible PCs verfügbar.

Diese Programme benutzen alle unterschiedliche statistische Modelle, um Transmembranhelices vorherzusagen. Sie prognostizieren die Position und Orientierung von Helices in der Membran im allgemeinen mit einer Genauigkeit von 80–95 Prozent. Transmembranhelices gehören zu den Proteineigenschaften, die man mit relativ großer Sicherheit aus den Sequenzdaten ableiten kann.

### 16.3.3 Leadersequenzen und Lokalisation von Proteinen

In der Proteinsequenz können bestimmte Signale für die Weiterverarbeitung in der Zelle enthalten sein, beispielsweise Leadersequenzen oder Signale, die Proteine zu bestimmen Zellkompartimenten dirigieren. Im Internet findet man Programme, die bei der Voraussage beider Signalarten weiterhelfen.

**Name:** SignalP [5]
**Adresse:** http://www.cbs.dtu.dk/services/SignalP/
**Kommentar:** Sagt Leadersequenzen und Schnittstellen in Pro- und Eukaryoten voraus.

**Name:** PSORT [6]
**Adresse:** http://psort.nibb.ac.jp/form.html
**Kommentar:** Analysiert pro- und eukaryotische Sequenzen und sucht nach Signalen für die Proteinsortierung. Als Ergebnis erhält man, mit welcher Wahrscheinlichkeit ein Protein in den verschiedenen Zellkompartimenten lokalisiert ist. Das Programm soll bei eukaryotischen Sequenzen eine Genauigkeit von ungefähr 60 Prozent haben, bei prokaryotischen Sequenzen soll diese dagegen etwas höher liegen.

### 16.3.4 *Coiled coil*-Strukturen

Ein anderes funktionelles Motiv, das leicht in einer Sequenz zu erkennen ist, sind die *coiled coil*-Strukturen von $\alpha$-Helices. Dabei sind zwei Helices so umeinander gewunden, daß sie eine sehr stabile Struktur ausbilden, die durch hydrophobe Wechselwirkungen zusammengehalten wird. Man begegnet *coiled coil*-Strukturen in vielen Proteinen, beispielsweise bei Leucinreißverschlüssen von Transkriptionsfaktoren oder in Myosinen. Unter http://www.york.ac.uk/depts/biol/Web/coils/coilcoil.html ist eine Internetseite den *coiled coil*-Proteinen gewidmet.

Es gibt im Internet zwei Algorithmen zur Vorhersage von *coiled coil*-Bereichen:

**Name des Programms:** COILS [7]
**Adresse:** http://ulrec3.unil.ch/software/COILS_form.html
**Kommentar:** Die Original Lupas-Software zur Vorhersage von *coiled coil*-Strukturen.

**Name des Programms:** Paircoil [8]
**Adresse:** http://ostrich.lcs.mit.edu/cgi-bin/score
**Kommentar:** Ein relativ neuer Algorithmus, der angeblich strenger ist als das COILS-Programm.

## 16.4 Bestimmung einer Proteinfunktion durch Vergleich der Proteinsequenz mit einer Datenbank für Motive und Profile

Häufig ähnelt eine Proteinsequenz den Sequenzen in einer Datenbank nur so wenig, daß sie über einen Sequenzvergleich nicht sicher identifiziert werden kann. Oder man findet eine Übereinstimmung mit einem Protein, kennt aber dessen Funktion nicht. In solchen Fällen können die Bioinformatikprogramme bei der Suche nach der voraussichtlichen Funktion noch immer eine Menge erreichen.

Unterschiedliche Proteinbereiche entwickeln sich unterschiedlich schnell: Einige Proteinanteile müssen ein bestimmtes Aminosäuremuster beibehalten, damit das Protein seine Funktion behält. Anhand solcher konservierten Bereiche kann man Voraussagen über die Proteinfunktion machen. Beispielsweise gibt es viele kurze Sequenzen, die auf das aktive Zentrum oder Bindungsbereiche von Proteinen verweisen; so erkennen etwa Integrinrezeptoren ihren Liganden an RGD- oder LDV-Motiven. Enthält die Sequenz eines Proteins ein RGD-Motiv, kann man voraussagen, daß eine seiner Funktionen darin bestehen könnte, Integrine zu binden. Das heißt aber nicht, daß das Protein dann zwangsläufig auch Integrine bindet – es gibt viele Beispiele von Proteinen, bei denen das trotz eines RGD-Motivs nicht der Fall ist. Man erhält jedoch auf diese Weise eine Hypothese hinsichtlich der Proteinfunktion, die sich experimentell überprüfen läßt. Weitere konservierte Sequenzen kann man beispielsweise an folgenden Stellen finden: um die aktiven Zentren von Enzymen herum, an Stellen für die posttranslationale Modifikation, an Bindungsstellen für Cofaktoren oder Signalen für den zielgerichteten Transport. Mit einigen Bioinformatikprogrammen können sowohl Datenbanken von konservierten Mustern erstellt werden als auch in Sequenzen nach Beispielen für solche Muster gesucht werden.

Es gibt zwei wesentliche Arten, nach Sequenzmotiven zu suchen. Die erste beruht darauf, daß man Aminosäuremuster mit einer Consensussequenz oder einem Motiv vergleicht (Abschnitt 16.4.1). Dieses Verfahren hat den Vorteil, daß es schnell ist und daß es große, umfassende Motivdatenbanken gibt. Andererseits hat es den Nachteil, daß mit einem eher groben Raster gesucht wird: nur Muster, die *exakt* der Consensussequenz entsprechen, werden als Treffer gewertet, Sequenzen, die ihr nur *ungefähr* entsprechen, dagegen ignoriert. Das kann äußerst hinderlich sein, wenn man nach komplexen Mustern sucht, wie zum Beispiel denen in Helices von Rezeptoren, die mit G-Proteinen gekoppelt sind. In solchen Fällen wählt man besser ein ausgereifteres Verfahren, das mit Sequenzprofilen arbeitet (Abschnitt 16.4.2). Bei einer Profilsuche vergleicht man im Grunde genommen Sequenzen mit einer vollständigen mehrfachen Sequenzzuordnung innerhalb der konservierten Region – und nicht nur der Consensussequenz; daher kann dieses Verfahren viel besser entfernt verwandte Sequenzen aufspüren. Profile und Datenbanken für Profile zu erstellen, ist allerdings keine leichte Aufgabe, sondern stellt hohe Anforderungen an Mensch und Computer. Profildatenbanken enthalten daher nicht so viele Einträge wie Motivdatenbanken. In der Praxis sollte man die Sequenzen immer mit beiden Typen von Datenbanken abgleichen: Signifikante Ähnlichkeiten, die in der einen Datenbank gefunden werden, tauchen möglicherweise in der anderen nicht auf – und umgekehrt.

### 16.4.1 Motivdatenbanken – PROSITE

Die bekannteste Motivdatenbank, PROSITE, wurde von Amos Bairoch aufgebaut. Die letzte Version (14.0 vom Februar 1997) enthielt zu der Zeit, als dieses Buch geschrieben wurde, 1167 Muster [9]. Ein typischer Eintrag in PROSITE ist der für die Consensussequenz einer Caseinkinase-II-Phosphorylierungsstelle: [ST]-x(2)-[DE]; das heißt, auf ein Serin oder Threonin folgen zwei beliebige Aminosäuren und dann Asparaginsäure oder Glutaminsäure. Darüber hinaus erfährt man aus dem Eintrag noch Wissenswertes darüber, welche Funktion diese Stelle hat und wo sie gefunden wurde.

**Name des Programms:** PROSITE
**Adresse:** http://expasy.hcuge.ch/sprot/prosite.html
**Suchformular:** http://expasy.hcuge.ch/sprot/scnpsit1.html
**Kommentar:** Es ist sehr einfach, eine Sequenz in der Datenbank PROSITE zu suchen. Man gibt einfach die entsprechende Sequenz in das Formular ein. Seiten, auf denen man PROSITE benutzen kann, gibt es auch in den USA, Australien und Japan. Man benutzt einfach prosite als Suchbe-

griff, um unter http://www.ebi.ac.uk/htbin/bwurld.pl nach der günstigsten Stelle zu suchen.

Viele Muster in PROSITE sind sehr kurz; die Wahrscheinlichkeit ist daher ziemlich hoch, daß sie auch zufällig in Proteinen vorkommen. Das gilt beispielsweise für die bereits beschriebene Caseinkinasestelle oder auch für die *N*-gekoppelte Glykosylierungsstelle (N){P}(S,T){P}, wobei {P} sämtliche Aminosäuren außer Prolin sein kann. PROSITE mißt diesen Sequenzen eine viel zu große Bedeutung bei; wenn man PROSITE glauben würde, besäße beispielsweise jedes zweite Protein eine Myristylierungsstelle! Die meisten PROSITE-Stellen ermöglichen es daher, diese Muster auszuschließen, da sie bei der Suche zu einem hohen Anteil von falsch positiven Ergebnissen führen. Man sollte immer daran denken, daß PROSITE ein recht grobes Sequenzanalyseprogramm ist. Eine beträchtliche Anzahl der Übereinstimmungen, die es auswirft, sind falsch. Ebenso findet es bei vielen komplexen Mustern nur deshalb keine Übereinstimmung mit einer Testsequenz, weil sich diese wegen einer geringfügigen Veränderung im Testprotein durch eine einzige Aminosäure von der Consensussequenz unterscheidet. PROSITE bietet allerdings eine reiche Sammlung von Mustern und gehört daher zu den Programmen, die man in jedem Fall zur Funktionsvorhersage benutzen sollte.

### 16.4.2 Profildatenbanken

Wie bereits erwähnt, kann man mit Profilen nach konservierten Proteinmotiven suchen. Im Internet finden sich einige Profildatenbanken. Wie bei anderen Bioinformatikprogrammen muß man sich auch bei ihnen zwischen Größe und Qualität entscheiden. Einige von ihnen enthalten mehrere tausend Einträge mit schlechten Anmerkungen, andere weniger als tausend Einträge, die aber qualitativ hochwertig und mit ausgezeichneten Anmerkungen versehen sind. Ein weiteres Problem bei den Profildatenbanken ist die Qualität der Mehrfachzuordnungen von Sequenzen, anhand derer das Profil erstellt wurde. Bei den Datenbanken mit den meisten Einträgen wurden diese Zuordnungen automatisch und daher nicht immer optimal durchgeführt. Bei den kleineren Profildatenbanken wurde in der Regel viel Zeit und Anstrengung darauf verwendet, von Hand überprüfte Zuordnungen von hoher Qualität zu erhalten. Wie sonst auch muß man wohl auch hier alle der genannten Datenbanken durchgehen, um sicher zu sein, daß nichts übersehen wurde. Eine ausführliche Beschreibung dieser Datenbanken sowie Einzelheiten über ihren Zugriff findet man im folgenden. Manchmal ist das Ergebnis dieser Programme recht komplex; die entsprechenden Hilfedateien enthalten jedoch eine Menge nützlicher Informationen darüber, wie die ausgedruckten Daten zu bewerten sind.

**Name des Programms:** BLOCKS [10]
**Adresse:** http://www.blocks.fhcrc.org/blocks/
**Suchformular:** http://www.blocks.fhcrc.org/blocks_search.html
**Kommentar:** Die BLOCKS-Datenbank entstand durch lückenlose Mehrfachvergleiche für die in der PROSITE-Datenbank vorhandenen Motive. Anwender haben außerdem die Möglichkeit, ihre eigene BLOCKS-Datenbank zu erstellen. Die letzte Version der BLOCKS-Datenbank (9.2) enthält 3 363 Profile.

**Name des Programms:** PRINTS-Datenbank [11]
**Adresse:** http://www.biochem.ucl.ac.uk/bsm/dbbroswer/PRINTS/PRINTS.html
**Sequenzvergleiche:** http://www.biochem.ucl.ac.uk/bsm/dbbroswer/ALIGN/ALIGN.html
**Suchformular:** http://www.biochem.ucl.ac.uk/cgi-bin/attwood/SearchPrintsForm2.pl
**Kommentar:** In der PRINTS-Datenbank findet man konservierte Bereiche, die anhand mehrfacher Sequenzvergleiche identifiziert wurden. Sie ist zwar die kleinste Datenbank, doch war man bei der Erstellung der Zuordnung auf größte Sorgfalt bedacht und hat sie mit sehr ausführlichen Anmerkungen versehen. Sie ist insofern ungewöhnlich, als ein einziger Vergleich (Fingerabdruck) gleich mehrere Profile liefern kann; so erhält man bei Proteinen, bei denen sieben Helices die Membran durchqueren, für jede Helix einen Eintrag. Das erhöht die Genauigkeit der Suche: Stimmt eine unbekannte Sequenz mit mehr als einem Motiv im selben Fingerabdruck überein, steigt das Vertrauen in die Prognose. Paßt beispielsweise ein Protein zu sechs der Motive, wie sie bei Proteinen mit sieben die Membran durchquerenden Helices vorkommen, dann ist die Vorhersage natürlich wesentlich zuverlässiger, als wenn das Protein nur mit einem Motiv übereinstimmt. PRINTS enthält augenblicklich 600 Fingerabdrücke, die aus 3 000 Motiven bestehen (Version 13.0). Die Zuordnung, mit denen die Fingerabdrücke erstellt wurden, kann man sich ebenfalls im Internet (Adresse siehe oben) ansehen.

**Name des Programms:** ProDom Datenbank [12]
**Adresse:** http://protein.toulouse.inra.fr/prodom/prodom.html
**Suchformular:** http://protein.toulouse.inra.fr/prodom/blast_form.html
**Kommentar:** ProDom enthält derzeit Zuordnungen von 9 600 Motiven aus Proteindomänen (Version 33). Diese entstanden durch eine automatische Zusammenstellung homologer Domänen, die in der Datenbank SWISSPROT gefunden wurden. Bezahlt wird diese Datenflut allerdings mit relativ schlechten Anmerkungen. Mit einer Variante des BLAST-

Programms kann man unbekannte Sequenzen mit dieser Datenbank vergleichen.

## 16.5 Literatur


1. Hofmann, K.; Stoffel, M. TM*base – A Database of Membrane Spanning Proteins Segments.* In: *Biol. Chem. Hoppe-Seyler* 347 (1993) S. 166.
2. Rost, B.; Casadio, R.; Fariselli, P.; Sander, C. *Transmembrane Helices Predicted at 95% Accuracy.* In: *Protein Sci.* 4 (1995) S. 521–533.
3. Milpetz, F.; Argos, P.; Persson, B. *TMAP – A New E-Mail and WWW Service for Membrane-Protein Structural Predictions.* In: *Trends Biochem. Sci.* 20 (1995) S. 204–205.
4. Jones, D. T.; Taylor, W. R.; Thornton, J. M. *A Model Recognition Approach to the Prediction of All-Helical Membrane Protein Structure and Topology.* In: *Biochemistry* 33 (1994) S. 3038–3049.
5. Nielsen, H.; Engelbrecht, J.; Brunak, S.; von Heijne, G. *Identification of Prokaryotic and Eukaryotic Signal Peptides and Prediction of their Cleavage Sites.* In. *Protein Eng.* 10 (1997) S. 1–6.
6. Nakai, K.; Kanehisa, M. *A Knowledge Base for Predicting Protein Localization Sites in Eukaryotic Cells.* In: *Genomics* 14 (1992) S. 897–911.
7. Lupas, A.; Van Dyke, M.; Stock, J. *Predicting Coiled Coils from Protein Sequences. Science* 252 (1991) S. 1162–1164.
8. Berger, B.; Wilson, D. B.; Wolf, E.; Tonchev, T.; Milla, M.; Kim, P. S. *Predicting Coiled Coils by Use of Pairwise Residue Correlations.* In: *Proc. Natl. Acad. Sci. USA* 92 (1995) S. 8259–8263.
9. Bairoch, A.; Bucher, P.; Hofmann, K. *The PROSITE Database, its Status in 1997.* In: *Nucleic Acids Res.* 25 (1997) S. 217–221.
10. Henikoff, S.; Henikoff, J. G. *Automatic Assembly of Protein Blocks for Database Searching.* In: *Nucleic Acids Res.* 19 (1991) S. 6565–6572.
11. Attwood, T. K.; Beck, M. E.; Bleasby, A. J.; Parry-Smith, D. J. *PRINTS – A Database of Protein Motif Fingerprints.* In: *Nucleic Acids Res.* 22 (1994) S. 3590–3596.
12. Sonnhammer, E. L. L.; Kahn, D. *Modular Arrangement of Proteins as Inferred from Analysis of Homology.* In: *Protein Sci.* 3 (1994) S. 482–492.

# 17. Vorhersage der Proteinstruktur

Andy Brass, Universität Manchester, Großbritannien

## 17.1 Einführung

Normalerweise unterscheidet man bei der Proteinstruktur vier Ebenen:

- Die Primärstruktur ist die Sequenz;
- die Sekundärstruktur ergibt sich aus den Mustern der $\alpha$-Helices und der $\beta$-Faltblätter;
- als Tertiärstruktur bezeichnet man die Anordnung der Aminosäuren im Raum;
- die Quartärstruktur kommt durch Interaktion von Proteinen zustande.

In den letzten Jahren hat es sich als nützlich erwiesen, zwischen Sekundär- und Tertiärstruktur eine weitere Ebene einzuführen: die sogenannte Proteinfaltung [1]. Mit dieser „Faltung" läßt sich beschreiben, wie die Elemente der Sekundärstruktur eines Proteins räumlich zueinander angeordnet sind, ohne daß dabei in allen Einzelheiten auf die Ausbildung von Schleifen oder die exakten Koordinaten der Aminosäuren eingegangen wird. Abbildung 17.1 gibt eine Vorstellung von diesem Konzept einer Faltstrukturebene.

Wie man aus Sequenzen oder durch Zuordnungen mehrerer Sequenzen die Sekundärstruktur vorhersagen kann, ist ausreichend geklärt und gut beschrieben; die entsprechenden Verfahren werden in Abschnitt 17.3 zusammengefaßt. Um einiges schwieriger ist es, die Tertiärstruktur vorherzusagen. Früher war das nur möglich, indem man fragte, ob die gesuchte Sequenz zu einem Protein homolog war, dessen Struktur man bereits kannte. Das konnte man herausfinden, indem man die unbekannte Sequenz mit einer Datenbank für Proteinsequenzen verglich. Zur Erleichterung dieser Arbeit wurden eine Reihe von Datenbankprogrammen entwikkelt (Abschnitt 17.2). Auf diese Weise erhält man immer noch die genauesten Prognosen zur Tertiärstruktur von Proteinen (Abschnitt 17.4.1).

Leider kann dieses Verfahren nicht generell angewandt werden, da in etwa 80 Prozent aller Fälle das Protein, dessen Sequenz man entschlüsselt

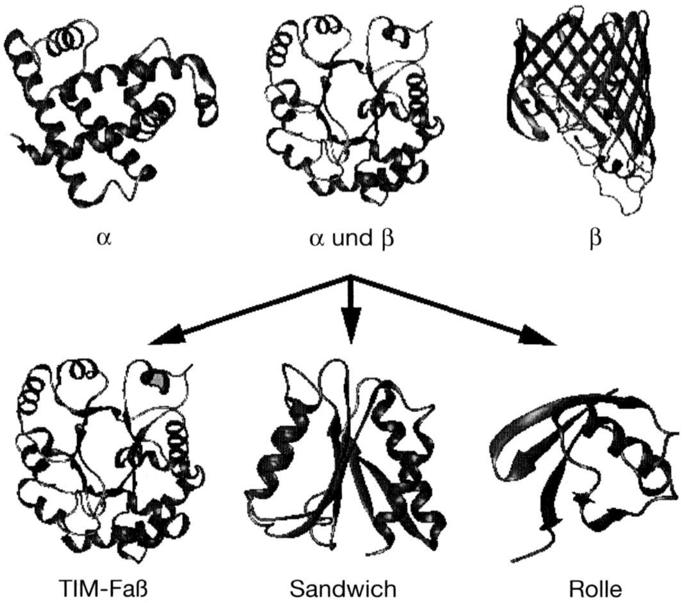


**17.1** Hierarchie der Proteinstruktur. Proteine mit einer *α*-Struktur, einer *α*/*β*- oder einer *β*-Struktur können in der Regel auf der obersten Stufe unterschieden werden. Diese Strukturen lassen sich dann hinsichtlich der Proteinarchitektur weiter einteilen, je nachdem an welchen Stellen innerhalb des Proteins sich die Sekundärstrukturelemente ausgebildet haben. So kann man beispielsweise die *α*/*β*-Strukturen noch in TIM-Fässer, Sandwiches oder Rollen unterteilen. Zu den Proteinen mit einer Sandwichstruktur gehören Flavodoxin und *β*-Lactamase. Abgewandelt aus den CATH-Webseiten, http://www.biochem.ucl.ac.uk/bsm/cath/lex/cathinfo.html, mit freundlicher Genehmigung der Biomolecular Structure and Modelling Unit am University College London.

hat, keinem Protein mit bereits bekannter Struktur ähnelt. Für solche Fälle wurden in den letzten Jahren neue Verfahren entwickelt. Es hat sich gezeigt, daß in der Natur nur eine begrenzte Anzahl von Proteinfaltungen existiert und bestimmte von ihnen recht häufig sind. Eine Reihe von Algorithmen, die Sequenzen an Strukturen anpassen, nutzen diese Tatsache und bieten damit eine neue Möglichkeit, zumindest auf der Ebene der Faltung die Tertiärstruktur eines Proteins vorherzusagen. Diese Programme versuchen, die untersuchte Sequenz mit jeder Struktur aus einer Faltungsbibliothek in Einklang zu bringen und fragen dann, bei welcher Struktur dies am besten gelingt. Programme, die Faltungen erkennen und Sequenzen anpassen, werden in Abschnitt 17.4.2 beschrieben.

## 17.2 Informationen zur Proteinstruktur

Die wichtigste Quelle für Proteinstrukturen ist die PDB. In dieser Datenbank sind die Koordinaten von Proteinstrukturen gespeichert, die mit Hilfe von Röntgenstrahlen oder NMR entschlüsselt wurden. Die letzte Version der PDB vom Januar 1997 enthält über 4 700 Einträge zur Proteinstruktur, 217 zu Komplexen aus Proteinen und Nucleinsäuren, 386 zu Nucleinsäuren und 12 zu Kohlenhydraten.

**Name des Programms:** PDB
**Adresse in Europa:** http://www2.ebi.ac.uk/pdb/
**Adresse in den USA:** http://www.pdb.bnl.gov/
**Kommentar:** Augenblicklich ist die PDB die wichtigste Informationsquelle zur Proteinstruktur. Das wird sich wahrscheinlich bald ändern, da sie durch eine neue Datenbank ersetzt werden soll. Man weiß allerdings noch nicht, wie diese heißen soll und welche Form sie haben wird.

Es gibt eine Reihe von Softwareprogrammen, mit deren Hilfe man sich auf einem PC oder einer Workstation PDB-Einträge ansehen kann. Das vielleicht populärste Programm ist „Rasmol“. Protokoll 12.1 beschreibt, wie man Rasmol kopiert und installiert.

Im Internet findet man auch Programme, welche die Daten aus der PDB so einordnen, daß man mit ihnen mehr anfangen kann als mit den bloßen Koordinaten. Einige Programme beschränken sich darauf, Sequenzdaten zu den Proteineinträgen zu liefern, andere teilen die Proteine aufgrund ihrer dreidimensionalen Struktur in Strukturfamilien ein. Diese zuletzt genannten Programme helfen insbesondere dann weiter, wenn man die Ergebnisse von Erkennungsprogrammen für die Faltung interpretieren will.

**Name des Programms:** NRL-3D
**Adresse:** http://www.gdb.org/Dan/proteins/nrl3d.html
**Kommentar:** Eine Datenbank mit den Sequenzen sämtlicher Proteine, deren Struktur aufgeklärt ist. Man kann sie nach Ähnlichkeiten mit einer vorgegebenen Sequenz absuchen, um eine verwandte Sequenz bekannter Struktur zu finden.

**Name des Programms:** HSSP (*homology-derived structures of proteins*) [2]
**Adresse:** http://www.sander.embl-heidelberg.de/hssp/
**Kommentar:** Jedes Protein, dessen dreidimensionale Struktur man aus der PDB kennt, wurde mit mehreren Sequenzen verglichen und die Ergeb-

nisse in der Datenbank gespeichert. Mit hoher Wahrscheinlichkeit weisen die aufgeführten Homologe dieselbe dreidimensionale Struktur auf wie das PDB-Protein, dem sie zugeordnet wurden. HSSP bietet dem Benutzer daher eine Liste sämtlicher SWISS-PROT-Proteine, deren Struktur dank solcher Homologien einigermaßen zuverlässig geklärt ist.

**Name des Programms:** SCOP (*structural classification of proteins*) [3]
**Adresse:** http://scop.mrc-lmb.cam.ac.uk/scop/
**Kommentar:** Dieses Programm erstellt eine Hierarchie für die Proteine, deren Struktur bekannt ist; diese Klassifizierung scheint recht gute Dienste zu leisten. Mit Hilfe des Programms kann man fragen, welche anderen Proteine mit einem bestimmten Protein, dessen Struktur man kennt, strukturell verwandt sind. Unter der Adresse http://scop.mrc-lmb.cam.ac.uk/scop/aln.cgi in Cambridge kann man auch BLAST-Suchen in einer Datenbank durchführen, die Sequenzen bekannter Strukturen enthält.

**Name des Programms:** CATH [4]
**Adresse:** http://www.biochem.ucl.ac.uk/bsm/cath/
**Kommentar:** CATH ähnelt SCOP insofern, als es versucht, bekannte Proteinstrukturen hierarchisch zu ordnen.

## 17.3 Vorhersage der Sekundärstruktur

Eine enorme Anzahl von Veröffentlichungen befaßt sich damit, wie man aufgrund der Sequenz die Sekundärstruktur von Proteinen vorhersagen kann. Insgesamt kann man diese Veröffentlichungen in zwei Gruppen aufteilen: solche, bei denen die Voraussage zur Sekundärstuktur auf einzelnen Sequenzen basieren, und solche, die auf dem Vergleich mehrerer Sequenzen beruhen.

Bis vor kurzem wurden Prognosen zur Sekundärstruktur mit großer Skepsis betrachtet. In die meisten Algorithmen ist nur eine einzige Sequenz eingegangen. Selbst die bekanntesten Algorithmen wie Chou-Fasman [5] und GOR [6] sagten Strukturen nur mit 60prozentiger Sicherheit voraus; und es gibt bestimmte Strukturen, besonders solche mit vielen $\beta$-Faltblattstrukturen, bei denen diese Algorithmen vollkommen versagten. Dieses Versagen beruhte vor allem darauf, daß eine einzige Sequenz nur Aussagen über die benachbarten Aminosäuren zuläßt, aber keine Informationen über die räumlichen Verhältnisse. Für die lokale Sekundärstruktur ist, wie es aussieht, die Proteinfaltung ein entscheidender Faktor – über sie erfährt man jedoch nichts aus einer einzigen Sequenz.

Diese Situation hat sich durch zwei Entwicklungen geändert. Zum einen hat man erkannt, daß die Aussagekraft der Prognose durch den Vergleich mehrerer Sequenzen steigt. Man kann mehrfache Sequenzzuordnungen als ein natürliches Mutageneseexperiment ansehen: Untersucht man die möglichen Varianten an einem bestimmten Punkt der Sequenz, so erhält man Informationen über die Tertiärstruktur des Proteins an dieser Stelle. Zum anderen begann man, mit Hilfe von neuronalen Netzen Regeln dafür zu entwickeln, wie man einer Sequenz automatisch Strukturen zuweist. Mittlerweile ist allgemein akzeptiert, daß sich die Sekundärstruktur eines Proteins sehr genau aus einer guten, umfassenden Mehrfachzuordnung von Sequenzen vorhersagen läßt; in der Regel sind diese Prognosen um zehn Prozent besser als solche, die auf einzelnen Sequenzen basieren. Tatsächlich haben mehrere Arbeiten gezeigt, daß Programme wie PHD mittlerweile am besten die Sekundärstruktur vorhersagen [7,8].

**Name des Programms:** PHDsec [9]
**Adresse:** http://www.embl-heidelberg.de/predictprotein/predictprotein.html
**E-Mail-Server:** predictprotein@embl-heidelberg.de
**Kommentar:** Der *predict protein*-Server bietet eine Reihe von Dienstleistungen an: von der Vorhersage der Sekundärstruktur bis zur Erkennung einer Faltung. Er enthält ausführliche Erklärungen. Trotz der vielen im Web verfügbaren Programme zur Vorhersage der Sekundärstruktur wird dieses Programm allgemein für das beste gehalten.

## 17.4 Vorhersage der Tertiärstruktur

### 17.4.1 Vergleich mit Sequenzen, deren Struktur bekannt ist

Es gibt mehrere Möglichkeiten, Sequenzen mit Datenbanken zu vergleichen, die bekannte Strukturen enthalten. Am einfachsten verwendet man das BLASTP-Programm, um eine Sequenz entweder mit NRL-3D oder mit den Sequenzen, die in SCOP gespeichert sind, zu vergleichen. Sind von über 100 Aminosäuren mehr als 40 Prozent identisch, dann kann man von einer sehr großen Strukturähnlichkeit zwischen dem bekannten und dem unbekannten Protein ausgehen. In solchen Fällen ist ein Homologiemodell (siehe unten) wahrscheinlich sehr gut geeignet, um ein detailliertes und genaues Modell des unbekannten Proteins prognostizieren können. Bei einer Übereinstimmung von 25–40 Prozent dürften beide Proteine gleich gefaltet sein, es wird dann aber schwieriger, mit einem Homologiemodell zu arbeiten, und man kann sich weniger auf die Ergebnisse verlassen.

Hat der Vergleich mit NRL-3D keinerlei Übereinstimmung ergeben, muß man als nächstes untersuchen, ob die fragliche Sequenz mit einer Sequenz aus der HSSP-Datenbank verwandt ist (siehe oben). Das geht am einfachsten, indem man die unbekannte Sequenz mit Hilfe der Programme BLAST oder FASTA mit einer Datenbank für Proteinsequenzen abgleicht (SWISS-PROT, TREMBL oder PIR). Dann sollte man ein Programm wie SRS benutzen, um Sequenzen mit einer Übereinstimmung von über 25 Prozent zu identifizieren. Findet man eine solche Sequenz in der HSSP-Datenbank, wird das in der DR-Zeile der Anmerkung der Datenbank vermerkt (Tabelle 13.4). Ist das unbekannte Protein zu über 25 Prozent mit einem Protein aus HSSP identisch, kann man davon ausgehen, daß es zumindest in einer Faltung mit dem HSSP-Protein übereinstimmt. Augenblicklich reicht die Anzahl der Proteine in NRL-3D und HSSP aus, um für etwa 20 Prozent der Proteine eine bekannte homologe Struktur zu finden.

### 17.4.2 Homologiemodelle

Eine ausführliche Besprechung der Arbeit mit Homologiemodellen würde den Rahmen dieses Buches sprengen; um gute Modelle zu erstellen, benötigt man außerdem spezielle Programme, die bei der Entwicklung molekularer Modelle und Graphik helfen. Nur ein Programm im Internet versucht, diese Aufgabe automatisch zu lösen: Swiss-Model [10].

**Name des Programms:** Swiss-Model
**Adresse:** http://expasy.hcuge.ch/swissmod/SWISS-MODEL.html
**Kommentar:** Ein Server, der automatisch Proteinmodelle erstellt und am biomedizinischen Forschungsinstitut, Glaxo-Wellcome Research and Development S.A., in Genf in der Schweiz betrieben wird. Man kann mit ihm auf zweierlei Art arbeiten. Zum einen vergleicht er eine eingegebene Sequenz mit einer Datenbank, die bekannte Strukturen enthält. Findet er eine Übereinstimmung mit einem Protein aus der Datenbank, vergleicht er die beiden Sequenzen und benutzt das Ergebnis, um die unbekannte Sequenz mit der bekannten Struktur in Übereinstimmung zu bringen. Diese grobe Strukturvoraussage wird dann mit molekularen Modellen verfeinert. Die Koordinaten des unbekannten Proteins gehen dann an den Benutzer zurück, und dieser kann sie nun mit Rasmol ansehen oder den Proteinstrukturbetrachter benutzen, der speziell für Swiss-Model entwickelt wurde (Einzelheiten auf der Swiss-Model-Seite im Internet). Zum anderen können Nutzer aber auch ihre eigenen Versuche, das unbekannte

Protein einer bekannten Struktur zuzuordnen, eingeben und so ihr eigenes Homologiemodell erstellen.

### 17.4.3 Algorithmen zur Sequenzanpassung und Faltungserkennung

Einer der Bereiche der Proteinstruktur, der in jüngerer Zeit stark an Bedeutung gewonnen hat, ist die Erkennung von Faltungen und die Anpassung von Sequenzen an bekannte Strukturen. Das Aufregende an diesen Techniken ist, daß man mit ihnen auch in solchen Fällen die Proteinstruktur vorhersagen kann, in denen keine Homologie zu Proteinen bekannter Struktur erkennbar ist.

Die Grundidee der Anpassung ist einfach. Anstatt zu fragen, welche von allen möglichen Proteinformen eine bestimmte Sequenz wohl annehmen mag, fragt man, ob sich diese Sequenz so falten kann, wie man es von bekannten Strukturen her kennt. Im ersten Fall muß man Milliarden und Abermilliarden möglicher Strukturen berücksichtigen, im zweiten dagegen noch nicht einmal Tausend. Eine weitere Beobachtung erhöht noch zusätzlich die Aussicht auf Erfolg dieser Methode: Bestimmte Proteinfaltungen kehren immer wieder; die meisten neu kristallierten Proteinen haben daher eine Faltung, die so oder ähnlich bereits bekannt ist.

Bei der Anpassung wird die unbekannte Sequenz so gut wie möglich mit einer gefalteten Matrize aus einer Bibliothek in Übereinstimmung gebracht und die Energie der Sequenz berechnet; zu der Frage, welche der Energiefunktionen hierzu am besten verwendet wird, gibt es ebenfalls zahlreiche Veröffentlichungen. Nachdem die Sequenz an sämtliche Matrizen der Datenbank angepaßt wurde, werden die Bewertungen miteinander verglichen, und die Software entscheidet dann, ob es signifikante Übereinstimmungen gibt.

Die Faltungserkennung ist kein besonders verläßliches Verfahren. Man kann davon ausgehen, daß nur in 30–50 Prozent die richtige Faltung aufgefunden wird, was angesichts der Komplexität der Aufgabe allerdings sehr beeindruckend ist. Die Ergebnisse dieser Programme sind außerdem ziemlich ungenau. In den meisten Fällen kann man sie daher nicht als Grundlage für ein Homologiemodell verwenden. Trotzdem ist das Verfahren bei der Mehrzahl der Proteine die einzig verfügbare Technik, um ihre Struktur vorauszusagen. Man hat für die Faltungserkennung die Wahl zwischen einer Reihe von Programmen; einige befinden sich im World Wide Web, andere sind Codes, die man auf UNIX-Workstations herunterladen kann. Diese Programme werden im folgenden vorgestellt. Im allgemeinen ist es ein guter Ansatz, möglichst viele dieser Programme zu benutzen und zu sehen, ob ihre Vorhersagen zur Faltung in irgendeiner Weise übereinstimmen.

**Name des Programms:** TOPITS [11]
**Adresse:** http://www.embl-heidelberg.de/predictprotein/predictprotein.html
**Kommentar:** Ein weiterer Teil des leistungsstarken PHD-Pakets, das bei der Gruppe vonChris Sanders erhältlich ist. Es versucht, Informationen über die Sekundärstruktur mit Voraussagen von PHD über die Zugänglichkeit zu verbinden, um Sequenzen an Matrizen anzupassen. Es funktioniert am besten, wenn mehrere Sequenzen einander sicher zugeorndet werden können, während es bei kurzen und schwachen Übereinstimmungen weniger gute Ergebnisse liefert.

**Name des Programms:** frsvr (*fold recognition server*)
**Adresse:** http://www.mbi.ucla.edu/people/frsvr/frsvr.html
**Kommentar:** Server mit einer UCLA-DOE-Strukturvorhersage. Ermöglicht viele verschiedene Analysen der eingegebenen Sequenz und hat eine Internetseite, auf der die Ergebnisse zusammengefaßt werden; eine weitere gute Anlaufstelle, um mit einer Analyse zu beginnen.

**Name des Programms:** 123D [12]
**Adresse:** http://www-lmmb.ncifcrf.gov/~nicka/123D.html
**Kommentar:** Kombiniert die Daten für die Sekundärstrukturvorhersage und die Hydrophobiziät der Aminosäurereste und errechnet daraus, wie gut die Sequenz zu den verschiedenen Faltungsmatrizen paßt.

**Name des Programms:** THREADER und THREADER2 [13]
**Adresse:** http://globin.bio.warwick.ac.uk/~jones/threader.html
**Kommentar:** Eines der ersten Anpassungsprogramme. Augenblicklich kann man diese Software nicht über einen Internetserver laufen lassen; wenn man den Anweisungen auf der Internetseite folgt, kann man aber von David Jones den Code erhalten. Threader benutzt einzelne Sequenzen und berücksichtigt keinerlei Daten aus Sekundärstrukturprognosen. THREADER und seine neuere Version THREADER2 sind ausgiebig getestet worden. Die Ergebnisse deuten darauf hin, daß THREADER2 wahrscheinlich derzeit das genaueste Programm zur Erkennung von Faltungen ist.

**Name des Programms:** ProFIT [14]
**Adresse:** http://lore.came.sbg.ac.at/Extern/software/Profit/profit.html
**Kommentar:** Programm zur Identifizierung von Proteinfaltungen. Es ist ebenfalls nicht über einen Internetserver verfügbar, kann aber von einer ftp-Stelle heruntergeladen werden. Wie THREADER benutzt ProFIT einzelne Sequenzen und ignoriert Vorhersagen zur Sekundärstruktur.

## 17.5 Kritische Beurteilung von Strukturvorhersagen (*critical assessment structure prediction*, CASP)

Es gibt mittlerweile viele Verfahren, mit denen man die Proteinstruktur vorhersagen kann. Wissenschaftler haben jedoch das Problem, daß sie nicht wissen, inwieweit sie sich auf die jeweiligen Vorhersageverfahren verlassen können. Aus diesem Grund wurden zwei internationale Wettbewerbe zur Proteinstrukturvorhersage durchgeführt: CASP1 und CASP2. Beim CASP1 von 1994 lieferten Experimentatoren Informationen über Strukturen, die kurz vor der Auflösung standen, deren Koordinaten aber noch nicht bekannt waren. Die Theoretiker versuchten dann, die Strukturen dieser Sequenzen vorherzusagen. Auf dem CASP1-Meeting wurden die theoretischen Ergebnisse mit den experimentellen Daten verglichen, um einen objektiven Überblick über die Vorhersagekraft der benutzten Methoden zu bekommen. 35 verschiedene Gruppen erstellten etwa 135 Prognosen. Die Ergebnisse wurden in einer speziellen Ausgabe von *Proteins: Structure, Function and Genetics* (Band 23, Nr. 3 vom November 1995) veröffentlicht.

Beim CASP2-Meeting vom Dezember 1996 verfuhr man ebenso. Dabei wurden vier Arten von Tests berücksichtigt:

- vergleichende Modelle auf der Basis von Homologien;
- Faltungserkennung (Anpassung): Test, ob eine Sequenz eine in einer Faltungsbank vorgegebene Faltung annehmen kann;
- Vorhersage der Struktur *ab initio*: annäherungsweise oder anderweitige Ableitung der Strukturen aus der Sequenz;
- Anlagerung: Prognose, wie Liganden und Proteine miteinander verbunden sind.

Auch diesmal wird man die Ergebnisse der Vergleiche veröffentlichen; in der Zwischenzeit sind die Daten zu CASP2 an zwei Stellen im Web abrufbar:

**Europa:** http://www.mrc-cpe.cam.ac.uk/casp2/
**USA:** http://iris4.carb.nist.gov/casp2/

Die CASP-Konferenzen sind eine der besten Informationsquellen, um zu erfahren, wie man Proteinstrukturen vorhersagt; jeder, der sich ernsthaft mit diesem Gebiet beschäftigen will, sollte die CASP-Seiten im Internet konsultieren. Dort erwartet ihn eine Fülle an Informationen, wie man vorgehen und was man vermeiden sollte.

## 17.6 Literatur


1. Orengo, C. A.; Jones, D. T.; Thornton, J. M. *Protein Superfamilies and Domain Superfolds.* In: *Nature* 372 (1994) S. 631–634.
2. Sander, C.; Schneider, R. *The HSSP Data Base of Protein Structure – Sequence Alignments.* In: *Nucleic Acids Res.* 21 (1993) S. 3105–3109.
3. Murzin, A. G.; Brenner, S. E.; Hubbard, T.; Chothia, C. *Scop: a Structural Classification of Proteins Database for the Investigation of Sequences and Structures.* In: *J. Mol. Biol.* 247 (1995) S. 536–540.
4. Michie, A. D.; Orengo, C. A.; Thornton, J. M. *Analysis of Domain Structural Class Using an Automated Class Assignment Protocol.* In: *J. Mol. Biol.* 262 (1996) S. 168–185.
5. Chou, P. Y.; Fasman, G. D. *Prediction of the Secondary Structure of Proteins from their Amino Acid Sequence.* In: *Adv. Enzymol.* 47 (1978) S. 45–148.
6. Garnier, J.; Gibrat, J. F.; Robson, B. *GOR Method for Predicting Protein Secondary Structure from Amino-Acid Sequence.* In: *Methods Enzymol.* 266 (1996) S. 540–553.
7. Russell, R. B.; Barton, G. J. *The Limits of Protein Structure Prediction Accuracy from Multiple Sequence Alignment.* In: *J. Mol. Biol.* 234 (1993) S. 951–957.
8. Rost, B.; Sander, C.; Schneider, R. *Redefining the Goal of Protein Secondary Structure Prediction.* In: *J. Mol. Biol.* 235 (1994) S. 13–26.
9. Rost, B.; Sander, C.; Schneider, R. *PHD – an Automatic Mail Server for Protein Secondary Structure Prediction.* In: *Comput. Appl. Biosci.* 10 (1994) S. 53–60.
10. Peitsch, M. C. *ProMod and Swiss-Model: Internet-Based Tools for Automated Comparative Protein Modelling.* In: *Biochem. Soc. Trans.* 24 (1996) S. 274–279.
11. Rost, B. *TOPITS: Threading One-Dimensional Predictions into Three-Dimensional Structures.* In: Rawlings, C.; Clark, D.; Altman, R.; Hunter, L.; Lengauer, T.; Wodak, S. (Hrsg.) *The Third International Conference on Intelligent Systems for Molecular Biology (ISMB)* (AAAI Press) 1995. S. 314–321.
12. Alexandrov, N. N.; Nussinov, R.; Zimmer, R. M. *Fast Protein Fold Recognition via Sequence to Structure Alignment and Contact Capacity Potentials.* In: Hunter, L.; Klein, T. E. (Hrsg.) *Pacific Symposium on Biocomputing '96.* Singapur (World Scientific Publishing Co.) 1995. S. 53–72.

13. Jones, D. T.; Taylor, W. R.; Thornton, J. M. *A New Approach to Protein Fold Recognition.* In: *Nature* 358 (1992) S. 86–89.
14. Flockner, H.; Braxenthaler, M.; Lackner, P.; Jaritz, M.; Ortner, M.; Sippl, M. J. *Progress in Fold Recognition.* In: *Proteins: Struct. Funct. Genet.* 23 (1995) S. 376–386.

# Anhang A

# Glossar

**Allel** Eine von verschiedenen möglichen Formen eines Genes an einem bestimmten Genort.

**Amplifizierung** Vermehrung von Kopien eines speziellen DNA-Moleküls.

**Anmerkung** Information zu Sequenzdaten bei einem Eintrag in einer Sequenzdatenbank.

**Autoradiographie** Verfahren, bei dem man einen Röntgenfilm auf eine radioaktive Quelle legt, um von den radioaktiven Bestandteilen der Quelle eine Aufnahme zu machen. Das entwickelte Bild wird als Autoradiogramm oder Autoradiograph bezeichnet.

**Basenpaar (bp)** Ein Paar komplementärer Nucleotide einer doppelsträngigen DNA.

**Bewertungsmatrix** Wird beim Abgleich von Sequenzen verwendet, um jeder Übereinstimmung einen Zahlenwert zuordnen zu können.

**cDNA (komplementäre DNA)** DNA, die von einer RNA-Matrize synthetisiert wurde und daher zu ihr komplementär ist.

**Chromosom** Struktur aus DNA und mit ihr assoziierten Proteinen, welche die Erbinformation der Zelle in Form einer linearen Anordnung von Genen enthält.

**Codon** Abschnitt einer Nucleinsäure, der eine einzige Aminosäure codieren kann. Codons bestehen aus drei Basen.

**Contig (*contiguous sequence*)** Lange Sequenz, die aus einer Reihe kürzerer, überlappender Sequenzbereiche zusammengesetzt ist.

**Cosmid** Modifiziertes Plasmid, das Sequenzen des Bakteriophagen λ enthält, in die man große DNA-Fragmente einbauen kann. Cosmide sind ringförmige doppelsträngige Moleküle, die in der Regel einschließlich der Vektorsequenzen 45–48 kb lang sind.

**Cotermination (falsche Kettenabbrüche)** Prozeß, bei dem die Polymerase aufhört, die Kette zu verlängern, ohne daß ein ddNTP eingebaut wurde.

**Denaturierung (Schmelzen)** Vorgang, bei dem die beiden komplementären Stränge einer doppelsträngigen DNA getrennt werden. Man erreicht das normalerweise durch Behandlung mit Alkali oder eine Temperaturerhöhung.

**2', 3'-Didesoxynucleotid** Analog zum 2'-Desoxyribonucleotid, das an seinem 3'-Ende keine Hydroxylgruppe besitzt. Wird ein solches Analog eingebaut, kann dieser Strang nicht weiter verlängert werden; die Kette bricht an dieser Stelle ab.

**diploid** Eigenschaft einer Zelle mit zwei Chromosomensätzen oder eines Individuums, das in jeder seiner Zellen zwei Chromosomensätze besitzt; Menschen beispielsweise sind diploid.

**DNA (Desoxyribonucleinsäure)** Nucleinsäure, welche die Nucleoside Desoxyadenosin, Desoxycytidin, Desoxyguanosin und Desoxythymidin enthält.

**Elektropherogramm** Üblicher Ausdruck eines Sequenzierers: Die Sequenz wird vierfarbig wiedergegeben; die Maxima stellen die jeweiligen Basen dar.

**Elektrophorese** Technik, mit der Moleküle aufgrund ihrer unterschiedlichen Mobilität im elektrischen Feld voneinander getrennt werden.

**Exon** Nach der Transkription durchlaufen die RNAs der meisten eukaryotischen Gene weitere Veränderungen. Dazu gehört auch, daß einige Bereiche der RNA („*intervening sequences*" oder „Introns") entfernt werden. Nur die Exons genannten Bereiche bleiben in der bearbeiteten, reifen mRNA (Boten-RNA) zurück.

**Exonuclease** Enzym, das DNA vom Ende des Moleküls her abbaut.

**Fluorochrom (Fluorophor)** Farbstoff, der Licht etwa einer Wellenlänge absorbiert und Licht einer längeren Wellenlänge emittiert. Diese charakteristischen Wellenlängen werden als Absorptions- beziehungsweise Emissionsspektren bezeichnet.

**Frameshift (Leserasterverschiebung)** Vorgang, bei dem die normale proteincodierende Information von einem Leseraster in ein anderes wechselt. Das kann aufgrund einer Mutation oder eines Sequenzierungsfehlers geschehen oder Teil eines Regulationsmechanismus sein.

**ftp (*file transfer protocol*, Dateiübertragungsprotokoll)** Protokoll, mit dem man im Internet Computerdateien von einem Computer zum anderen überträgt.

**Gen** Die fundamentale physikalische und funktionelle Einheit der Vererbung. Viele Gene codieren Proteine.

**Genom** Der vollständige Satz an vererbbaren Elementen eines Organismus: sämtliche Gene.

**Genotyp** Der spezielle Satz an Allelen, den ein Individuum in sich trägt.

**glattes Ende** Ende eines doppelsträngigen DNA-Fragments, bei dem kein Strang über den anderen hinausragt.

**haploid** Zelle mit einem Chromosomensatz oder Individuum, das in jeder seiner Zellen einen Chromosomensatz besitzt.

**Hapten** Kleines Molekül, das man aufgrund seiner hochaffinen Bindung an ein Detektormolekül nachweisen kann; Biotin läßt sich beispielsweise mit Avidin, Streptavidin oder einem spezifischen Antikörper nachweisen.

**Heterozygote** (Diploide) Zelle oder Organismus, der an einem bestimmten Genort zwei unterschiedliche Allele besitzt.

**Homologie** Ähnlichkeit der Nucleotidsequenz bei zwei verschiedenen DNA-Molekülen. Streng genommen dürfte man in diesem Fall nur von einer „Sequenzähnlichkeit“ sprechen; „Homologie“ impliziert, daß die beiden Moleküle evolutionär miteinander verwandt sind.

**Homozygote** (Diploide) Zelle oder Organismus, der an einem bestimmten Genort zweimal dasselbe Allel besitzt.

**Hybridisierung** Komplementäre Basenpaarung zweier einzelner Nucleinsäurestränge.

**Internet** Kommunikationsprotokoll, über das Computer im World Wide Web miteinander verbunden werden.

**Intron** siehe Exon.

**kb (Kilobase oder Kilobasenpaar)** Längenmaß von Nucleinsäuremolekülen. Eine Kilobase entspricht 1 000 Basen oder Basenpaaren einer Nucleinsäure.

**komplementäre Sequenz** Sequenz, die sich an eine bestimmte andere Sequenz anlagert. Die Nucleinsäurestränge verlaufen antiparallel, wobei „A“ mit „T“ paart und „G“ mit „C“; daher ist 5'-AGCTC-3'komplementär zu 5'-GAGCT-3'.

**Kompression** Bereich in einem Sequenzierungsgel, in dem der normalerweise gleichmäßige Abstand der Banden aufgrund der anomalen Mobilität bestimmter Banden gestört ist.

**Kopiergenauigkeit** Präzision, mit der eine Polymerase den Strang synthetisiert, der komplementär zur DNA-Matrize ist.

**Leseraster** Codonfolge, die sich daraus ergibt, daß eine Sequenz von einem bestimmten Punkt aus gelesen wird. Da der genetische Code aus Nucleotidtripletts besteht, sind für jeden Strang, also in jeder Richtung, drei Leseraster möglich.

**Ligase** Enzym, das die Enden zweier Nucleinsäuremoleküle so miteinander verbindet, daß sie ein einziges Molekül bilden. Diese Kopplung erfolgt über eine Phosphodiesterbrücke zwischen dem 5'-$PO_4$-Ende des einen Moleküls und dem 3'-OH-Ende des anderen.

**ligieren** Kovalente Verknüpfung zweier Nucleinsäureenden.

**Locus (Genort)** Die Stelle auf einem Chromosom, an der sich ein bestimmtes Gen oder eine bestimmte Mutation befindet.

**Markierung** Nachweisbare Einheit, die kovalent an eine Nucleinsäure gekoppelt ist. In der Regel benutzt man Radioisotope, Fluorochrome oder Haptene.

**Matrize** Nucleinsäuremolekül, an dessen Sequenz sich eine Polymerase bei der Synthese einer neuen Nucleinsäure mit komplementärer Basenfolge orientiert.

**mRNA (messenger RNA, Boten-RNA)** RNA-Moleküle, die Proteine codieren.

**Mutation, Mutante** Mutationen modifizieren eine DNA-Sequenz durch Hinzufügen, Entfernen oder Verändern einer oder mehrerer Basen. Auf diese Weise entstehen Mutanten: Ihre DNA-Sequenz unterscheidet sich von der, die ihre Vorgängermoleküle vor dem Mutationsereignis besaßen.

**Northern-Blot** RNA-Äquivalent zum Southern-Blot.

**Nucleosid** Base, die kovalent an einen Zucker (Ribose oder Desoxyribose) gekoppelt ist.

**Nucleotid** Base, die kovalent an einen Zucker (Ribose oder Desoxyribose) gekoppelt ist, der wiederum mit einer oder mehreren Phosphatgruppen verbunden ist.

**offenes Leseraster (ORF; *open reading frame*)** Sequenzbereich zwischen einem Start- und einem Stopcodon.

**Oligonucleotid** Mehrere Nucleotide, die zu einem kurzen einzelsträngigen DNA-Molekül verbunden sind.

**PCR (*polymerase chain reaction*; Polymerasekettenreaktion)** Enzymatisches Verfahren, mit dem man ein bestimmtes DNA-Segment vervielfältigen kann.

**Phosphorimager** Alternative zur Autoradiographie.

**Plasmid** Extrachromosomales, ringförmiges DNA-Molekül, das man in einigen Bakterien findet. Plasmide werden in der Zelle repliziert. Die in der Molekularbiologie benutzten Plasmide besitzen einen oder mehrere Selektionsmarker, die dafür sorgen, daß sie in der Zelle über die Generationen hinweg erhalten bleiben.

**Polymerase** Enzym, das DNA oder RNA synthetisiert und dabei eine einzelsträngige Nucleinsäure als Matrize benutzt. DNA-Polymerasen benötigen generell einen Doppelstrangbereich, um einen Strang verlängern zu können.

**Polymorphismus** Sequenzvariation in der DNA, so daß zwei oder mehr Versionen existieren.

**Primer** Oligonucleotid, das sich an seine komplementäre Sequenz anlagert, so daß ein kurzer doppelsträngiger Bereich entsteht. Dieser wird von einer DNA-Polymerase verlängert. Sowohl für das Kettenabbruchverfahren als auch für die PCR sind Primer erforderlich.

**Primer mit Anhang (*tailed primer*)** Primer, der an seinem 3'-Ende komplementär zur Matrize ist, ansonsten aber eine andere Sequenz besitzt – etwa eine „universelle Primersequenz" am 5'-Ende.

**Primerverlängerung** Enzymatische Verlängerung eines Hybrids aus Oligonucleotid und Matrize; dabei werden Nucleotide eingebaut, die zur Matrize komplementär sind.

**Primerwanderung** (*primer walking*) Sequenzierungsstrategie, bei der aufgrund der Ergebnisse der vorhergehenden Sequenzierungsreaktion ein neuer Sequenzierungsprimer synthetisiert wird. Dieser Primer wird dann benutzt, um den nächsten unbekannten Bereich der Matrize zu entschlüsseln. Bei diesem Verfahren wird die Sequenz methodisch Schritt für Schritt bestimmt.

**Proteinfaltung** Schematische Darstellung der dreidimensionalen Anordnung der Sekundärstruktur eines Proteins.

**Proofreading (Korrekturlesefunktion)** Fähigkeit einer Polymerase, falsch eingebaute Nucleotide auszuschneiden und sie durch richtige zu ersetzen. Polymerasen mit dieser Korrekturfunktion haben eine 3'→5'-Exonuclease, mit der sie die falsch gepaarte Base entfernen.

**Proteinase K** Enzym, das Proteine abbaut.

**Rekombinante** DNA-Molekül, das durch Ligation heterologer DNA-Moleküle entstanden ist.

**Restriktionsendonuclease (Restriktionsenzym)** Enzym, das eine kurze DNA-Sequenz spezifisch erkennt und beide Stränge spaltet. Viele Restriktionsendonucleasen sind kommerziell erhältlich. Sie unterscheiden sich darin, welche Sequenz sie erkennen und an welcher Stelle sie in jeden Strang schneiden.

**RFLP (Restriktionsfragment-Längenpolymorphismus)** DNA läßt sich mit Restriktionsendonucleasen in einen Satz von Fragmenten zerschneiden. Die charakteristische Länge dieser Fragmente kann durch eine Elektrophorese ermittelt werden. Aufgrund eines Polymorphismus können aus verschiedenen Versionen einer Sequenz unterschiedlich lange Fragmente hervorgehen. Solche Längenpolymorphismen bezeichnet man als RFLP.

**Reverse Transkriptase** Enzym, das DNA anhand einer RNA-Matrize synthetisieren kann (RNA-abhängige DNA-Polymerase)

**RNA (Ribonucleinsäure)** Nucleinsäure, welche die Nucleoside Adenosin, Cytidin, Guanosin und Uridin enthält. Sie ist eng verwandt mit der DNA, unterscheidet sich von dieser aber prinzipiell dadurch, daß sie Ribose anstelle von 2'-Desoxyribose und Uridin anstelle von Thymidin besitzt. Einige RNA-Moleküle codieren Proteine, andere sind Teil der Proteinsynthesemaschinerie. Manche Viren haben RNA-Genome.

**Schmelzen** siehe Denaturierung.

**Sekundärstruktur** (von Nucleinsäuren): Faltung eines selbstkomplementären Nucleinsäuremoleküls.

**selbstkomplementär** Eigenschaft einer Nucleinsäuresequenz, die durch Zusammenlagerung komplementärer Basenpaare eine oder mehrere Doppelstrangbereiche bilden kann.

**Southern-Blot** Technik, bei der DNA elektrophoretisch aufgetrennt und auf einem festen Trägermaterial (Nylon oder Nitrocellulose) fixiert wird. Sie wurde nach Ed Southern benannt, der dieses Verfahren erfunden hat.

**Stopcodons** Codons, an denen die Translation abbricht: UAA, UGA und UAG.

**Stringenz** Bedingungen, welche die Spezifität einer Hybridisierung zweier Nucleinsäuremoleküle beeinflussen. Unter Bedingungen niedriger Stringenz können sich Stränge selbst dann aneinanderlagern, wenn sie nicht vollkommen komplementär zueinander sind. Man erhöht die Stringenz, indem man die Temperatur erhöht und die Ionenstärke senkt.

**$T_M$(Schmelztemperatur)** Temperatur, bei der die Hälfte einer doppelsträngigen DNA in Einzelstrangform vorliegt.

**Transformation** Einbringen eines DNA-Moleküls in einen Organismus (etwa ein Bakterium), so daß das Molekül an die folgenden Generationen weitervererbt werden kann.

**Transkription** Prozeß, bei dem eine RNA-Polymerase anhand einer DNA-Matrize RNA-Moleküle synthetisiert.

**Translation** Proteinsynthese anhand der Information, die in einem mRNA-Molekül gespeichert ist.

**universeller Primer** Standardprimer, der sich an Segmente des M13-Genoms oder seines Komplements anlagert; diese Sequenzen wurden in viele der gängigen Vektoren eingebaut.

**Vektor** DNA-Molekül, mit dem man DNA-Segmente klonieren kann, indem es dafür sorgt, daß sie in Bakterien oder anderen Organismen vermehrt werden können.

**World Wide Web** Hilfsmittel und Ressourcen, die im Internet zur Verfügung stehen.

**Wildtyp** Normales Allel eines Gens.

# Anhang B

# Aminosäure- und Nucleotidcode

**Tabelle B.1: Codes der IUB/IUPAC**

| Code | Basen | Herkunft | Komplement |
|---|---|---|---|
| A, C, G, T | A, C, G, T | siehe Abbildung 1.5 | T, G, C, A |
| R | A oder G | Pu**R**in | Y |
| Y | T oder C | P**Y**rimidin | R |
| W | A oder T | sch**W**ach | W |
| S | C oderG | **S**tark | S |
| M | A oder C | A**M**ino | K |
| K | G oder T | **K**eto | M |
| B | C, G oder T | kein A | V |
| D | A, G oder T | kein C | H |
| H | A, C oder T | kein G | D |
| V | A, C oder G | kein T | B |
| N | A, G, C oder T | irgeNdeine | N |

Mit diesen Einbuchstabencodes werden gemischte oder zweifelhafte Basen bezeichnet. Sie leiten sich von gemeinsamen Eigenschaften der Basen ab (dritte Spalte). Die Charakterisierungen „stark-" und „schwach-" beziehen sich auf die Wasserstoffbrücken zwischen diesen Paaren (Abbildung 1.7).

**Tabelle B.2: Ein- und Dreibuchstabencodes für die gängigen Aminosäuren**

| Aminosäure | Abkürzung Dreibuchstabencode | Einbuchstabencode | Aminosäure | Abkürzung Dreibuchstabencode | Einbuchstabencode |
|---|---|---|---|---|---|
| Alanin | Ala | A | Leucin | Leu | L |
| Arginin | Arg | R | Lysin | Lys | K |
| Asparagin | Asn | N | Methionin | Met | M |
| Asparaginsäure | Asp | D | Phenylalanin | Phe | F |
| Cystein | Cys | C | Prolin | Pro | P |
| Glutamin | Gln | Q | Serin | Ser | S |
| Glutaminsäure | Glu | E | Threonin | Thr | T |
| Glycin | Gly | G | Tryptophan | Trp | W |
| Histidin | His | H | Tyrosin | Tyr | Y |
| Isoleucin | Ile | I | Valin | Val | V |

**Tabelle B.3: Der genetische Code**

zweiter Buchstabe

erster Buchstabe / dritter Buchstabe

| | U | C | A | G | |
|---|---|---|---|---|---|
| | UUU | UCU | UAU | UGU | **U** |
| | UUC } Phe | UCC | UAC } Tyr | UGC } Cys | **C** |
| **U** | UUA | UCA } Ser | UAA STOP | UGA STOP | **A** |
| | UUG } Leu | UCG | UAG STOP | UGG Trp | **G** |
| | CUU | CCU | CAU | CGU | **U** |
| | CUC | CCC | CAC } His | CGC | **C** |
| **C** | CUA } Leu | CCA } Pro | CAA | CGA } Arg | **A** |
| | CUG | CCG | CAG } Gln | CGG | **G** |
| | AUU | ACU | AAU | AGU | **U** |
| | AUC } Ile | ACC | AAC } Asn | AGC } Ser | **C** |
| **A** | AUA | ACA } Thr | AAA | AGA | **A** |
| | AUG Met | ACG | AAG } Lys | AGG } Arg | **G** |
| | GUU | GCU | GAU | GGU | **U** |
| | GUC | GCC | GAC } Asp | GGC | **C** |
| **G** | GUA } Val | GCA } Ala | GAA | GGA } Gly | **A** |
| | GUG | GCG | GAG } Glu | GGG | **G** |

# Anhang C

# Hersteller

Im folgenden sind die wichtigsten Lieferanten für Geräte, Enzyme, Reagenzien und Verbrauchsmaterialien aufgeführt, die im Buch erwähnt werden.

Die Produktpalette wird von den Herstellern immer wieder auf den neuesten Stand gebracht und verändert sich ständig. Daher ist diese Liste zwangsläufig unvollständig. Fehlt ein Hersteller auf der Liste, darf das nicht als Hinweis auf fehlendes Angebot oder nicht vorhandene Dienstleistungen verstanden werden; ebenso darf die Erwähnung in der Liste nicht als Empfehlung für die entsprechende Aufgabenstellung gewertet werden. Bei der Auswahl von Materialien und Geräten für die DNA-Sequenzierung sollte man sich an die speziellen Gebrauchsanweisungen oder Warnungen des Herstellers halten.

**Ausrüstung für die Gelektrophorese:** Appligene Oncor, Bio-Rad, FMC Bioproducts, GATC GmbH, Gibco-BRL, New England Biolabs GmbH, Pharmacia Biotech Europe, Stratagene GmbH.

**Enzyme und biochemische Reagenzien:** Amersham Buchler GmbH & Co. KG, Appligene Oncor, Boehringer Mannheim GmbH, Clontech GmbH, Gibco-BRL, New England Biolabs GmbH, Promega Corp., Stratagene GmbH.

**Klonierungsvektoren:** Amersham Buchler GmbH & Co. KG, Boehringer Mannheim GmbH, Clontech GmbH, Life Technologies GmbH, Invitrogen BV, Promega Corp., Stratagene GmbH.

**Magnetische mit Streptavidin beschichtete Kügelchen:** Deutsche Dynal GmbH.

**Oligonucleotide:** siehe „spezielle Oligonucleotidsynthese“

**Phosphoramidite und verwandte Reagenzien:** Applied Biosystems GmbH, Cruachem Ltd.

**Radioisotope:** Amersham Buchler GmbH & Co. KG, ICN Biochemicals GmbH.

**Reagenzien und Kits für die DNA-Sequenzierung:** Amersham Buchler GmbH & Co. KG, Applied Biosystems GmbH, Gibco-BRL Life Technologies.

**Reinigung von PCR-Produkten:** Applied Biosystems GmbH, Hybaid Ltd., Promega Corp., Qiagen GmbH, Stratagene GmbH.

**Spezielle Oligonucleotidsynthese:** Appligene Oncor, Clontech GmbH, Cruachem Ltd., Gibco-BRL Life Technologies, MWG-Biotech GmbH.

**Thermocycler:** Applied Biosystems GmbH, Appligene Oncor, Hybaid Ltd., M. J. Research Inc., Techne Duxford.

**Thermostabile DNA-Polymerasen:** Amersham Buchler GmbH & Co. KG, Appligene Oncor, Boehringer Mannheim GmbH, New England Biolabs GmbH, Applied Biosystems GmbH, Promega Corp.

**UV-Geräte (Transilluminatoren, Sicherheitsausrüstung):** Amersham Buchler GmbH & Co. KG, Anachem Ltd., Appligene Oncor.

**Verbrauchsmaterialien:** Corning Costar Germany, Gilson France SA, Midwest Scientific, Applied Biosystems GmbH, Stratagene GmbH, Techne Duxford.

# Adressen

Amersham Buchler GmbH & Co. KG, Gieselweg 1, 38110 Braunschweig; Postfach 1149, 38001 Braunschweig; Tel.: 05307/930-0 und 0130/845975; Fax: 05307/930237 und 0130/845979; http://www. amersham. co.uk/life

Anachem Ltd., Anachem House, 20 Charles Street, Luton, Bedfordshire LU2 0EB, UK; Tel.: 0044-1582/456666; Fax: 0044-1582/391768.

Applied Biosystems GmbH (P. E. Applied Biosystems), Brunnenweg 13, 64331 Weiterstadt; Postfach 1249, 64321 Weiterstadt; Tel.: 06150/101-0; Fax: 06150/101110.

Appligene Oncor, Handschuhsheimer Landstr. 22, 69120 Heidelberg; Tel.: 06221/409058; Fax: 06221/411062.

Bio-Rad Laboratories GmbH, Heidemannstr. 164, 80939 München; Postfach 450133, 80901 München; Tel.: 089/31884-0; Fax: 089/31884100.

Boehringer Mannheim GmbH, Sandhoferstr. 116-118, 68305 Mannheim; Biochemica, 68298 Mannheim; Tel.: 0800-759-2226; Fax: 0621/7598509; http://biochem.boehringer-mannheim.com/

Cambridge BioScience, 24-25 Signet Court, Newmarket Road, Cambridge CB5 8LA, UK; Tel.: 0044-1223/316855; Fax: 0044-1223/360732; http://www.bioscience.co.uk

Clontech GmbH, Tullastr. 4, 69126 Heidelberg, Tel.: 06221/3417-0; Fax: 06221/303511.

Corning Costar Germany, Am Kümmerling 21-25, 55294 Bodenheim; Tel.: 06135/9215-0; Fax: 06135/5148.

Cruachem Ltd., Todd Campus, West of Scotland Science Park, Acre Road, Glasgow G20 0UA, UK; Tel.: 0044-141/9450055; Fax: 0044-141/9460066.

Deutsche Dynal GmbH, Schaartor 1, 20459 Hamburg; Postfach 111965, 20419 Hamburg; Tel.: 040/366811; Fax: 040/366040;
e-mail: techserv@dynal.u-net.com

FMC BioProducts, über Biozym Diagnostik GmbH, Postfach 180, 31833 Hessisch-Oldendorf; Tel.: 05152/2075; e-mail: support@flowgen.philipharris.co.uk

GATC GmbH, Fritz-Arnold-Str. 23, 78467 Konstanz; Tel.: 07531/8160-0; Fax: 07531/816081; e-mail: service@gatc.de.

Gibco-BRL: s. Life Technologies GmbH

Gilson France SA, über Abimed Analysen Technik, Raiffeisenstr. 3, 40764 Lan-genfeld; Tel.: 02173/8905-0; Fax: 02173/890577; e-mail: sales@gilson.com.

Hybaid Ltd., 111-113 Waldegrave Road, Teddington, Middlesex TW11 8LL, UK; Tel.: 0044-181/6141000; Fax: 0044-181/9770170.

ICN Biochemicals GmbH, Thüringer Str. 15, D-37269 Eschwege; Tel.: 0180-2306160; Fax: 0130/868366; http://www.icnpharm.com

Invitrogen BV, De Schelp 12, NL-9351 NV Leek, Niederlande; Tel.: 0031-594/515175; Fax: 0031-594/515312; http://www.invitrogen.com

Life Technologies GmbH, Dieselstr. 5, Postfach 12 12, 76344 Eggenstein; Tel.: 0721/7804-0 und 0130/830902; Fax: 0721/780499 und 0130/833435; http://www.lifetech.com

M. J. Research Inc., über Biozym Diagnostic, Hameln; Tel.: 05151/7311; Fax: 05151/7313.

MWG-Biotech GmbH, Anzunger Str. 7, 85560 Ebersberg, Tel.: 08092/21084; Fax: 08092/828977; http://www.mwgdna.com/biotech

New England Biolabs GmbH, Postfach 2750, 65820 Schwalbach/Ts.; Tel.: 06196/3031 und 0130/833031; Fax: 06196/83639; http://www.vk.neb.com

Perkin-Elmer, s. Applied Biosystems

Pharmacia Biotech Europe GmbH, Munzinger Str. 9, 79111 Freiburg; Postfach 5480, 79021 Freiburg; Tel.: 0761/4903-148; Fax: 0761/4903246; http://www.biotech.pharmacia.se

Promega Corp., über Serva, Carl-Benz-Str. 7, 69115 Heidelberg; Tel.: 0130-7047; Fax: 06221/502188; http://www.euro.promega.com/uk.html

Qiagen GmbH, Max-Volmer-Str. 4, 40724 Hilden; Postfach 1064, 40719 Hilden, Tel.: 02103/892230; Fax: 02103/892222.

Stratagene GmbH, Im Weiher 12, 69121 Heidelberg; Postfach 105466, 69044 Heidelberg; Tel.: 06221/400634 und 0130/840911; Fax: 0130-7081.

Techne Duxford, über Thermo-Dux GmbH, Ferdinand-Friedrich Str. 5, 97877 Wertheim; Tel: 09342/880188; Fax: 09342/880191; e-mail: sales@techneuk.attmail.com

# Index

G



H



I



K



L



M